고등
수학의
발견

수학 (하)

『고등 수학의 발견』 학습 설계

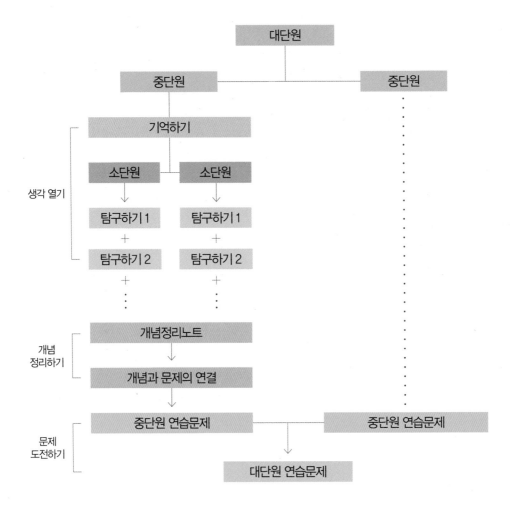

발행처 비아에듀 | 발행인 한상준 | 초판 1쇄 발행일 2023년 1월 9일

편집 김민정 · 강탁준 · 최정휴 · 손지원 · 정수림 | 삽화 김재훈 · 이소영 | 디자인 조경규 · 정은예 · 이우현

주소 서울시 마포구 월드컵북로6길 97 | 전화 02-334-6123 | 홈페이지 viabook.kr

내용 문의 사교육걱정없는세상 수학교육혁신센터 02-797-4044

© 사교육걱정없는세상 수학교육혁신센터 외 16인, 2023

『고등 수학의 발견』 카페

『고등 수학의 발견』은 이런 책입니다!

현재 학생이 사용하는 수학 교과서나 시중의 참고서 들은 수학 개념을 이해하도록 돕기보다 주입식 설명과 문제 풀이 중심으로 구성되어 빠르게 문제를 푸는 데 초점을 맞추고 있습니다. 그 결과 학생들은 개념적인 이해를 토대로 문제를 푸는 대신 무조건 공식만 외워서 푸는, 어렵고 지겨운 공부를 하고 있습니다.

고1 수학은 중학 수학과 연결되면서, 이후 고등 수학 선택과목 이수에 필수적인 내용입니다. '입시 수학'의 기초가 되는 중요한 분수령인 셈이지요. 주입식 설명과 공식 암기 위주의 학습으로는 수능에 적절히 대응하기가 힘들 수밖에 없습니다.

그래서 입시까지 흔들리지 않는 수학적 사고력을 키우는 미래형 교과서를 만들기 위해 19명의 현직 수학교사와 수학교육 전문가가 모였습니다. 2년여 개발 기간을 거쳐 완성된 실험본을 2021~22년 동안 8개 학교 약 1,500여 명의 학생들이 직접 사용해 보게 했습니다. 실험에 참여한 학생과 교사의 의견을 반영해 수정과 보완을 거쳐 출간된 『고등 수학의 발견』은 수학 개념을 내 것으로 만들어 주는 책입니다. 개념에 대한 이해가 충분해지면 문제 푸는 기술을 별도로 익히지 않아도 스스로 문제를 해결할 수 있습니다. 자기주도적 발견을 통해 학생의 수학적 성장을 돕는 교과서입니다.

INITIATIVE
학습의 주도권은 학생에게 있어야 합니다.
『고등 수학의 발견』은 자기주도적 발견을 통해 공부가 내 것이 되는 경험을 드립니다.

CONNECTION
중학교 수학 개념과 연결된 질문으로 시작해 상위 개념으로 유도하기 때문에
누구나 개념을 쉽고 깊이 있게 이해할 수 있습니다.

REFLECTION
정의나 공식을 주입식으로 외우게 하는 것이 아니라
학생의 삶과 연계된 질문을 통해 스스로 곱씹어 생각하는 힘을 키워 줍니다.

CREATIVITY
수학적 창의성을 키우는 다양한 과제를 통해 문제해결능력을 길러줍니다.
어떤 문제가 나와도 당황하지 않고 푸는 힘이 생깁니다.

GROWTH
수학을 발견하는 과정을 통해 동기 부여와 성취감을 느끼고,
훌쩍 성장한 나를 발견할 수 있습니다.

고등학교 수학이 복잡하고 어려워 보이지만 초등학교와 중학교 수학 개념과의 연결 고리를 찾으면 쉽고 재미있게 접근할 수 있답니다. 『고등 수학의 발견』은 매 단계 과거에 배운 개념을 연결하도록 유도하여 누구나 쉽게 고등 수학의 개념에 다가설 수 있게 구성되었습니다. 끈기를 가지고 관찰하고, 추론하고, 분석해 나만의 개념을 발견해 보세요. 스스로 문제를 해결해 가는 과정에서 자신감이 생기고, 수학을 발견하는 기쁨을 맛볼 수 있을 것입니다.

01 도입

잠시 호흡을 크게 하면서 대단원의 흐름을 조망해 보아요.
'숲을 보고 나무를 본다'는 마음으로 나의 위치와 나아갈 방향을 확인해 보세요.

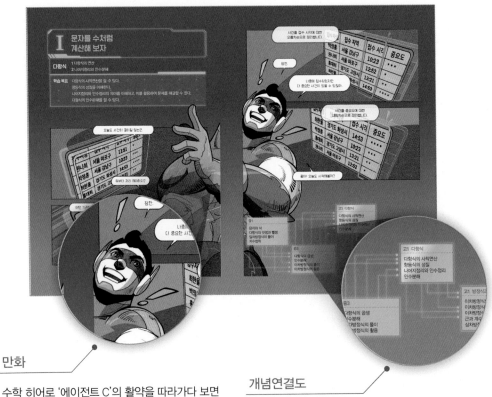

만화

수학 히어로 '에이전트 C'의 활약을 따라가다 보면 이번 단원에서 학습할 주요한 내용에 쉽고 재미있게 접근할 수 있어요. 여러분도 '에이전트 C'와 함께 도전해 보세요!

개념연결도

과거와 현재, 그리고 미래를 꿰뚫는 개념연결에 주목해 주세요. 개념연결에서 가장 중요한 것은 과거 개념입니다. 과거 주제를 하나씩 읽으면서 머릿속에 공부했던 내용을 떠올려 보세요. 잘 떠오르지 않는다면 책을 덮고 해당 개념이 있는 과거로 갔다 오는 것도 좋은 방법입니다.

02   기억하기

새로운 개념을 공부하기 전 이전에 배웠던 '연결된 개념'을 꼭 확인하세요. 각 문제는 기억해야 할 개념과 짝을 이뤄 학습 결손이 생기지 않도록 만든 장치랍니다. 아는 내용이라고 지나치지 말고 내가 제대로 이해했는지 확인하면서 문제를 풀어 보세요. 새로운 개념을 공부할 때마다 어떤 개념에서 나왔는지, 어떤 개념과 연결되는지 확인하는 습관을 지니는 것이 중요해요. 이런 습관이 만들어지면 앞으로 공부할 내용이 쉽게 느껴질 거예요.

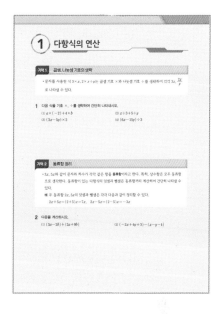

03   탐구하기

'탐구하기' 문제의 목적은 답을 구하는 것이 아닙니다. 스스로 생각하면서 수학의 개념과 원리를 발견하고 터득하는 과정을 경험하기 위한 것입니다. 그러므로 답을 구하는 방법을 배우기 전에 반드시 자신의 생각을 써 보아야 합니다. 처음에는 어려울 수 있지만 자기 생각을 끄집어내고 발전시키는 연습을 해 보세요. 내가 알고 있는 것, 내가 알아낸 것이 부족해 보여도 자기 생각을 쓰고 친구들과 토론하는 과정을 거치며 다듬어지고 완성될 것입니다.

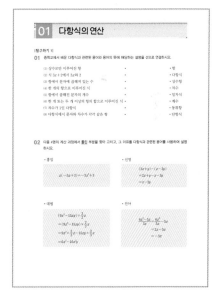

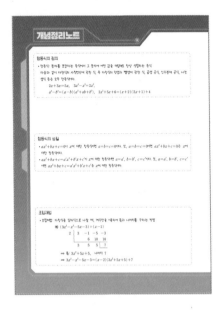

04 개념정리노트

본문에서 발견한 공식이나 성질, 법칙, 명제 등을 모아 놓았습니다. 이들은 암기의 대상이 아니라 유도의 대상입니다. 외우지 말고 그 유도 과정을 떠올려 보면 공식이 저절로 몸에 밸 거예요. 잘 떠오르지 않는다면 즉시 해당 본문으로 가서 복습하기 바랍니다.

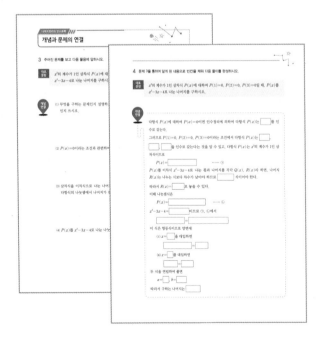

05 개념과 문제의 연결

고등학교 수학 문제 중 여러 개념이 복합된 것은 바로 풀기가 어렵습니다. 여러 개념 사이의 연결 과정을 따로 공부한 적이 없기 때문이지요. 하지만 여러 개념이 복합된 문제가 주로 수능에 출제된답니다. 매 중단원마다 3개씩 제공되는 '개념과 문제의 연결'은 이런 문제 풀이에 대한 적응 능력을 키워 줄 것입니다. 먼저 '탐구하기'에서 익힌 여러 개념이 문제에 어떻게 녹아있는지 각 개념을 끄집어내는 질문이 주어집니다. 그 질문에 차근차근 답을 하다 보면 풀이의 빈칸을 채울 힘을 얻게 될 것입니다. 이 힘으로 뒤따라 나오는 연습문제를 해결해 보세요.

06 연습문제

개념을 완벽하게 이해했다면 실제 시험에 대비하여 연습문제를 풀어 보세요. 매 중단원 끝과 대단원 끝에 주어지는 연습문제는 다양한 유형에 대처할 수 있도록 문제의 형식과 난이도를 조절했습니다. 꼭 스스로 해결해야 합니다. 문제가 풀리지 않는다고 바로 '정답 및 풀이'를 보지 말고 3번 정도 도전한 후에 도움을 받기 바랍니다.

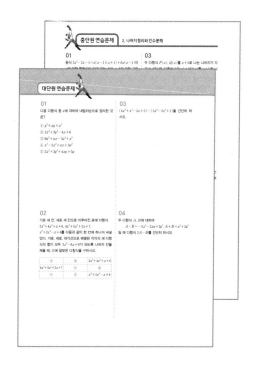

07 정답 및 풀이

『고등 수학의 발견』은 혼자서도 개념을 익히고 적용하여 어떤 문제를 만나도 당황하지 않고 풀 수 있도록 설계되었습니다. 문제를 푼 후에 '정답 및 풀이'를 확인하여 여러분의 생각과 비교하고 수정해 보세요.

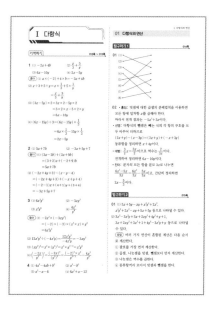

차례

고등 수학(하)

Ⅳ 집합과 명제

Ⅴ 함수

Ⅵ 경우의 수

IV 명확하게 뜻을 전달하려면 무엇이 필요할까?

집합과 명제	1 집합
	2 명제

학습 목표 집합의 개념과 두 집합 사이의 포함 관계를 이해한다.
집합의 연산을 할 수 있다.
명제와 조건의 뜻을 알고, '모든', '어떤'을 포함한 명제를 이해한다.
대우를 이용한 증명법과 귀류법을 이해할 수 있다.
절대부등식의 의미를 이해하고, 간단한 절대부등식을 증명할 수 있다.

① 집합

기억 1 소수

- **소수**: 1보다 큰 자연수 중 1과 자기 자신만을 약수로 갖는 수

  예를 들어 3은 약수가 1, 3이므로 소수이고, 4는 약수가 1, 2, 4이므로 소수가 아니다.

1 1부터 10까지 자연수 중에서 소수를 모두 찾으시오.

기억 2 최대공약수와 최소공배수

- **최대공약수**: 두 자연수의 공약수 중 가장 큰 수
- **최소공배수**: 두 자연수의 공배수 중 가장 작은 수

2 36과 48의 최대공약수를 구하시오.

3 6과 8의 최소공배수를 구하시오.

기억 3 이차방정식의 해

- 이차방정식 $ax^2 + bx + c = 0$의 해 (a, b, c는 실수)

  (1) **인수분해**: $a(x-\alpha)(x-\beta) = 0$이면 해는 $x = \alpha$ 또는 $x = \beta$

  (2) **근의 공식**: $x = \dfrac{-b \pm \sqrt{b^2 - 4ac}}{2a}$

4 다음 이차방정식의 해를 구하시오.

(1) $x^2 - 11x + 28 = 0$

(2) $x^2 + 2x - 2 = 0$

기억 4 | 이차부등식의 해 ($\alpha < \beta$)

(1) $(x-\alpha)(x-\beta) < 0$의 해는 $\alpha < x < \beta$

(2) $(x-\alpha)(x-\beta) > 0$의 해는 $x < \alpha$ 또는 $x > \beta$

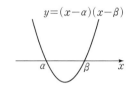

5 다음 이차부등식의 해를 구하시오.

(1) $2x^2 - 5x + 3 < 0$

(2) $x^2 - x - 6 > 0$

기억 5 | 절댓값이 포함된 일차부등식의 해

· $a > 0$일 때,

(1) $|x| < a$의 해는 $-a < x < a$

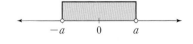

(2) $|x| > a$의 해는 $x < -a$ 또는 $x > a$

6 다음 부등식을 푸시오.

(1) $|x-2| < 1$

(2) $|x-1| \geq 2$

|탐구하기 1|

01 한국고등학교 1학년 4반 학생의 정보를 나타낸 표를 보고 다음 각 조건에 해당하는 학생의 번호를 쓰시오. (단, 한국고등학교 1학년 4반 학생은 총 8명이다.)

1번 김연경	2번 박경진	3번 김찬호	4번 강백호
• 평균 통학 시간: 22분 • 1인 1역할: 분리수거 • 동아리: 댄스부	• 평균 통학 시간: 40분 • 1인 1역할: 분단 청소 • 동아리: 축구부	• 평균 통학 시간: 8분 • 1인 1역할: 서기 • 동아리: 도서부	• 평균 통학 시간: 34분 • 1인 1역할: 창문 청소 • 동아리: 도서부
5번 노진우	6번 김희경	7번 한지예	8번 서나래
• 평균 통학 시간: 17분 • 1인 1역할: 창문 청소 • 동아리: 연극부	• 평균 통학 시간: 55분 • 1인 1역할: 분단 청소 • 동아리: 댄스부	• 평균 통학 시간: 10분 • 1인 1역할: 분리수거 • 동아리: 댄스부	• 평균 통학 시간: 75분 • 1인 1역할: 복도 청소 • 동아리: 댄스부

(1) 1인 1역할이 분리수거인 학생	(2) 동아리가 댄스부인 학생

(3) 한국고등학교 1학년 4반 학생	(4) 평균 통학 시간이 짧은 학생

(5) 1인 1역할을 혼자 하는 학생	(6) 한국고등학교 1학년 2반 학생

02 문제 **01**에서 각 조건에 해당하는 학생을 정확히 골라낼 수 있는 경우와 정확히 골라낼 수 없는 경우를 구별하고 그 이유를 설명하시오.

- 어떤 기준에 따라 대상을 분명히 정할 수 있을 때, 그 대상들의 모임을 **집합**이라 하고, 집합을 이루는 대상 하나하나를 그 집합의 **원소**라 한다.
- 집합 A는 기호 $\{\ \ \}$ 안에 집합 A의 원소를 모두 나열하여 쓴다. 예를 들면, 동아리가 도서부인 학생의 집합을 A라 하면 $A = \{3, 4\}$와 같이 나타낸다.
- a가 집합 A의 원소일 때 a는 집합 A에 속한다고 하며, 기호로 $a \in A$와 같이 나타낸다. 한편 b가 집합 B의 원소가 아닐 때 b는 집합 B에 속하지 않는다고 하며, 기호로 $b \notin B$와 같이 나타낸다.

03 문제 **01**의 각 조건에서 집합이 되는 것이 있으면 집합 기호 $\{\ \ \}$를 써서 나타내시오.

04 평균 통학 시간이 30분 이하인 학생의 집합을 D라 할 때, 각 학생이 집합 D의 원소인지 원소가 아닌지 나타내시오.

05 우리 반 학생들을 분류할 수 있는 기준을 2개 이상 찾아 쓰고, 모둠에서 나온 모든 기준에 대하여 집합이라고 판단할 수 있는 것을 정리하여 쓰시오.

내가 찾은 분류 기준	모둠에서 나온 분류 기준

06 원소가 하나도 없는 모임을 집합이라고 할 수 있는지, 그 이유는 무엇인지 모둠에서 의견을 나누시오.

07 1모둠 학생들이 1부터 9까지의 자연수 중에서 좋아하는 수를 2개씩 선택한 결과를 보고 다음 물음에 답하시오.

모둠 구성원의 이름	김연경	박경진	김찬호	강백호
좋아하는 수	1, 5	2, 3	5, 7	2, 9

(1) 1부터 9까지의 자연수 중에서 1모둠 학생들이 좋아하는 수를 모두 집합 기호 { } 안에 쓰시오.

(2) 내가 쓴 집합과 모둠에서 나온 집합을 비교하고 차이점을 정리하시오.

(3) 1부터 9까지의 자연수 중 1모둠 학생들이 좋아하는 수는 모두 몇 개인지 쓰고, 집합 기호 { } 안에 원소를 나열할 때 어떻게 쓰는 것이 좋을지 모둠에서 정리하시오.

|탐구하기 2|

01 집합을 나타내는 3가지 방법을 관찰하여 각 방법의 특징을 설명하시오.

	[방법1]	[방법2]	[방법3]
표현	$A=\{23,\ 29,\ 31,\ 37\}$	$A=\{x \mid x$는 20 이상 40 이하의 소수$\}$	
특징			

개념정리

- 집합에 속하는 모든 원소를 $\{\ \ \}$ 안에 나열하여 집합을 나타내는 방법을 **원소나열법**이라 한다. 예를 들어 100 이하의 자연수 중 홀수의 집합을 A라 할 때, $A=\{1,\ 3,\ 5,\ \cdots,\ 99\}$와 같이 나타낼 수 있다.

- 집합의 원소들이 갖는 공통된 성질을 조건으로 제시하여 집합을 나타내는 방법을 **조건제시법**이라 한다. 집합 A를 조건제시법으로 $A=\{x \mid x$는 100 이하의 자연수 중 홀수$\}$와 같이 나타낼 수 있다.

- 집합을 나타낼 때 그림을 이용하기도 한다. 예를 들어 집합 $B=\{1,\ 3,\ 6,\ 10\}$을 그림과 같이 나타낼 수 있다. 이와 같은 방법으로 집합을 나타낸 그림을 **벤다이어그램**이라 한다.

02 다음 집합을 원소나열법과 조건제시법으로 나타내고, 벤다이어그램으로 표현하시오.

(1) 12의 양의 약수의 집합 A

(2) 50 이하의 자연수 중 짝수의 집합 B

개념정리

• 원소가 유한개인 집합을 유한집합이라 하고, 원소가 무수히 많은 집합을 무한집합이라 한다.

• 집합 A의 원소가 유한개일 때, 집합 A의 원소의 개수를 기호로 $n(A)$와 같이 나타낸다. 특히 $n(\varnothing)=0$이다.

03 $A=\{x\,|\,x^3-2x^2-5x+6=0\}$, $B=\{x\,|\,x$는 3의 배수인 자연수$\}$, $C=\{x\,|\,x$는 0보다 작은 자연수$\}$일 때, 집합 A, B, C에 대하여 다음 기호를 사용한 표현을 5가지 이상 제시하시오.

$$\in, \quad \notin, \quad \varnothing, \quad n(A), \quad n(C), \quad \text{무한집합}$$

|탐구하기 3|

01 주어진 두 집합 A, B를 벤다이어그램으로 나타내려고 한다. [가]~[라] 중에서 가능한 것을 모두 골라
나타내시오.

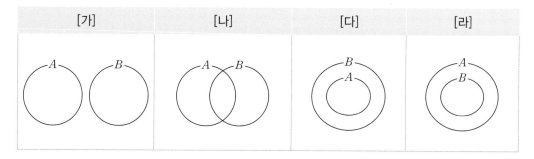

| [가] | [나] | [다] | [라] |

(1) $A=\{3, 4\}$, $B=\{1, 3, 7\}$

(2) $A=\{3, 4, 7, 8\}$, $B=\{x\,|\,x$는 10의 양의 약수$\}$

(3) $A=\{7\}$, $B=\{x\,|\,x$는 10 이하의 소수$\}$

(4) $A=\{x\,|\,x$는 10 이하의 소수$\}$, $B=\{2, 3, 5, 7\}$

(5) $A=\{x\,|\,x$는 1보다 작은 자연수$\}$, $B=\{x\,|\,x$는 10의 양의 약수$\}$

02 문제 **01** ⑴~⑸에서 다음 경우를 모두 찾아 쓰시오.

⑴ 집합 A의 모든 원소가 집합 B의 원소가 되는 경우

⑵ 집합 A의 모든 원소가 집합 B의 원소가 되고, 동시에 집합 B의 모든 원소가 집합 A의 원소가 되는 경우

⑶ 두 집합 A, B 사이에 공통인 원소가 하나도 없는 경우

개념정리

- 두 집합 A, B에 대하여 집합 A의 모든 원소가 집합 B에 속할 때 집합 A는 집합 B의 **부분집합**이라 하고, 기호로 $A \subset B$와 같이 나타낸다. 이때 '집합 A는 집합 B에 포함된다' 또는 '집합 B는 집합 A를 포함한다'고 한다. 한편 집합 A가 집합 B의 부분집합이 아닐 때, 기호로 $A \not\subset B$와 같이 나타낸다.
- 두 집합 A, B가 $A \subset B$이고 $B \subset A$를 만족시킬 때, 두 집합 A, B는 서로 같다고 하며 기호로 $A = B$와 같이 나타낸다. 한편 두 집합 A, B가 서로 같지 않을 때, 기호로 $A \neq B$와 같이 나타낸다.
- 집합 A가 집합 B의 부분집합이고 서로 같지 않을 때, 즉 $A \subset B$이고 $A \neq B$일 때, 집합 A를 집합 B의 **진부분집합**이라 한다.
- 두 집합 사이에 공통인 원소가 하나도 없을 때 두 집합은 **서로소**라고 한다.

---

03 집합 $A = \{1, 2, 3, 4\}$의 부분집합을 모두 나열하고, 그 개수를 구하시오.

04 집합 $A = \{1, 2, 3, 4\}$의 부분집합을 원소 1이 속하는 부분집합과 원소 1이 속하지 않는 부분집합으로 구별하고 발견할 수 있는 사실을 모두 찾아 쓰시오.

원소 1이 속하는 부분집합	원소 1이 속하지 않는 부분집합

05 집합 $A = \{1, 2, 3, \cdots, n\}$의 부분집합의 개수가 2^n인 이유를 설명하시오.

06 다음 문장이 사실인지 아닌지 판단하시오. 특히 (2)는 모둠에서 의견을 나눈 다음 판단하시오.

(1) 모든 집합은 자기 자신의 부분집합이다.
(2) 공집합은 모든 집합의 부분집합이다.

02 집합의 연산

|탐구하기 1|

01 한국고등학교 2학년 7반 학생들의 고교 선택과목 및 진로 정보 등을 나타낸 표를 보고 다음 물음에 답하시오. (단, 한국고등학교 2학년 7반 학생은 총 8명이다.)

1번 구선혜	2번 박재형	3번 박선미	4번 김주혁
• 진학 계열: 자연과학 • 선택과목: 생명과학, 지구과학 • 진로: 간호사 • 취미: 독서	• 진학 계열: 인문 • 선택과목: 사회·문화, 경제 • 진로: 스포츠 마케터 • 취미: 자동차 모형 만들기	• 진학 계열: 경상 • 선택과목: 실용수학, 경제 • 진로: 금융 컨설턴트 • 취미: 영화 감상	• 진학 계열: 공학 • 선택과목: 생명과학, 물리 • 진로: 전자공학자 • 취미: 자동차 모형 만들기
5번 김태형	**6번 정기원**	**7번 이하늘**	**8번 김바다**
• 진학 계열: 공학 • 선택과목: 생명과학, 물리 • 진로: 전자공학자 • 취미: 자동차 모형 만들기	• 진학 계열: 예체능 • 선택과목: 사회·문화, 경제 • 진로: 스포츠 마케터 • 취미: 자동차 모형 만들기	• 진학 계열: 경상 • 선택과목: 실용수학, 여행지리 • 진로: 기자 • 취미: 여행	• 진학 계열: 공학 • 선택과목: 생명과학, 물리 • 진로: 전자공학자 • 취미: 독서

(1) 취미가 자동차 모형 만들기인 학생 중에서 진로가 전자공학자인 학생을 대상으로 '모형 자동차 자율주행 대회'에 출전할 팀을 만들려고 한다. 대상이 되는 학생을 찾아 번호를 쓰시오.

(2) 선택과목이 생명과학인 학생을 대상으로 '스페이스'라는 독서 동아리를 만들려고 하는데 취미가 자동차 모형 만들기인 학생은 이미 RC카 제작 동아리에 가입되어 있어 다른 동아리는 가입할 수 없다고 한다. '스페이스'에 가입할 수 있는 학생을 찾아 번호를 쓰시오.

(3) 자료 정리, 통계 분석 등의 수학 전문성을 겸비한 스포츠 마케터가 인기 직업으로 각광받고 있다. 이에 선택과목이 실용수학인 학생 중 진로를 스포츠 마케터로 생각하고 있는 학생을 대상으로 특강을 준비하려고 한다. 특강 대상이 되는 학생을 찾아 번호를 쓰시오.

(4) 진학 계열이 경상 계열인 학생 또는 선택과목이 경제인 학생을 대상으로 우리나라 경제 지표를 분석하는 자율 동아리를 만들려고 한다. 대상이 되는 학생을 찾아 번호를 쓰시오.

(5) 이번 주 진로 특강은 진학 계열이 공학 계열인 학생을 대상으로 시청각실에서 진행되고, 나머지 학생들은 교실에서 자기주도학습을 하는 것으로 계획되어 있다. 교실에서 자기주도학습을 하게 되는 학생을 찾아 번호를 쓰시오.

02 문제 **01**의 (1)~(5)에 제시된 집합을 각각 조건제시법과 원소나열법으로 나타내고 벤다이어그램으로 표현하시오. 다음 (1)에 대한 예를 참고하시오.

구분	조건제시법과 원소나열법	벤다이어그램
(1)	예 $A = \{x \mid x$는 취미가 자동차 모형 만들기인 학생 번호$\}$ $= \{2, 4, 5, 6\}$, $B = \{x \mid x$는 진로가 전자공학자인 학생 번호$\} = \{4, 5, 8\}$ (모형 자동차 자율주행 대회 출전팀) $= \{4, 5\}$	
(2)		
(3)		
(4)		
(5)		

집합의 연산

• 두 집합 A, B에 대하여 A에 속하거나 B에 속하는 모든 원소로 이루어진 집합을 A와 B의 **합집합**이라 하고, 기호로 $A \cup B$와 같이 나타낸다. A와 B의 합집합을 조건제시법으로 나타내면 다음과 같다.

$$A \cup B = \{x \,|\, x \in A \text{ 또는 } x \in B\}$$

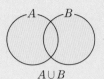

• 두 집합 A, B에 대하여 A에도 속하고 B에도 속하는 모든 원소로 이루어진 집합을 A와 B의 **교집합**이라 하고, 기호로 $A \cap B$와 같이 나타낸다. A와 B의 교집합을 조건제시법으로 나타내면 다음과 같다.

$$A \cap B = \{x \,|\, x \in A \text{ 그리고 } x \in B\}$$

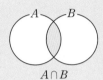

• 어떤 집합에 대하여 그 부분집합을 생각할 때, 처음의 집합을 **전체집합**이라 하고, 기호로 U와 같이 나타낸다.

• 전체집합 U의 부분집합 A에 대하여 U의 원소 중에서 A에 속하지 않는 모든 원소로 이루어진 집합을 U에 대한 A의 **여집합**이라 하고, 기호로 A^c와 같이 나타낸다. A의 여집합을 조건제시법으로 나타내면 다음과 같다.

$$A^c = \{x \,|\, x \in U \text{ 그리고 } x \notin A\}$$

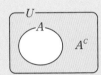

• 두 집합 A, B가 있을 때, 집합 A에는 속하지만 집합 B에는 속하지 않는 모든 원소로 이루어진 집합을 A에 대한 B의 **차집합**이라 하고, 기호로 $A - B$와 같이 나타낸다. A에 대한 B의 차집합을 조건제시법으로 나타내면 다음과 같다.

$$A - B = \{x \,|\, x \in A \text{ 그리고 } x \notin B\}$$

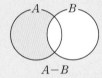

|탐구하기 2|

01 주어진 집합의 연산을 벤다이어그램을 이용하여 설명하고 결과를 밑줄 친 곳에 쓰시오.

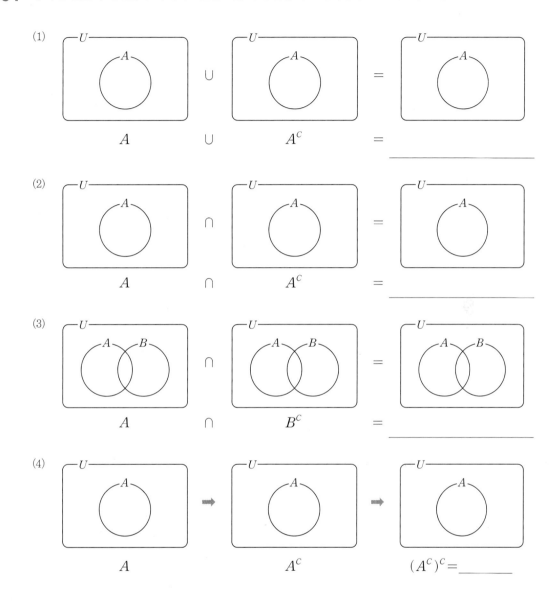

(1) A $\cup$ A^C =

_____

(2) A $\cap$ A^C =

_____

(3) A $\cap$ B^C =

_____

(4) A → A^C → $(A^C)^C =$_____

02 문제 **01**에서 집합의 연산의 성질을 찾아 정리하시오.

03 수의 연산에서 덧셈과 곱셈에 대하여 다음 연산 법칙이 성립할 때, 합집합과 교집합에 대해서도 이러한 연산 법칙이 성립하는지 알아보려고 한다. 다음 물음에 답하시오.

> - 교환법칙: $a+b=b+a$, $\quad a \times b=b \times a$
> - 결합법칙: $(a+b)+c=a+(b+c)$, $\quad (a \times b) \times c=a \times (b \times c)$
> - 분배법칙: $a \times (b+c)=a \times b+a \times c$

(1) 벤다이어그램을 이용하여 합집합과 교집합에 대한 교환법칙이 성립하는지 확인하시오.

① $A \cup B=B \cup A$

② $A \cap B=B \cap A$

(2) 벤다이어그램을 이용하여 합집합과 교집합에 대한 결합법칙이 성립하는지 확인하시오.

① $(A \cup B) \cup C=A \cup (B \cup C)$

② $(A \cap B) \cap C=A \cap (B \cap C)$

(3) 벤다이어그램을 이용하여 합집합과 교집합에 대한 분배법칙이 성립하는지 확인하시오.

① $A \cap (B \cup C) = (A \cap B) \cup (A \cap C)$

② $A \cup (B \cap C) = (A \cup B) \cap (A \cup C)$

(4) (1)~(3)에서 집합의 연산 법칙을 찾아 정리하시오.

(5) 수의 연산 법칙과 집합의 연산 법칙의 공통점과 차이점을 정리하시오.

04 전체집합 U의 두 부분집합 A, B에 대하여 주어진 집합의 연산에 대한 다른 표현을 벤다이어그램을 이용하여 확인하시오.

(1) $A^c \cap B^c = (A \cup B)^c$

(2) $A^c \cup B^c = (A \cap B)^c$

05 전체집합 U의 두 부분집합 A, B에 대하여 $A \cap B^c$를 벤다이어그램을 이용하여 차집합으로 바꾸시오.

06 문제 **04**와 **05**에서 발견한 내용을 정리하시오.

01 두 집합 A, B에 대하여 다음 물음에 답하시오.

(1) $A=\{1,\ 2,\ 3,\ 4\}$, $B=\{3,\ 4,\ 5,\ 6,\ 7\}$일 때, $n(A\cup B)$를 구하고 그 과정을 설명하시오.

(2) $n(A)=9$, $n(B)=7$일 때, 나올 수 있는 집합 $A\cup B$의 원소의 개수를 모두 구하시오.

(3) $n(A)$, $n(B)$, $n(A\cap B)$를 이용하여 $n(A\cup B)$를 구하는 식을 만드시오.

02 두 집합 A, B가 $n(A)=14$, $n(B)=17$, $n(A\cup B)=20$을 만족시킬 때, $n(A-B)$의 값을 구하시오.

개념정리노트

집합의 뜻과 원소

- 집합: 어떤 기준에 따라 대상을 분명히 정할 수 있을 때, 그 대상들의 모임
- 원소: 집합을 이루는 대상 하나하나
- a가 집합 A의 원소일 때 a는 집합 A에 속한다고 하며, 기호로 $a \in A$와 같이 나타낸다.
- b가 집합 B의 원소가 아닐 때 b는 집합 B에 속하지 않는다고 하며, 기호로 $b \notin B$와 같이 나타낸다.

공집합과 원소 나열 방법

- 원소가 하나도 없는 집합을 공집합이라 하고, 기호로 $\varnothing$과 같이 나타낸다.
- 집합 기호 $\{ \ \}$ 안에 원소를 쓸 때, 나열하는 순서는 바꿀 수 있으나 같은 원소는 중복하여 쓰지 않는다.

집합의 표시 방법

- 집합에 속하는 모든 원소를 $\{ \ \}$ 안에 나열하여 집합을 나타내는 방법을 원소나열법이라 한다. 예를 들어 100 이하의 자연수 중 홀수의 집합을 A라 할 때, $A = \{1, 3, 5, \cdots, 99\}$와 같이 나타낼 수 있다.
- 집합의 원소들이 갖는 공통된 성질을 조건으로 제시하여 집합을 나타내는 방법을 조건제시법이라 한다. 집합 A를 조건제시법으로 $A = \{x \mid x$는 100 이하의 자연수 중 홀수$\}$와 같이 나타낼 수 있다.
- 집합을 나타낼 때 그림을 이용하기도 한다. 예를 들어 집합 $B = \{1, 3, 6, 10\}$을 그림과 같이 나타낼 수 있다. 이와 같은 방법으로 집합을 나타낸 그림을 벤다이어그램이라 한다.

집합의 포함 관계

- 부분집합: 두 집합 A, B에 대하여 집합 A의 모든 원소가 집합 B에 속할 때 집합 A는 집합 B의 부분집합이라 하고, 기호로 $A \subset B$와 같이 나타낸다.
  '집합 A는 집합 B에 포함된다.' 또는 '집합 B는 집합 A를 포함한다.'
  집합 A가 집합 B의 부분집합이 아닐 때, 기호로 $A \not\subset B$와 같이 나타낸다.
- 서로 같은 집합: 두 집합 A, B가 $A \subset B$이고 $B \subset A$를 만족시킬 때, 두 집합 A, B는 서로 같다고 하며 기호로 $A = B$와 같이 나타낸다. 한편 두 집합 A, B가 서로 같지 않을 때, 기호로 $A \neq B$와 같이 나타낸다.
- 진부분집합: $A \subset B$이고 $A \neq B$일 때 집합 A를 집합 B의 진부분집합이라 한다.

집합의 연산

- 합집합: $A \cup B = \{x \,|\, x \in A \text{ 또는 } x \in B\}$
- 교집합: $A \cap B = \{x \,|\, x \in A \text{ 그리고 } x \in B\}$
- 서로소: $A \cap B = \varnothing$, 즉 두 집합 사이에 공통인 원소가 하나도 없을 때 두 집합은 서로소라고 한다.

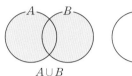 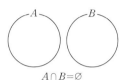

- 전체집합: 어떤 집합에 대하여 그 부분집합을 생각할 때, 처음의 집합을 전체집합(U)이라 한다.
- 여집합: $A^C = \{x \,|\, x \in U \text{ 그리고 } x \notin A\}$
- 차집합: $A - B = \{x \,|\, x \in A \text{ 그리고 } x \notin B\}$

 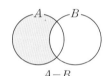

집합의 연산 법칙

- 교환법칙

$$A \cup B = B \cup A, \quad A \cap B = B \cap A$$

- 결합법칙

$$(A \cup B) \cup C = A \cup (B \cup C), \quad (A \cap B) \cap C = A \cap (B \cap C)$$

- 분배법칙

$$A \cap (B \cup C) = (A \cap B) \cup (A \cap C), \quad A \cup (B \cap C) = (A \cup B) \cap (A \cup C)$$

- 드모르간의 법칙

$$A^C \cap B^C = (A \cup B)^C, \quad A^C \cup B^C = (A \cap B)^C$$

여집합과 차집합의 성질

- 전체집합 U와 그 부분집합 A, B가 있을 때

① $A \cup A^C = U$　　　　　　　　② $A \cap A^C = \varnothing$

③ $A - B = A \cap B^C$　　　　　　④ $(A^C)^C = A$

합집합의 원소의 개수

$$n(A \cup B) = n(A) + n(B) - n(A \cap B)$$

개념과 문제의 연결

1 주어진 문제를 보고 다음 물음에 답하시오.

> **대표 문항**
>
> 두 집합 $A=\{x\,|\,x$는 15 이하의 소수$\}$, $B=\{x\,|\,x^2-7x+10=0\}$에 대하여 $A\cap X=X$,
> $B\cup X=X$를 만족시키는 집합 X의 개수를 구하시오.

 개념 연결

(1) $A\cap X=X$일 때, 두 집합 A와 X 사이의 관계를 벤다이어그램으로 표현하시오.

(2) $B\cup X=X$일 때, 두 집합 B와 X 사이의 관계를 벤다이어그램으로 표현하시오.

(3) (1)과 (2)의 벤다이어그램을 동시에 만족할 때 집합 X는 두 집합 A, B와 어떤 관계
인지 쓰시오.

(4) $A\cap X=X$, $B\cup X=X$를 만족시키는 집합 X의 예를 3개 들어 보시오.

2 문제 **1**을 통하여 알게 된 내용으로 빈칸을 채워 다음 풀이를 완성하시오.

두 집합 $A=\{x\,|\,x$는 15 이하의 소수$\}$, $B=\{x\,|\,x^2-7x+10=0\}$에 대하여 $A\cap X=X$,
$B\cup X=X$를 만족시키는 집합 X의 개수를 구하시오.

개념
연결

$A \Rightarrow$ 15 이하의 소수는 2, 3, 5, 7, 11, 13으로 6개가 있다.

$B \Rightarrow x^2-7x+10=(x-2)(x-5)=0$에서

$\quad x=2$ 또는 $x=5$이므로

두 집합 A, B를 원소나열법으로 표현하면 $A=\{\boxed{}\}$, $B=\{\boxed{}\}$

$A\cap X=X$인 경우 두 집합 A, X의 포함 관계는 $\quad X\subset A \quad \cdots\cdots$ ㉠

$B\cup X=X$인 경우 두 집합 B, X의 포함 관계는 $\quad B\subset X \quad \cdots\cdots$ ㉡

㉠, ㉡을 동시에 만족하는 경우 세 집합 A, B, X의 포함 관계는 $\boxed{}$이다. 이

를 벤다이어그램으로 나타내면 다음과 같다.

집합 X는 $\boxed{}$를 반드시 원소로 포함하면서 $\boxed{}$ 중 일부 혹은 전체를 원소

로 포함할 수 있다.

따라서 집합 X의 개수는 집합 $\{\boxed{}\}$의 부분집합의 개수와 같으므로 $\boxed{}$이

다.

개념과 문제의 연결

3 주어진 문제를 보고 다음 물음에 답하시오.

대표문항

전체집합 U의 두 부분집합 A, B에 대하여 $\{(A\cap B)\cup(A-B)\}\cap B=A$일 때, 다음 중 항상 옳은 것은?

① $A\subset B$ ② $A=B$ ③ $B\subset A$

④ $A\cap B=\varnothing$ ⑤ $A\cup B=\varnothing$

개념연결

(1) 지금까지 배운 집합의 연산 법칙을 쓰시오.

(2) 집합의 연산 법칙을 이용하여 $(A\cap B)\cup(A-B)$를 간단히 할 때, 가장 먼저 해야 할 일은 무엇인지 쓰시오.

(3) $(A\cap B)\cup(A\cap B^{c})$를 간단히 할 때, 적용할 수 있는 집합의 연산 법칙은 무엇인지 쓰시오.

4 문제 **3**을 통하여 알게 된 내용으로 빈칸을 채워 다음 풀이를 완성하시오.

전체집합 U의 두 부분집합 A, B에 대하여 $\{(A \cap B) \cup (A-B)\} \cap B = A$일 때, 다음 중 항상 옳은 것은?

① $A \subset B$ ② $A = B$ ③ $B \subset A$

④ $A \cap B = \varnothing$ ⑤ $A \cup B = \varnothing$

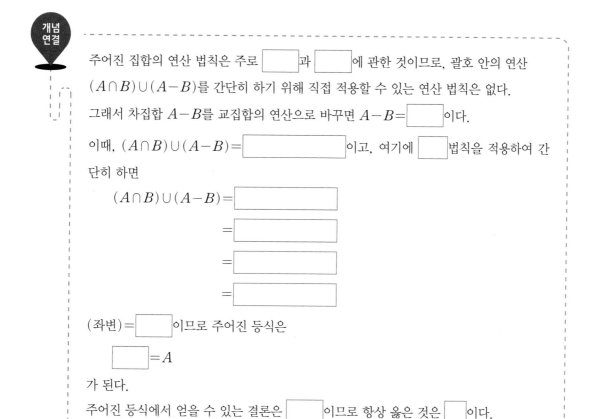

개념
연결

주어진 집합의 연산 법칙은 주로 ☐과 ☐에 관한 것이므로, 괄호 안의 연산 $(A \cap B) \cup (A-B)$를 간단히 하기 위해 직접 적용할 수 있는 연산 법칙은 없다.

그래서 차집합 $A-B$를 교집합의 연산으로 바꾸면 $A-B=$ ☐ 이다.

이때, $(A \cap B) \cup (A-B) =$ ☐ 이고, 여기에 ☐ 법칙을 적용하여 간단히 하면

$$(A \cap B) \cup (A-B) = \boxed{}$$

$$= \boxed{}$$

$$= \boxed{}$$

$$= \boxed{}$$

(좌변) = ☐ 이므로 주어진 등식은

$$\boxed{} = A$$

가 된다.

주어진 등식에서 얻을 수 있는 결론은 ☐ 이므로 항상 옳은 것은 ☐ 이다.

5 주어진 문제를 보고 다음 물음에 답하시오.

대표문항

어느 학교 학생 70명 중에서 A 영화를 관람한 학생은 45명, B 영화를 관람한 학생은 57명이다. A 영화와 B 영화를 모두 관람한 학생 수의 최댓값과 최솟값을 구하시오.

개념연결

(1) A 영화와 B 영화를 모두 관람한 학생 수가 정확히 몇 명인지 정할 수 있는지 알아보시오.

(2) A 영화와 B 영화를 모두 관람한 학생이 한 명도 없을 수 있는지 알아보고, 그렇게 생각한 이유를 쓰시오.

(3) A 영화와 B 영화를 모두 관람한 학생 수가 최대가 되는 경우를 벤다이어그램으로 나타내시오.

6 문제 **5**를 통하여 알게 된 내용으로 빈칸을 채워 다음 풀이를 완성하시오.

어느 학교 학생 70명 중에서 A 영화를 관람한 학생은 45명, B 영화를 관람한 학생은 57명이다. A 영화와 B 영화를 모두 관람한 학생 수의 최댓값과 최솟값을 구하시오.

A 영화를 관람한 학생들의 모임을 집합 A, B 영화를 관람한 학생들의 모임을 집합 B라 한다.

집합 A와 B의 교집합의 원소의 개수는 두 영화를 하나도 관람하지 않은 학생이 존재할 수 있기 때문에 일정하지 않다.

집합 A와 B의 교집합의 원소의 개수가 최대일 때는 두 집합 A와 B의 포함 관계가 [ ] 일 때이고 벤다이어그램으로 나타내면 다음과 같다.

이때 집합 A와 B의 교집합의 원소의 개수는 [ ] 이다.

만일 $A \cap B = \varnothing$, 즉 A 영화와 B 영화를 모두 관람한 학생이 한 명도 없다면 두 영화를 관람한 각각의 학생 수를 모두 더한 값이 [ ] 가 되는데, 이는 전체 학생 수 70보다 크므로 이런 경우는 있을 수 없다.

$A \cap B$의 원소의 개수가 최소일 때는 $A \cup B = U$일 때이다.

따라서 A 영화와 B 영화를 모두 관람한 학생은 최소한 [ ] 명이다.

이상을 정리하면 A 영화와 B 영화를 모두 관람한 학생 수의 최댓값은 [ ] 이고, 최솟값은 [ ] 이다.

01

다음 집합을 유한집합과 무한집합으로 구분하시오.

ㄱ. $2x-5<0$인 자연수 x의 집합 A
ㄴ. $x^2<0$인 실수 x의 집합 B
ㄷ. $x^2 \geq 0$인 실수 x의 집합 C
ㄹ. 소수 중 짝수인 수들의 집합 D

02

[가]~[라] 중에서 두 집합
$A=\{x \mid x^3-2x^2-x+2=0\}$,
$B=\{x \mid x$는 자연수$\}$의 포함 관계에 대하여 적절한
것을 선택하고, 벤다이어그램으로 나타내시오.

[가]	[나]
[다]	[라]

03

두 집합 $A=\{x \mid x^2-1=0\}$, $B=\{-1, 0, 1\}$가 서로 같은지 판단하시오.

04

두 집합 $A=\{2, a, b-1\}$, $B=\{a+3, -1, 4\}$에 대하여 $A=B$일 때, a, b의 값을 각각 구하시오.

05

전체집합 U의 두 부분집합 A, B에 대하여
$A \cup B = A$일 때, 다음 중 옳은 것을 모두 고르시오.

① $B \subset A$ ② $B^C \subset A^C$
③ $A \cap B = B$ ④ $A \cup B^C = U$
⑤ $B - A = \varnothing$ ⑥ $A^C \cap B^C = B^C$

06

두 집합 $A = \{-2, -1, 0, 1, 2\}$,
$B = \{x \mid 3x - 2 < 10,\ x$는 자연수$\}$에 대하여 $A \cup B$
와 $A \cap B$를 각각 구하시오.

07

집합 $A = \{x \mid x$는 20 이하인 자연수$\}$의 공집합이 아
닌 부분집합 X에 대하여 X의 모든 원소는 6과 서
로소이고 집합 X는 집합 $\{6, 7\}$과 서로소일 때, 이
를 만족시키는 집합 X의 개수를 구하시오.

08

집합 $A = \{x \mid x^2 + 4x - 5 \leq 0\}$의 원소를 수직선을
그려서 나타내시오.

09

집합 $A=\{1, 2, 3, 4, 5\}$의 부분집합 중 1은 포함하고 2는 포함하지 않는 부분집합을 모두 나열하고 그 개수를 구하시오.

11

두 집합 A, B에 대하여 $A=\{1, 2, 5, 7, 9\}$, $A \cup B=\{1, 2, 3, 5, 7, 9\}$, $A \cap B=\{2, 5\}$일 때, 집합 B를 구하시오.

10

두 집합 A, B에 대하여 $A \cup B=\{x \mid -3 \leq x \leq 7\}$, $A \cap B=\{x \mid 0 \leq x \leq 3\}$일 때, $(A-B) \cup (B-A)$를 구하시오.

12

두 집합 A, B에 대하여 $A \cup B=\{1, 2, 3, 4, 5, 6\}$, $A-B=\{1, 2, 3\}$, $B-A=\{5, 6\}$일 때, $A \cap B$를 구하시오.

13

두 집합 A, B에 대하여 $A=\{2, 3, 4\}$, $B=\{0, 2, 4\}$ 일 때, $n(A-B)$를 구하시오.

14

세 집합 A, B, C에 대하여
$A\cup B=\{-2, -1, 0, 1\}$, $A\cup C=\{-2, 1, 4, 5\}$ 일 때, 집합 $A\cup(B\cap C)$를 구하시오.

15

어느 반 학생 중에서 운동 동아리에 가입한 학생은 18명, 학술 동아리에 가입한 학생은 15명, 운동 동아리와 학술 동아리에 모두 가입한 학생은 7명일 때, 운동 동아리 또는 학술 동아리에 가입한 학생 수를 구하시오.

② 명제

기억 1   집합의 표현 방법

- **원소나열법**: 집합에 속하는 모든 원소를 { } 안에 나열하여 집합을 나타내는 방법
- **조건제시법**: 집합의 원소들이 갖는 공통된 성질을 조건으로 제시하여 집합을 나타내는 방법
  집합 A를 조건제시법으로 $A=\{x \mid x$는 100 이하의 자연수 중 홀수$\}$와 같이 나타낼 수 있다.

1 집합 $A=\{x \mid x$는 12와 18의 공약수$\}$를 원소나열법으로 나타내시오.

기억 2   전체집합과 여집합

- 주어진 어떤 집합에서 그 부분집합을 생각할 때 처음에 주어진 집합을 **전체집합**이라 하고, 기호로 U와 같이 나타낸다.
- 전체집합 U와 그 부분집합 A가 있을 때, U의 원소 중에서 A에 속하지 않는 모든 원소로 이루어진 집합을 U에 대한 A의 **여집합**이라 하고, 기호로 A^C와 같이 나타낸다.
  즉, $A^C=\{x \mid x \in U$ 그리고 $x \notin A\}$이다.

2 전체집합 $U=\{x \mid x$는 10 이하인 자연수$\}$의 부분집합 $A=\{x \mid x^2-8x+12<0\}$에 대하여 집합 A^C를 원소나열법으로 나타내시오.

기억 3   부분집합

- 집합 A의 모든 원소가 집합 B에 속할 때 집합 A를 집합 B의 **부분집합**이라 하고, 기호로 $A \subset B$와 같이 나타낸다. 이때 집합 A는 집합 B에 포함된다 또는 집합 B는 집합 A를 포함한다고 한다. 한편, 집합 A가 집합 B의 부분집합이 아닐 때, 기호로 $A \not\subset B$와 같이 나타낸다.
- 두 집합 A, B가 $A \subset B$이고 $B \subset A$를 만족시킬 때, 두 집합 A, B는 서로 같다고 하며 기호로 $A=B$와 같이 나타낸다. 한편, 두 집합 A, B가 서로 같지 않을 때, 기호로 $A \neq B$와 같이 나타낸다.

3 다음 두 집합 사이의 포함 관계를 설명하시오.

(1) $A=\{3,\ 5\}$, $B=\{x\,|\,x$는 5 이하인 소수$\}$

(2) $A=\{5,\ 6,\ 7\}$, $B=\{x\,|\,x$는 $|x-6|<2$인 정수$\}$

기억 4　$AB=0$

• 두 수 또는 두 식 A, B에 대하여 $AB=0$이면 다음 3가지 중 어느 하나가 성립한다.

　　① $A=0$, $B=0$　　　② $A=0$, $B\neq0$　　　③ $A\neq0$, $B=0$

　그러므로 $AB=0$이면 $A=0$ 또는 $B=0$으로 나타낼 수 있다.

---

4 다음 이차방정식의 해를 구하시오.

(1) $(x+2)(x-3)=0$　　　　　　　　　　(2) $x^2-5x+4=0$

기억 5　부등식의 증명에 이용되는 실수의 기본 성질

• 실수에서는 다음과 같은 성질이 성립한다.

　a, b가 실수일 때

　　① $a>b$이면 $a-b>0$이고, $a-b>0$이면 $a>b$이다.

　　② $a^2\geq0$, $a^2+b^2\geq0$

　　③ $a^2+b^2=0$이면 $a=0$, $b=0$이다.

　　④ $a>0$, $b>0$일 때, $a>b$이면 $a^2>b^2$이고, $a^2>b^2$이면 $a>b$이다.

---

5 a, b가 실수일 때, $a^2+b^2=0$이면 $a=0$, $b=0$임을 설명하시오.

6 $a>0$, $b>0$일 때, $a^2>b^2$이면 $a>b$임을 설명하시오.

01 명제와 조건

|탐구하기 1|

01 축제 안내 포스터를 보고 다음 물음에 답하시오.

(1) 축제 안내 포스터에 대한 다음 문장에서 참, 거짓을 명확하게 판별할 수 있는 문장과 그렇지 않은 문장을 찾으시오.

> ㈎ 축제 장소는 호수 공원이다.
> ㈏ 축제는 8일 동안 진행된다.
> ㈐ 축제는 내년에도 열릴 것이다.
> ㈑ 축제의 입장료는 1,000원이다.

(2) 축제 안내 포스터에서 참, 거짓을 명확하게 판별할 수 있는 문장을 각각 하나씩 쓰고 그 문장의 부정문을 서술한 다음, 참, 거짓을 판별하시오.

참 또는 거짓인 문장	부정문	부정문의 참, 거짓 판별
(참인 문장)		
(거짓인 문장)		

개념정리

참, 거짓을 명확하게 판별할 수 있는 문장이나 식을 **명제**라고 한다.

02 우리 모둠 4명의 생일이 다음과 같을 때, '우리 모둠의 x번 학생은 가을($9 \sim 11$월)에 태어났다.'라는 문장이 참이 되는 x의 값과 거짓이 되는 x의 값을 각각 구하시오.

번호	1	2	3	4
생일	5월 28일	11월 1일	8월 31일	9월 15일

문장이 참이 되는 x의 값	문장이 거짓이 되는 x의 값

개념정리

- 변수를 포함하는 문장이나 식에서 그 자체로는 참, 거짓을 판별할 수 없지만 변수의 값이 정해지면 참, 거짓을 명확하게 판별할 수 있을 때, 그 문장이나 식을 **조건**이라고 한다. 전체집합의 원소 중에서 조건을 참이 되게 하는 모든 원소의 집합을 그 조건의 **진리집합**이라고 한다.
- 명제와 조건은 알파벳 소문자 p, q, r 등으로 나타내고, 조건 p, q, r의 진리집합은 각각 알파벳 대문자 P, Q, R로 나타낸다.
- 명제 또는 조건 p에서 'p가 아니다.'를 명제 또는 조건 p의 **부정**이라고 하며 이것을 기호로 $\sim p$ 와 같이 나타낸다. 조건 p의 진리집합이 P이면 조건 $\sim p$의 진리집합은 P^C이다.

03 문제 **02**의 문장에 대하여 다음 표를 완성하시오.

전체집합(U)	$\{1,\ 2,\ 3,\ 4\}$
조건(p)	우리 모둠의 x번 학생은 가을($9 \sim 11$월)에 태어났다.
조건의 진리집합(P)	
조건의 부정($\sim p$)	우리 모둠의 x번 학생은 가을($9 \sim 11$월)에 태어나지 않았다.
조건의 부정의 진리집합(P^C)	

|탐구하기 2|

01 전체집합 $U = \{1, 2, 3, 4, 5, 6\}$에서 다음 조건의 부정을 서술하고, 조건과 조건의 부정의 진리집합을 각각 구하시오.

조건	조건의 부정	조건의 진리집합	조건의 부정의 진리집합
p: x는 6의 약수이다.			
q: x는 4보다 작다.			
r: x는 6의 약수가 아니다.			
s: x는 4보다 크다.			

02 문제 **01**을 참고하여 다음 물음에 답하고, 그 이유를 설명하시오.

(1) '작다'의 부정은 '크다'인가?

(2) 조건의 부정을 다시 부정하면 원래 조건과 같다고 할 수 있나?

(3) 조건과 그 조건의 부정의 진리집합을 각각 P, Q라 하면 $P \cup Q = U$인 관계가 항상 성립하나?

03 소방공무원 지원 자격 중 연령은 '18세 이상 40세 이하'로 제한된다. 전체집합이 사람의 집합이고, 18세 이상인 사람의 집합을 A, 40세 이하인 사람의 집합을 B라 할 때, 다음 물음에 답하시오.

⑴ 다음 2가지 경우를 표현하는 적합한 집합의 연산을 찾아 조건제시법으로 나타내시오.

경우	연령	집합 A, B의 연산과 조건제시법
소방공무원의 지원 자격이 되는 경우		
소방공무원의 지원 자격이 안 되는 경우		

⑵ 두 집합 A, B를 진리집합으로 갖는 조건을 각각 p, q라 할 때 ⑴의 연산을 진리집합으로 갖는 조건을 p, q를 이용하여 나타내시오.

04 진리집합의 연산을 이용하여 조건 'p 또는 q'의 부정이 '$\sim p$ 그리고 $\sim q$'임을 설명하시오.

01 조건 'x는 양수이다.' 또는 'x는 음수이다.'를 이용하여 '모든'이나 '어떤'을 포함한 문장을 만들 때, 다음 물음에 답하시오.

> 모든 ☐ x에 대하여 x는 양수이다.
> 어떤 ☐ x에 대하여 x는 음수이다.

(1) 빈칸에 다음 단어를 각각 넣어 문장을 완성하고 그 문장의 참과 거짓을 판단하시오.

> 자연수, 정수, 유리수

(2) (1)에서 만든 문장 중 명제인 것을 모두 고르고, 조건 p 앞에 '모든'이나 '어떤'이 포함된 문장은 조건 p와 어떤 차이가 있는지 설명하시오.

02 전체집합 $U = \{1, 2, 3, 4, 5\}$일 때, 다음 물음에 답하시오.

(1) 네 조건 p, q, r, s의 진리집합을 각각 P, Q, R, S라 할 때, 각 진리집합이 전체집합 또는 공집합과 어떤 관계가 있는지 설명하시오.

조건	진리집합	전체집합 또는 공집합과의 관계
p: $x^2 > 0$	$P =$	$P = U$
q: $x^2 - 5 \leq 0$	$Q =$	
r: $x^2 = 3$	$R =$	
s: $|x| < 4$	$S =$	

(2) 다음 네 명제 ㈎~㈑의 참, 거짓을 판단하고 그 이유를 설명하시오.

> ㈎ 모든 x에 대하여 $x^2 > 0$이다.
> ㈏ 모든 x에 대하여 $x^2 - 5 \leq 0$이다.
> ㈐ 어떤 x에 대하여 $x^2 = 3$이다.
> ㈑ 어떤 x에 대하여 $|x| < 4$이다.

(3) 전체집합 U에 대하여 조건 p의 진리집합을 P라 할 때, '모든'이나 '어떤'이 들어 있는 명제에 대하여 맞게 표현한 학생을 찾고 그 이유를 설명하시오. (단, $U \neq \varnothing$)

> 진주: $P = U$이면 명제 '모든 x에 대하여 p이다.'는 참이다.
> 상순: $P \neq \varnothing$이면 명제 '모든 x에 대하여 p이다.'는 거짓이다.
> 혁준: $P \neq \varnothing$이면 명제 '어떤 x에 대하여 p이다.'는 참이다.
> 미영: $P \neq \varnothing$이면 명제 '어떤 x에 대하여 p이다.'는 거짓이다.
> 철수: $P = U$이면 명제 '어떤 x에 대하여 p이다.'는 참이다.

(4) '모든'이나 '어떤'이 포함된 명제의 참, 거짓에 대한 판단을 진리집합과 전체집합 또는 공집합 사이의 관계를 이용하여 정리하시오.

(5) (2)의 명제 ㈏ '모든 x에 대하여 $x^2 - 5 \leq 0$이다.'가 거짓임을 보일 수 있는 전체집합 U의 원소를 모두 구하시오.

03 해바라기 8송이를 그린 것이다. 다음 물음에 답하시오.

(1) 위의 그림을 보고 '모든' 또는 '어떤'이 포함된 참인 명제와 거짓인 명제를 각각 하나씩 만들고
각 명제의 부정을 적은 다음, 참인지 거짓인지 판단하시오.

'모든' 또는 '어떤'이 포함된 명제	(참, 거짓)	명제의 부정	(참, 거짓)
	참		
	거짓		
	참		
	거짓		

(2) (1)에서 통해 '모든' 또는 '어떤'을 포함하는 명제의 부정에 대하여 알 수 있는 사실을 서술하시오.

04 전체집합 $U = \{1, 2, 3, 4, 5\}$일 때, 다음 명제의 부정을 쓰시오.

(1) 모든 x에 대하여 $x^2 > 0$이다. (2) 어떤 x에 대하여 $|x| < 4$이다.

02 명제 사이의 관계

|탐구하기 1|

전체집합이 $U = \{x \,|\, x$는 자연수$\}$일 때의 조건들을
나열한 것이다. 다음 물음에 답하시오.

> ㈎ x는 홀수이다.
> ㈏ $x^2 - 4x + 3 = 0$
> ㈐ x는 2보다 큰 소수이다.
> ㈑ x는 3의 약수이다.

01 위의 조건에서 서로 다른 2개를 선택하여 각 조건을 각각 p, q라 이름 붙이고, 'p이고 q이다.', 'p이면 q이다.', 'p 또는 q이다.' 형태의 문장을 각각 하나씩 만드시오.

p이고 q이다.

p이면 q이다.

p 또는 q이다.

02 문제 **01**에서 만든 문장 중 명제인 것과 명제가 아닌 것을 분류하고 그렇게 분류한 이유를 설명하시오.

03 다음 물음에 답하시오.

(1) 위에서 제시된 4가지 조건 ㈎, ㈏, ㈐, ㈑를 이용하여 $p \longrightarrow q$ 꼴의 참인 명제와 거짓인 명제를 각각 하나씩 만들고, 진리집합 P, Q 사이의 포함 관계를 벤다이어그램으로 나타내시오.

참인 명제:	거짓인 명제:

(2) 참인 명제와 거짓인 명제 각각에 나타나는 진리집합 사이의 관계를 설명하시오.

04 진리집합의 포함 관계를 이용하여 명제 $p \longrightarrow q$의 참, 거짓을 판별할 수 있는 방법을 정리하시오.

개념정리

두 조건 p, q에 대하여 명제 $p \longrightarrow q$가 참일 때, 기호로 $p \Longrightarrow q$와 같이 나타낸다.
이때 p는 q이기 위한 **충분조건**, q는 p이기 위한 **필요조건**이라 한다.

$p \Longrightarrow q$이고 $q \Longrightarrow p$이면 p는 q이기 위한 충분조건인 동시에 필요조건이다.
이것을 기호로 $p \Longleftrightarrow q$와 같이 나타내고 p는 q이기 위한 **필요충분조건**이라고 한다.
이때, q도 p이기 위한 필요충분조건이다.

05 두 조건 p, q의 진리집합을 각각 P, Q라 할 때, 다음 물음에 답하시오.

(1) p가 q이기 위한 충분조건일 때, 진리집합 P, Q의 관계를 설명하시오.
(2) p가 q이기 위한 필요조건일 때, 진리집합 P, Q의 관계를 설명하시오.
(3) p가 q이기 위한 필요충분조건일 때, 진리집합 P, Q의 관계를 설명하시오.

|탐구하기 2|

01 전체집합 $U=\{x\,|\,x$는 자연수$\}$에 대하여 주어진 조건들을 보고 다음 물음에 답하시오.

> (가) x는 홀수이다.
> (나) $x^2-4x+3=0$
> (다) x는 2보다 큰 소수이다.
> (라) x는 3의 약수이다.

(1) 조건 p, q의 진리집합을 각각 P, Q라 할 때, 명제 $p \longrightarrow q$가 참이고 명제 $q \longrightarrow p$도 참인 두 조건 p, q를 찾고, 그 이유를 진리집합의 포함 관계로 설명하시오.

(2) 명제 $p \longrightarrow q$가 참이고 명제 $q \longrightarrow p$는 거짓이 되는 두 조건 p, q를 찾고, 그 이유를 진리집합의 포함 관계로 설명하시오.

(3) 명제 $p \longrightarrow q$가 참이고 명제 $\sim q \longrightarrow \sim p$도 참인 두 조건 p, q를 찾고, 그 이유를 진리집합의 포함 관계로 설명하시오.

(4) 명제 $p \longrightarrow q$가 참이고 명제 $\sim q \longrightarrow \sim p$는 거짓인 두 조건 p, q를 찾고, 그 이유를 진리집합의 포함 관계로 설명하시오.

02 명제 $p \longrightarrow q$가 참일 때, 명제 $\sim q \longrightarrow \sim p$가 반드시 참인 이유를 진리집합의 포함 관계로 설명하시오.

03 문제 **01**에 제시된 네 조건 중 명제 $p \longrightarrow q$가 거짓인 두 조건 p, q를 찾고, 이때 명제 $q \longrightarrow p$의 참, 거짓을 판별하시오.

04 명제 $p \longrightarrow q$가 거짓일 때, 명제 $\sim q \longrightarrow \sim p$의 참, 거짓을 판별하시오.

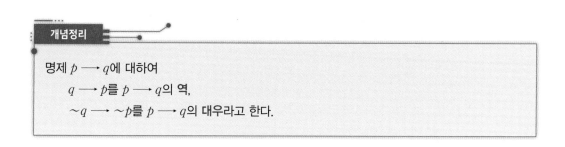

개념정리

명제 $p \longrightarrow q$에 대하여

$q \longrightarrow p$를 $p \longrightarrow q$의 **역**,

$\sim q \longrightarrow \sim p$를 $p \longrightarrow q$의 **대우**라고 한다.

05 문제 **01~04**를 바탕으로 명제 $p \longrightarrow q$의 참, 거짓에 따라 명제 $p \longrightarrow q$의 역, 대우의 참, 거짓이 어떤 관련이 있는지 설명하시오.

06 '윤년이면 2월 29일이 있다.'라는 문장이 참일 때, 대우를 이용하여 항상 참인 다른 문장을 만드시오.

|탐구하기 1|

01 평행사변형에 대한 다음 4명의 표현을 보고 물음에 답하시오.

학생	평행사변형이란?
은미	대각선이 서로 다른 것을 이등분하는 사각형
병현	두 쌍의 대변이 각각 평행하고, 두 쌍의 대변의 길이가 각각 같은 사각형
서진	두 쌍의 대변이 각각 평행한 사각형
경구	두 쌍의 대변이 각각 평행하고, 두 쌍의 대각의 크기가 각각 같은 사각형

(1) 4명의 표현을 서로 비교하여 정리하고, 평행사변형의 뜻을 가장 간결하고 명확하게 표현한 학생은 누구인지 그 이유를 설명하시오.

개념정리

용어의 뜻을 간결하고 명확하게 정한 문장을 그 용어의 **정의**라고 한다.

(2) (1)에서 4명의 표현 중 평행사변형의 정의를 제외한 나머지를 평행사변형의 성질이라고 한다. 평행사변형의 성질을 정리하시오.

(3) 이등변삼각형의 정의와 성질을 구분하여 정리하시오.

|탐구하기 2|

01 다음 물음에 답하시오.

(1) $a>0$, $b>0$일 때, $a^2>b^2$이 참이 되기 위한 조건을 구하시오.

(2) 명제 '$a>0$, $b>0$일 때, $a>b$이면 $a^2>b^2$이다.'는 항상 참이라고 말할 수 있는지 설명하시오.

02 다음 명제가 참임을 어떻게 알 수 있을지 나의 의견과 모둠 구성원의 의견을 비교하여 알아보시오.

두 홀수의 합은 항상 짝수이다.

나의 의견	모둠 구성원의 의견

개념정리

어떤 명제가 참임을 보이는 과정을 **증명**이라고 한다. 참임이 증명된 명제 중에서 기본이 되는 것이나 다른 명제를 증명할 때 이용할 수 있는 중요한 명제를 **정리**라고 한다.
증명할 때는 정의를 이용하거나 이미 알려진 사실이나 정리(성질, 법칙, 공식)를 이용한다.

01 다음 명제가 참임을 증명하려고 한다. 다음 물음에 답하시오.

> 자연수 n에 대하여 n^2이 홀수이면 n도 홀수이다.

(1) 이 명제의 대우를 쓰시오.

(2) 대우가 참임을 증명하시오.

(3) 주어진 명제가 참임이 증명되었는지 설명하시오.

02 카드 4장의 한쪽 면에는 1~4의 숫자가 각각 적혀 있고, 반대 면에는 호랑이 또는 사자가 그려져 있을 때, 다음 명제가 참인지 확인하기 위하여 반드시 뒤집어야 하는 카드를 모두 고르고, 그 이유를 설명하시오.

'홀수가 적힌 카드의 반대 면에는 호랑이가 그려져 있다.'

개념정리

명제 $p \longrightarrow q$가 참임을 직접적으로 증명하기 어려운 경우 그 대우 $\sim q \longrightarrow \sim p$가 참임을 증명하는 방법을 **대우를 이용한 증명**이라고 한다.

03 다음 명제가 참임을 다른 방법으로 증명하고자 한다. 다음 물음에 답하시오.

> 자연수 n에 대하여 n^2이 홀수이면 n도 홀수이다.

(1) n^2이 홀수이면 n이 홀수인지, 짝수인지 알아보시오.

(2) 만약 n이 홀수가 아니라면 n^2은 홀수인지, 짝수인지 알아보시오.

(3) 주어진 명제가 참임을 어떻게 증명할 수 있는지 설명하시오.

개념정리

명제 $p \longrightarrow q$가 참임을 증명할 때, 명제의 결론 q를 부정하여 명제의 가정이나 참이라고 알려진 사실에 모순이 생김을 밝혀 명제 $p \longrightarrow q$가 참임을 증명하는 방법을 **귀류법**이라고 한다.

04 귀류법을 이용하여 다음 명제를 증명하시오.

> 두 자연수 m, n이 서로소이면 m 또는 n이 홀수이다.

01 다음 물음에 답하시오.

(1) 전체집합이 모든 실수의 집합일 때, 부등식 $x^2+3\geq0$을 만족하는 x의 값을 모두 구하시오.

(2) 전체집합이 모든 실수의 집합일 때, 부등식 $a^2+2ab+b^2\geq0$이 항상 성립함을 증명하시오.

개념정리

부등식이 참이 되게 하는 진리집합이 전체집합이 될 때, 이 부등식을 **절대부등식**이라고 한다.

개념정리

절대부등식을 증명할 때는 다음의 성질이 많이 이용된다.

a, b가 실수일 때

① $a>b \Longleftrightarrow a-b>0$

② $a^2\geq0$

③ $a^2+b^2\geq0$

④ $a^2+b^2=0 \Longleftrightarrow a=b=0$

⑤ $a>0$, $b>0$일 때, $a>b \Longleftrightarrow a^2>b^2$

02 $a>0$, $b>0$일 때, $\dfrac{a+b}{2}$와 $\sqrt{ab}$의 크기를 다음 2가지 성질을 이용하여 비교하시오.

(1) $a>b \Longleftrightarrow a-b>0$

(2) $a>0$, $b>0$일 때, $a>b \Longleftrightarrow a^2>b^2$

(3) (1), (2)에서 만들어지는 부등식을 쓰고, 이 부등식은 절대부등식인지 알아보시오.

03 a, b, x, y가 실수일 때, 다음 물음에 답하시오.

(1) $(a^2+b^2)(x^2+y^2)$과 $(ax+by)^2$의 크기를 비교하시오.

(2) (1)에서 만들어지는 부등식을 쓰고, 이 부등식은 절대부등식인지 알아보시오.

명제

- 명제: 참, 거짓을 명확하게 판별할 수 있는 문장이나 식

조건과 진리집합

- 변수를 포함하는 문장이나 식이 변수의 값에 따라 참, 거짓을 명확하게 판별할 수 있을 때, 그 문장이나 식을 조건이라고 한다. 전체집합의 원소 중에서 조건을 참이 되게 하는 모든 원소의 집합을 그 조건의 진리집합이라고 한다.
- 명제와 조건은 알파벳 소문자 p, q, r 등으로 나타내고, 조건 p, q, r의 진리집합은 각각 알파벳 대문자 P, Q, R로 나타낸다.

명제 또는 조건의 부정

- 명제 또는 조건 p에서 'p가 아니다.'를 명제 또는 조건 p의 부정이라고 하며 이것을 기호로 $\sim p$와 같이 나타낸다. 조건 p의 진리집합이 P일 때 조건 $\sim p$의 진리집합은 P^C이다.

명제의 참, 거짓과 진리집합 사이의 포함 관계

- 두 조건 p, q로 명제 'p이면 q이다.'를 만들 수 있고 이를 기호로 $p \longrightarrow q$와 같이 나타낸다. 이때, p를 가정, q를 결론이라고 한다.
- $P \subset Q$이면 명제 $p \longrightarrow q$가 참이고, $P \not\subset Q$이면 명제 $p \longrightarrow q$는 거짓이다.

충분조건, 필요조건, 필요충분조건

- 두 조건 p, q에 대하여 명제 $p \longrightarrow q$가 참일 때, 기호로 $p \Longrightarrow q$와 같이 나타낸다. 이때 p는 q이기 위한 충분조건, q는 p이기 위한 필요조건이라고 한다.
- $p \Longrightarrow q$이고 $q \Longrightarrow p$이면 p는 q이기 위한 충분조건인 동시에 필요조건이다. 이것을 기호로 $p \Longleftrightarrow q$와 같이 나타내고 p는 q이기 위한 필요충분조건이라고 한다. q도 p이기 위한 필요충분조건이다.

명제의 역과 대우

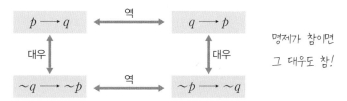

명제가 참이면
그 대우도 참!

① 명제 $p \longrightarrow q$가 참이면 대우 $\sim q \longrightarrow \sim p$도 참이다.
② 명제 $p \longrightarrow q$가 거짓이면 대우 $\sim q \longrightarrow \sim p$도 거짓이다.

정의, 증명과 정리

- 정의: 용어의 뜻을 간결하고 명확하게 정한 문장
- 증명: 정의나 이미 옳다고 밝혀진 성질을 이용하여 주어진 명제가 참임을 설명하는 과정
- 정리: 참임이 증명된 명제 중에서 기본이 되는 것

대우를 이용한 증명 방법과 귀류법

- 어떤 명제를 직접 증명하기 어려울 때는 대우를 이용하여 증명할 수 있다.
- 명제를 부정하거나 명제의 결론을 부정하여 가정 또는 이미 알려진 사실에 모순이 생김을 보임으로써 주어진 명제가 참임을 증명하는 방법을 귀류법이라고 한다.

절대부등식

- 부등식이 참이 되게 하는 진리집합이 전체집합이 될 때, 이 부등식을 절대부등식이라고 한다.

개념과 문제의 연결

1 주어진 문제를 보고 다음 물음에 답하시오.

> **대표문항** 두 조건 p: $|x-2|<k$, q: $-1 \le x \le 3$에 대하여 명제 $p \longrightarrow q$가 참이 되게 하는 양수 k의 최댓값을 구하시오.

(1) $|x-2|<k$일 때, x의 값의 범위를 구하시오.

(2) $p \longrightarrow q$가 참일 때, 조건 p는 조건 q이기 위한 어떤 조건인지 쓰시오.

(3) 조건 p, q의 진리집합 P, Q 사이에는 어떤 포함 관계가 성립하는지 쓰시오.

(4) 진리집합 P, Q를 수직선에 나타내시오.

2 문제 **1**을 통하여 알게 된 내용으로 빈칸을 채워 다음 풀이를 완성하시오.

**대표
문항** 두 조건 p: $|x-2|<k$, q: $-1 \le x \le 3$에 대하여 명제 $p \longrightarrow q$가 참이 되게 하는 양수 k
의 최댓값을 구하시오.

**개념
연결**

조건 p, q의 진리집합을 각각 P, Q라 하면,

$$P=\{x \mid |x-2|<k\}=\{x \mid \boxed{}<x<\boxed{}\}, \ Q=\{x \mid -1 \le x \le 3\}$$

명제 $p \longrightarrow q$가 참이므로 $\boxed{} \subset \boxed{}$여야 한다.

수직선에 집합 P, Q를 나타내면

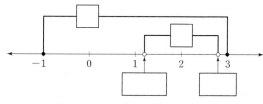

따라서, $-1 \le \boxed{}$이고 $\boxed{} \le 3$이어야 한다. 즉, $\boxed{}$이고 $\boxed{}$이다.

이때, 등호가 포함되는 이유는 k가 등호의 값을 갖더라도 두 집합 P, Q 사이에는

$\boxed{} \subset \boxed{}$인 관계가 성립하기 때문이다.

두 조건 $\boxed{}$과 $\boxed{}$을 동시에 만족하는 k의 값의 범위는 $\boxed{}$

그러므로 k의 최댓값은 $\boxed{}$

개념과 문제의 연결

3 주어진 문제를 보고 다음 물음에 답하시오.

> **대표문항** 두 조건 p, q가 p: $x-2\neq0$, q: $x^2+ax+4\neq0$이고 p는 q이기 위한 필요조건일 때, 상수 a의 값을 구하시오.

(1) 두 조건 p, q를 이용하여 참인 명제를 만드시오.

(2) (1)에서 만든 명제가 참임을 증명하려고 할 때, 어떤 어려움이 나타나는지 쓰시오.

(3) (2)에서 나타난 어려움을 해소하기 위해 (1)에서 만든 명제를 이용하여 새로운 명제를 만드시오.

(4) (3)에서 새로 만든 명제가 참이면 (1)에서 만든 명제도 참이라고 할 수 있는지 쓰시오.

4 문제 **3**을 통하여 알게 된 내용으로 빈칸을 채워 다음 풀이를 완성하시오.

대표
문항 두 조건 p, q가 p: $x-2\neq0$, q: $x^2+ax+4\neq0$이고 p는 q이기 위한 필요조건일 때, 상수 a의 값을 구하시오.

**개념
연결**

p가 q이기 위한 필요조건이므로 $\boxed{} \Rightarrow \boxed{}$

두 조건 p, q의 진리집합을 각각 P, Q라 하면

$$P=\{x\,|\,x-2\neq0\},\ Q=\{x\,|\,x^2+ax+4\neq0\}\text{이고 } \boxed{}\subset\boxed{}$$

그런데 집합 P, Q의 원소가 무수히 많기 때문에 $\boxed{}\subset\boxed{}$가 성립하도록 하는 상수 a의 값은 생각하기가 어렵다.

이때, 명제 $q \longrightarrow p$의 대우 명제를 생각하면 $\boxed{} \Rightarrow \boxed{}$가 성립한다.

따라서, $\boxed{}\subset\boxed{}$가 성립하도록 하는 상수 a의 값을 생각해 본다.

$$P^C=\{x\,|\,x-2=0\}=\{2\},\ Q^C=\{x\,|\,x^2+ax+4=0\}$$

이므로 $\boxed{}$는 집합 $\boxed{}$의 원소가 되어야 한다. 즉, $\boxed{}$는 이차방정식 $x^2+ax+4=0$의 해가 되어야 한다.

$x^2+ax+4=0$에 $x=2$를 대입하면

$$4+2a+4=0$$

에서 $a=\boxed{}$

개념과 문제의 연결

5 주어진 문제를 보고 다음 물음에 답하시오.

대표문항

$a>0$, $b>0$일 때,

부등식 $\dfrac{a+b}{2} \geq \sqrt{ab}$가 항상 성립함을 그림을 이용하여 증명하시오.

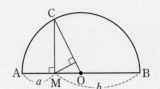

(1) 반지름 OC의 길이를 a, b로 나타내시오.

(2) 직각삼각형 CMO에서 $\overline{CM}$의 길이를 구하려면 어떤 길이를 알아야 하는지 쓰고, 그 길이를 구하시오.

(3) 직각삼각형에 이용할 수 있는 성질은 무엇인지 쓰시오.

(4) 직각삼각형에서 두 변 OC와 CM의 길이를 비교할 수 있는지 쓰시오.

6 문제 **5**를 통하여 알게 된 내용으로 빈칸을 채워 다음 풀이를 완성하시오.

대표 문항

$a>0$, $b>0$일 때,

부등식 $\dfrac{a+b}{2}\geq\sqrt{ab}$가 항상 성립함을 그림을 이용하여 증명하시오.

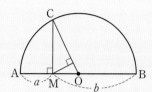

개념 연결

(i) $a\neq b$인 경우

그림에서 지름의 길이가 [   ]이고, 선분 OA, OC는 각각 반지름이므로

$$\overline{\text{OA}}=\overline{\text{OC}}=\boxed{}$$

한편, $\overline{\text{MO}}=\overline{\text{OA}}-\overline{\text{AM}}=\boxed{}$

삼각형 CMO는 직각삼각형이므로 피타고라스 정리에 의하여

$$\overline{\text{CM}}^2=\overline{\text{CO}}^2-\overline{\text{MO}}^2=\left(\frac{a+b}{2}\right)^2-\left(\frac{b-a}{2}\right)^2$$
$$=\frac{a^2+2ab+b^2}{4}-\frac{b^2-2ab+a^2}{4}$$
$$=\boxed{}$$

에서 $\overline{\text{CM}}=\boxed{}$

그런데 변 OC는 직각삼각형 CMO의 빗변이므로

$$\overline{\text{OC}}>\overline{\text{CM}}$$

따라서 $\dfrac{a+b}{2}>\sqrt{ab}$

(ii) $a=b$인 경우

이때는 $\overline{\text{OC}}=\overline{\text{CM}}$이므로 등호가 성립한다.

따라서 부등식 $\dfrac{a+b}{2}\geq\sqrt{ab}$가 항상 성립한다.

01

다음 보기 에서 명제인 것을 모두 찾고 그 참, 거짓을 판별하시오.

보기

ㄱ. 오늘은 미세먼지 수치가 높다.
ㄴ. 두 삼각형이 합동이면 두 삼각형의 넓이는 같다.
ㄷ. 4, 6, 8, 9는 합성수이다.
ㄹ. $5 < \sqrt{24}$이다.

02

명제 '$\varnothing \not\subset \{1\}$'의 부정을 쓰고 그것의 참, 거짓을 판별하시오.

03

다음 보기 에서 조건을 모두 고르시오.

보기

ㄱ. 오늘 낮에는 기온이 꽤 올라갔다.
ㄴ. $\sqrt{2}$는 유리수이다.
ㄷ. 모든 유리수 x에 대하여 x는 실수이다.
ㄹ. 두 실수 x, y에 대하여 $xy = 0$이다.

04

다음 조건의 부정을 쓰시오.

(1) 자연수 a, b에 대하여 a 또는 b가 짝수이다.

(2) 실수 x에 대하여 $(x-1)(x+1) < 0$이다.

05

다음 명제의 참, 거짓을 판별하고 그 이유를 설명하시오.

(1) 모든 실수 x에 대하여 $x^2 - 2x + 1 > 0$이다.

(2) 어떤 실수 x에 대하여 $x^2 - 2x + 1 > 0$이다.

06

다음 명제의 부정의 참, 거짓을 판별하고 그 이유를 설명하시오.

(1) 모든 마름모는 정사각형이다.

(2) 어떤 실수 x에 대하여 $x^2 + x + 1 > 0$이다.

07

명제 '모든 정수 x에 대하여 $x^2 + x - 2 \geq 0$이다.'가 참인지 판단하고, 거짓이면 반례를 찾으시오.

08

전체집합 $U = \{x \mid x$는 자연수$\}$에 대하여 다음 명제의 참, 거짓을 판별하고 그 이유를 밝히시오.

(1) x가 홀수이면 $x^2 - 4x + 3 = 0$이다.

(2) x가 3의 약수이면 x는 2보다 큰 소수이다.

09

명제 p, q, r의 진리집합이 각각 P, Q, R이고 $P \subset Q$, $R \subset Q$, $R^C \subset Q^C$일 때, 다음 빈칸에 '필요', '충분', '필요충분' 중 문장이 참이 되는 것을 고르시오.

(1) p는 q이기 위한 ☐조건이다.

(2) r는 q이기 위한 ☐조건이다.

10

x가 실수일 때, 제시된 조건 p에 대하여 'p는 q이기 위한 충분조건'이 되는 조건 q를 보기 에서 모두 고르고 그 이유를 설명하시오.

보기
ㄱ. $x+2>0$ ㄴ. $|x|=x$
ㄷ. $x=1$ ㄹ. $x^2=1$
ㅁ. $x(x-5)>0$

(1) p: $|x|=1$
(2) p: $x-6>0$

11

다음 명제의 역과 대우를 쓰시오.

'정수는 유리수이다.'

12

다음 명제가 참일 때, 반드시 참이 되는 명제를 쓰시오.

'봄이 오면 꽃이 핀다.'

13

전체집합이 2보다 큰 자연수 전체의 집합일 때, 대우를 이용하여 다음 명제가 참임을 증명하시오.

> 'x가 소수이면 x는 홀수이다.'

14

'자연수 n에 대하여 n^2이 짝수이면 n도 짝수이다.'가 참임을 귀류법을 이용하여 증명하시오.

15

모든 실수 x에 대하여 $(x-p)^2+q \geq 0$을 만족시키는 실수 p, q의 조건을 구하시오.

01

다음 중에서 집합이 <u>아닌</u> 것은?

① 8의 약수의 모임
② 한 자리 자연수의 모임
③ 우리 학교 1학년의 모임
④ 1보다 작은 자연수의 모임
⑤ 멋진 이모티콘의 모임

02

집합 $A=\{1, 2, 3\}$일 때, 집합
$B=\{x+y \mid x \in A, y \in A, x \neq y\}$의 원소를 모두 구하시오.

03

두 집합 $A=\{a, 1\}$, $B=\{2a+1, 1, 3\}$에서 A가 B의 부분집합일 때, 정수 a의 값을 모두 구하시오.

(단, $a \neq 1$)

04

다음 벤다이어그램에서 색칠한 부분을 나타내는 집합은?

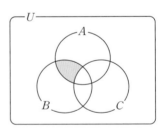

① $A-(B \cap C)$
② $(A^c \cap B) \cup C$
③ $(A \cap B) \cap C^c$
④ $(A \cap B) \cup (A \cap C)$
⑤ $(A \cap B)^c \cap C$

05

두 집합 A, B에서 $A = \{2, 5, 7, 9\}$,
$A \cup B = \{1, 2, 3, 5, 7, 9\}$, $A \cap B = \varnothing$일 때, 집합
B의 진부분집합의 개수를 구하시오.

07

전체집합 $U = \{x \mid x$는 10 이하의 자연수$\}$의 두 부분
집합 $A = \{2, 4, 7, 8, 10\}$, $B = \{2, 5, 7, 9\}$에서
$n(A^c \cap B^c)$의 값을 구하시오.

06

집합 $S = \{1, 2, 3, 4, 5\}$의 부분집합 중에서 집합
$\{1, 2\}$와 서로소인 집합의 개수는?

① 1   ② 2   ③ 4

④ 7   ⑤ 8

08

전체집합 $U = \{1, 2, 3, 4, 5\}$의 두 부분집합 A, B가
$A = \{1, 2, 3\}$, $A \cap (A^c \cup B) = \{3\}$일 때, 집합 B가
될 수 있는 집합을 모두 구하시오.

09

전체집합 $U=\{1,\ 2,\ 3,\ \cdots,\ 10\}$의 두 부분집합 $A=\{1,\ 2,\ 3,\ 4,\ 5\}$, $B=\{1,\ 3,\ 5,\ 7,\ 9\}$에 대하여 $A\cup C=B\cup C$를 만족시키는 U의 부분집합 C의 개수는?

① 4   ② 8   ③ 16

④ 32   ⑤ 64

10

전체집합 U의 공집합이 아닌 세 부분집합 A, B, C에 대하여 보기에서 옳은 것만을 있는 대로 고른 것은?

보기

ㄱ. $B\cap(A\cup B)=B$
ㄴ. $A\cap(B\cup C)=(A\cap B)\cup(A\cap C)$
ㄷ. $B-(A\cap C)=(B-A)\cap(B-C)$

① ㄱ   ② ㄴ   ③ ㄱ, ㄴ

④ ㄴ, ㄷ   ⑤ ㄱ, ㄴ, ㄷ

11

어느 학급 전체 학생 30명 중 지역 A를 방문한 학생이 17명, 지역 B를 방문한 학생이 15명일 때, 이 학급 학생 중에서 지역 A와 지역 B 중 어느 한 지역만 방문한 학생 수의 최댓값과 최솟값을 구하시오.

12

$U=\{1,\ 2,\ 3,\ 4,\ 5,\ 6,\ 7,\ 8\}$의 두 부분집합 A, B에 대하여 $A\cap B=\{3,\ 5\}$, $A^C\cap B^C=\{1,\ 7\}$를 만족시킨다. 집합 X의 모든 원소의 합을 $S(X)$라 할 때, $S(A-B)=16$이 되도록 하는 두 집합 A, B에 대하여 $S(B)$의 값은?

① 8   ② 10   ③ 12

④ 14   ⑤ 16

13

다음 명제 중에서 참인 것은?

① $x^2=4$이면 $x=2$이다.

② 3의 배수이면 6의 배수이다.

③ 1은 소수이다.

④ $x+y>0$이면 $x>0$이고 $y>0$이다.

⑤ x가 실수이면 $x^2\geq0$이다.

14

전체집합 $U=\{1, 2, 3, 4, 5, 6\}$에서 두 조건

$\qquad p: x^2-5x+6=0, \quad q: x$는 6의 약수이다.

의 진리집합을 각각 P, Q라 할 때, $P^C\cap Q$를 구하시오.

15

명제 '어떤 양의 실수 x에 대하여 $x-a+4\leq0$이다.'의 부정을 쓰고, 그 부정이 참이 되도록 하는 자연수 a의 값을 모두 구하시오.

16

전체집합 U에 대하여 세 조건 p, q, r의 진리집합을 각각 P, Q, R이라 할 때, 세 집합 사이의 포함 관

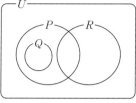

계는 오른쪽 그림과 같다. 다음 중에서 참인 명제는?

① $p \longrightarrow q$ 　　② $\sim p \longrightarrow r$

③ $q \longrightarrow r$ 　　④ $r \longrightarrow \sim q$

⑤ $p \longrightarrow \sim q$

17

a, b가 실수일 때, 명제 '$a+b>0$이면 $a>0$ 또는 $b>0$이다.'의 대우는 '[　　　　]이면 $a+b\leq0$이다.' □ 안에 알맞은 것은?

① $a>0$이고 $b>0$

② $a<0$ 또는 $b<0$

③ $a\leq0$이고 $b\leq0$

④ $a\leq0$ 또는 $b\leq0$

⑤ $a<0$ 또는 $b>0$

18

실수 x에 대한 세 조건

$$p: |x| > 4, \quad q: x^2 - 9 \leq 0, \quad r: x \leq 3$$

에 대하여 보기 에서 참인 명제를 모두 고르시오.

보기

ㄱ. $q \longrightarrow r$ ㄴ. $p \longrightarrow \sim q$

ㄷ. $r \longrightarrow \sim p$

19

전체집합 U에 대하여 두 조건 p, q의 진리집합을 각각 P, Q라 하자. p가 q이기 위한 필요조건일 때, 다음 중에서 옳은 것은?

① $P \cup Q = Q$ ② $P \cap Q = P$

③ $P \cap Q^C = \varnothing$ ④ $Q - P = \varnothing$

⑤ $(P^C \cap Q^C) = U$

20

a가 자연수일 때, 실수 x에 대한 두 조건

$$p: x(x-4) \leq 0, \quad q: |x| < a$$

가 있다. $p \longrightarrow q$가 참이 되도록 하는 a의 최솟값을 구하시오.

21

실수 x에 대하여 두 조건 p, q가 다음과 같다.

$$p: x^2 - 2x - 3 \leq 0, \quad q: |x-a| \leq b$$

p는 q이기 위한 필요충분조건일 때, 양수 a, b의 값을 구하시오.

22

두 실수 x, y에 대하여 조건 p가 조건 q이기 위한 충분조건이지만 필요조건이 아닌 것을 보기 에서 있는 대로 고른 것은?

보기

ㄱ. p: $x^2+y^2=0$ q: $x=y$

ㄴ. p: $xy<0$ q: $x<0$ 또는 $y<0$

ㄷ. p: $x^3-y^3=0$ q: $x^2-y^2=0$

① ㄱ   ② ㄷ   ③ ㄱ, ㄴ

④ ㄴ, ㄷ   ⑤ ㄱ, ㄴ, ㄷ

23

두 실수 a, b에 대하여 다음 보기 에서 옳은 것만을 있는 대로 고른 것은?

보기

ㄱ. $a>b$이면 $a^2>b^2$이다.

ㄴ. $a^2+ab+b^2\geq0$

ㄷ. $\sqrt{a-b}\geq\sqrt{a}-\sqrt{b}$ (단, $a\geq b\geq0$)

① ㄱ   ② ㄴ   ③ ㄱ, ㄴ

④ ㄴ, ㄷ   ⑤ ㄱ, ㄴ, ㄷ

24

다음 명제를 대우를 이용하여 증명하시오.

'a, b가 자연수일 때, a^2+b^2이 홀수이면 ab는 짝수이다.'

25

명제 '$x^2+2ax+a-4\geq0$이면 $x^2+3x>0$이다.'가 참일 때, 정수 a의 값을 모두 구하시오.

V 변화하는 현상을 수학적으로 탐구하는 방법은?

함수
1 함수의 뜻과 그래프
2 유리함수와 무리함수

학습 목표
함수의 개념을 이해하고, 그 그래프를 이해한다.
함수의 합성을 이해하고, 합성함수를 구할 수 있다.
역함수의 의미를 이해하고, 주어진 함수의 역함수를 구할 수 있다.
유리함수와 무리함수의 그래프를 그릴 수 있고, 그 그래프의 성질을 이해한다.

으하하. 이 녀석.. 나를 상대할 시간이 있을까?

20 km 떨어진 공원에 10분 뒤에 터지는 폭탄을 설치해 뒀다고.

이런 시간이 없어..!

20 km 떨어진 공원에.. 10분 뒤..? 시속 몇 km로 날아가야 하지?

머리를 잘 굴려봐라 에이전트 C. 그럼 난 이만..!

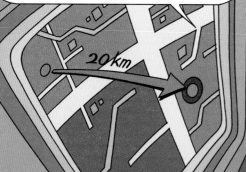

1 함수의 뜻과 그래프

기억 1 그래프와 정비례

- **그래프**: 변하는 두 양 사이의 관계를 좌표평면 위에 그림으로 나타낸 것

  참고 그래프는 점, 직선, 곡선 등으로 나타낼 수 있다.
- **정비례**: 두 변수 x, y에서 x가 2배, 3배, 4배, …로 변함에 따라 y도 각각 2배, 3배, 4배, …로 변하는 관계
- **정비례 관계식**: y가 x에 정비례하면 x와 y 사이의 관계식은 $y=ax(a \neq 0)$와 같이 나타낼 수 있다.

1 연필 한 개의 가격이 500원이다. 연필의 개수를 x, 연필의 총 가격을 y라 할 때, 두 변수 x, y 사이의 관계식을 구하고 그 그래프를 좌표평면 위에 그리시오.

2 y가 x에 정비례하고 $x=5$일 때, $y=15$라고 한다. 두 변수 x, y 사이의 관계식을 구하고 그 그래프를 좌표평면 위에 그리시오.

기억 2 일차함수의 그래프

- **함수**: 두 변수 x, y에 대하여 x의 값이 변함에 따라 y의 값이 하나씩 정해지는 대응 관계가 성립할 때, y를 x의 함수라고 한다.
- **일차함수**: 함수 $y=f(x)$에서 $y=ax+b(a, b$는 상수, $a \neq 0)$와 같이 y가 x에 대한 일차식으로 나타날 때, 이 함수를 x에 대한 일차함수라고 한다.

3 일차함수 $y = -2x + 4$의 그래프를 그리시오.

4 100 L의 물이 들어 있는 물통의 밸브를 열면 3분마다 12 L씩 물이 흘러 나간다고 할 때, 다음 물음에 답하시오.

(1) 9분 후 물통에 남아 있는 물의 양을 구하시오.

(2) 물통의 물이 모두 흘러 나가는 데 걸리는 시간을 구하시오.

(3) x분 후 물통에 남아 있는 물의 양을 y L라 할 때, x와 y 사이의 관계식을 구하고 그 그래프를 그리시오.

기억 3 직선 $y = x$에 대한 대칭이동

- **점의 대칭이동**: 좌표평면 위의 점 $P(x, y)$를 직선 $y = x$에 대하여 대칭이동시킨 점의 좌표는 (y, x)이다.
- **도형의 대칭이동**: 방정식 $f(x, y) = 0$이 나타내는 도형을 직선 $y = x$에 대하여 대칭이동시킨 도형의 방정식은 $f(y, x) = 0$이다.

5 직선 $2x - y + 2 = 0$을 직선 $y = x$에 대하여 대칭이동시킨 도형의 방정식을 구하시오.

6 직선 $2x - y + 2 = 0$과 이 직선을 직선 $y = x$에 대하여 대칭이동시킨 도형을 각각 일차함수로 표현하고 그래프를 그리시오.

|탐구하기 1|

01 보기는 주어진 상황에서 두 집합을 찾아 원소 사이의 짝을 정하는 규칙을 만드는 과정이다. 다음 상황에서 보기와 같이 두 집합 A, B를 찾아 원소를 나타내고, 두 집합의 원소 사이의 관계를 만드시오.

보기

상황	집합 A	집합 B	규칙
수프 1인분을 만드는 데 우유 200 mL가 필요하다. 수프 x인분을 만드는 데 필요한 우유의 양을 y mL라고 하자.	사람 수를 집합 A라 하면 $A=\{1, 2, 3, \cdots\}$ $=\{x \mid x는 자연수\}$	필요한 우유의 양을 집합 B라 하면 $B=\{200, 400, 600, \cdots\}$	$y=200x$ (x는 자연수)

구분	상황	집합 A	집합 B	규칙
(1)	가로의 길이가 x m, 세로의 길이가 y m, 넓이가 100 m^{2}인 직사각형 모양의 텃밭을 만들려고 한다.			
(2)	반지름의 길이가 1 cm, x cm인 동심원의 색칠된 부분의 넓이를 y cm^{2}라고 하자. (단, $x>1$)			

구분	상황	집합 A	집합 B	규칙
(3)	등교 방법을 조사했더니 민석, 승주, 태윤이는 걸어서, 소진, 도윤이는 자전거를 이용하여, 설아는 승용차, 태민이와 유진이는 버스를 타고 등교한다.			

02 다음 물음에 답하시오.

(1) 함수란 무엇인지 설명하시오.

(2) 문제 **01**의 (1)~(3) 중에서 함수인 것을 찾고, 그렇게 생각한 이유를 설명하시오.

함수인 것	
이유	

|탐구하기 2|

한국고등학교 1학년 4반의 학생 4명에 대한 정보를 나타낸 표를 보고 다음 물음에 답하시오.

1번 김연경	2번 박경진	3번 김찬호	4번 강백호
• 평균 통학 시간: 22분 • 1인 1역할: 분리수거 • 동아리: 댄스부 • 교통수단: 도보	• 평균 통학 시간: 40분 • 1인 1역할: 분단 청소 • 동아리: 축구부 • 교통수단: 버스	• 평균 통학 시간: 8분 • 1인 1역할: 서기 • 동아리: 도서부 • 교통수단: 도보	• 평균 통학 시간: 34분 • 1인 1역할: 창문 청소 • 동아리: 도서부 • 교통수단: 버스

01 집합 X, Y에 학생의 이름 또는 정보를 쓰고, 두 집합의 원소를 짝 짓는 규칙을 선으로 이어 나타내시오. ((3), (4)에서는 집합 X, Y와 규칙을 스스로 정한다.)

(1) $X = \{$댄스부, 축구부, 연극부, 도서부$\}$
$Y = \{$ $\}$
규칙: 각 동아리별 가입한 학생

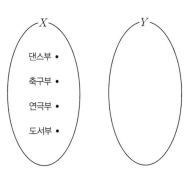

(2) $X = \{$ $\}$
$Y = \{$분리수거, 서기, 창문 청소, 분단 청소$\}$
규칙: 학생별 1인 1역할

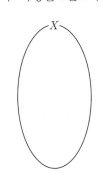

(3) $X = \{$ $\}$
$Y = \{$ $\}$
규칙:

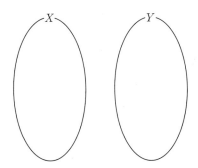

(4) $X = \{$ $\}$
$Y = \{$ $\}$
규칙:

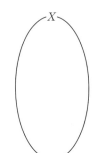
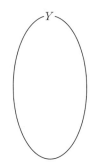

개념정리

공집합이 아닌 두 집합 X, Y에 대하여 X의 원소에 Y의 원소를 짝 지어 주는 것을 집합 X에서 집합 Y로의 대응이라고 한다. 이때 집합 X의 원소 x에 집합 Y의 원소 y가 대응하는 것을 기호로 $x \longrightarrow y$와 같이 나타내며, 오른쪽 그림과 같이 대응을 나타낸 것을 대응 그림이라고 한다.

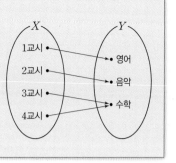

02 주어진 두 집합 X, Y에 대하여 두 집합의 원소를 짝 짓는 규칙을 대응 그림으로 나타내시오.

(1) $X = \{1,\ 2,\ 3\}$
  $Y = \{1,\ 2,\ 3,\ 4,\ 5,\ 6\}$
  규칙: $y = 2x$

(2) $X = \{2,\ 3,\ 5,\ 7,\ 11\}$
  $Y = \{2,\ 3,\ 4,\ 5,\ 6,\ 7,\ 8,\ 9,\ 10\}$
  규칙: $y = (x$의 배수$)$

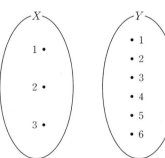

03 문제 **02**의 (1)과 (2)가 함수인지 판단하고, 그 이유를 설명하시오.

구분	함수(○, ×)	이유
(1)		
(2)		

04 문제 **01**의 (1)과 (2)가 함수인지 판단하고 그 이유를 설명하시오.

구분	함수(○, ×)	이유
(1)		
(2)		

01 다음은 5가지 종류의 자판기를 대응 그림으로 나타낸 것이다. 집합 X, Y가 각각 자판기의 버튼과 그 버튼을 눌러서 나오는 과일 주스를 나타낼 때, 각각 설치 가능한 자판기인지 알아보고, 그 이유를 설명하시오.

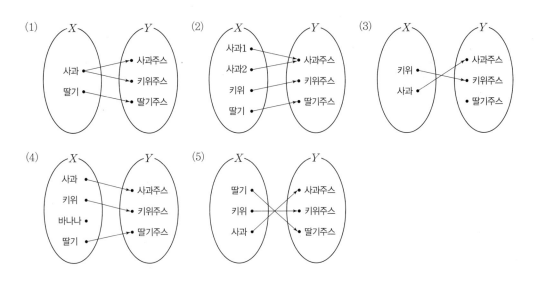

02 문제 **01**에서 찾은 설치가 가능한 자판기의 특징은 무엇인지 쓰시오.

개념정리

집합 X의 각 원소에 집합 Y의 원소가 하나씩만 대응할 때, 이러한 대응을 **집합 X에서 집합 Y로의 함수**라 하고, 기호로 $f : X \longrightarrow Y$와 같이 나타낸다.
이때 집합 X를 함수 f의 **정의역**, 집합 Y를 함수 f의 **공역**이라고 한다.
함수 f에 의하여 정의역 X의 원소 x에 공역 Y의 원소 y가 대응할 때, 기호로 $y=f(x)$와 같이 나타내고, $f(x)$를 함수 f의 x에서의 **함숫값**이라고 한다.
이때 함수 f의 함숫값 전체의 집합 $\{f(x)\,|\,x \in X\}$를 함수 f의 **치역**이라고 한다.

함수 $y=f(x)$의 정의역이나 공역이 주어지지 않는 경우, 정의역은 함숫값 $f(x)$가 정의될 수 있는 실수 x의 값 전체의 집합으로, 공역은 실수 전체의 집합으로 생각한다.

03 문제 **01**에서 각 자판기의 대응 그림이 집합 X에서 집합 Y로의 함수인지 아닌지 판단하여 함수가 아닌 것은 그 이유를 설명하시오. 또 각 자판기의 정의역, 공역, 치역을 구하시오.

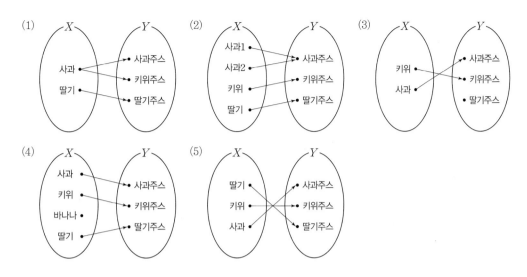

개념정리

함수 $f : X \longrightarrow Y$에서 정의역 X의 원소 x와 이에 대응하는 함숫값 $f(x)$의 순서쌍 $(x, f(x))$ 전체의 집합 $\{(x, f(x)) \,|\, x \in X\}$를 **함수 f의 그래프**라고 한다.

함수 $y = f(x)$의 정의역과 공역이 실수 전체의 부분집합일 때, 함수의 그래프는 순서쌍 $(x, f(x))$를 좌표평면에 점으로 나타내어 그릴 수 있다.

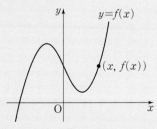

즉, 함수의 그래프는 집합, 점, 직선, 곡선 등으로 나타낼 수 있다.

01 다음 그래프 또는 대응 그림에서 y가 x의 함수인 것과 함수가 아닌 것을 찾고, 그 이유를 설명하시오.

ㄱ.

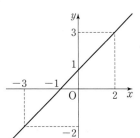

ㄴ. $X = \{-2, -1, 0, 1, 2\}$

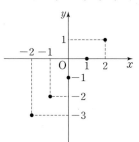

ㄷ. $X = \{-2, -1, 0, 1, 2\}$

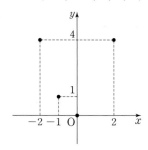

ㄹ. $X = \{1, 2, 3\}$

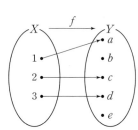

ㅁ. $X = \{x \mid -2 \leq x \leq 2\}$

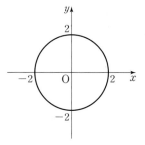

ㅂ.

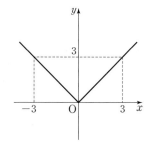

ㅅ.

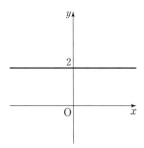

ㅇ. $X = \{0, 1, 2\}$

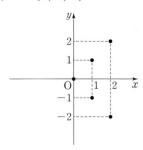

ㅈ. $X = \{x \mid x > 0\}$

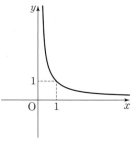

함수인 것	
함수가 아닌 것	

02 다음 집합이 함수의 그래프이기 위한 a의 값을 모두 찾으시오.

$$\{(x, y) \mid (1, 2), (2, 4), (a, 6), (4, 8)\}$$

03 함수의 정의는 '㉠ 집합 X의 각 원소에 ㉡ 집합 Y의 원소가 하나씩만 대응할 때, 이러한 대응을 집합 X에서 집합 Y로의 함수라고 한다'이다. 다음 질문에 답하시오.

(1) 함수의 정의에서 '㉠ <u>집합 X의 각 원소에</u>'가 필요한 이유를 쓰시오.

나의 생각	모둠의 생각

(2) 함수의 정의에서 '㉡ <u>집합 Y의 원소가 하나씩만 대응</u>'되어야 하는 이유를 쓰시오.

나의 생각	모둠의 생각

01 다음 각 경우의 두 함수 f, g가 서로 같은 함수인지 아닌지 판단하고, 그렇게 생각한 이유를 설명하시오.

(1)

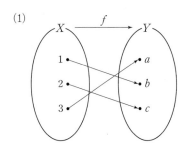 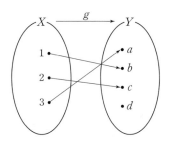

(2)

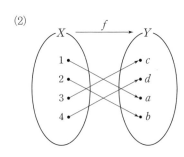 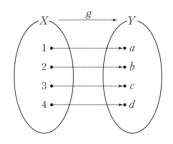

(3) 정의역이 $\{1, 2, 3\}$인 함수 $f(x)=2x-1$과 정의역이 $\{-1, 0, 1\}$인 함수 $g(x)=2x-1$

(4) 정의역이 $\{-1, 1\}$인 두 함수 $f(x)=x$, $g(x)=x^2-2$

(5) 집합 $X=\{-1, 0, 1\}$에서 집합 $Y=\{-1, 0, 1\}$로의 두 함수 $f(x)=x^2$, $g(x)=|x|$

개념정리

두 함수 f, g가 정의역과 공역이 각각 서로 같고, 정의역의 모든 원소 x에 대하여 $f(x)=g(x)$를 만족시킬 때, 두 함수 f, g는 **서로 같다**고 하며 기호로 $f=g$와 같이 나타낸다. 또한, 두 함수 f, g가 서로 같지 않을 때는 기호로 $f \neq g$와 같이 나타낸다.

|탐구하기 1|

01 보기 에서 두 집합 X, Y 사이의 대응 그림을 보고 다음 물음에 답하시오.

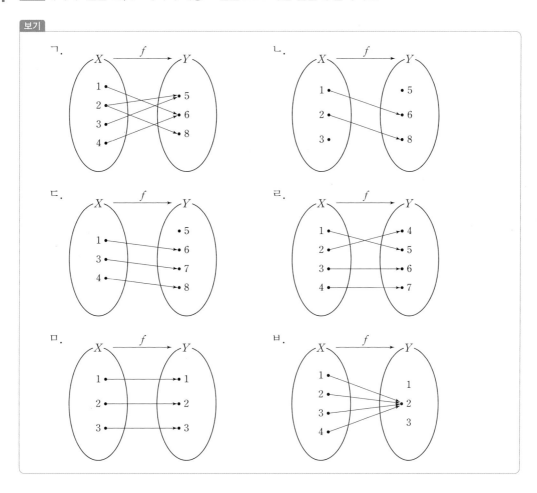

(1) 함수인 것과 함수가 아닌 것으로 분류하고 그렇게 분류한 이유를 설명하시오.

함수인 것	
함수가 아닌 것	

(2) (1)에서 함수인 것으로 분류한 대응 그림을 모둠별로 적절한 기준을 설정하여 분류하시오.

기준	대응 그림 기호

|탐구하기 2|

01 다음 여러 가지 함수의 정의를 보고 |탐구하기 1|의 문제 **01** 보기 에서 함수로 분류한 대응들이 어떤 함수에 해당하는지 찾아 쓰시오.

구분	함수의 종류	정의	대응 그림 기호
(1)	일대일함수	함수 $f : X \longrightarrow Y$에서 정의역 X의 임의의 두 원소 x_1, x_2가 다음 조건을 만족시킬 때, 함수 f를 **일대일함수**라고 한다. $x_1 \neq x_2$이면 $f(x_1) \neq f(x_2)$	
(2)	일대일대응	함수 $f : X \longrightarrow Y$가 다음 두 조건을 모두 만족시킬 때, 함수 f를 **일대일대응**이라고 한다. (ⅰ) 일대일함수이다. (ⅱ) 공역과 치역이 같다.	
(3)	항등함수	함수 $f : X \longrightarrow X$의 정의역과 공역이 같고 정의역 X의 각 원소에 자기 자신이 대응할 때, 즉 $f(x)=x$ 일 때, 함수 f를 집합 X에서의 **항등함수**라고 한다.	
(4)	상수함수	함수 $f : X \longrightarrow Y$의 정의역 X의 모든 원소에 공역 Y의 단 하나의 원소가 대응할 때, 함수 f를 **상수함수**라고 한다.	

02 수의 집합이 아닌 두 집합을 정의역과 공역으로 하는 여러 가지 함수를 만들어 대응 그림으로 나타내시오.

일대일함수	일대일대응

항등함수	상수함수

03 원소가 실수인 두 집합을 정의역과 공역으로 하는 여러 가지 함수를 만들어 그 규칙을 식으로 나타내고 함수의 그래프를 좌표평면에 나타내시오.

일대일함수	일대일대응
• 정의역: • 공역: • 대응 규칙: • 그래프:	• 정의역: • 공역: • 대응 규칙: • 그래프:
항등함수	**상수함수**
• 정의역: • 공역: • 대응 규칙: • 그래프:	• 정의역: • 공역: • 대응 규칙: • 그래프:

|탐구하기 1|

[1~6] 다음 [표 1]은 어느 고등학교 1학년 학생 100명의 1학기 수학 점수를 높은 순서대로 정리해 놓은 자료이다. 고등학교 내신 등급은 1~9등급으로 구분되고, 각 등급의 비율이 [표 2]에 정리되어 있을 때, 다음 물음에 답하시오.

[표 1] 학생 개인별 수학 점수

98.3	84.0	69.7	61.0	50.0	45.5	41.8	37.1	33.4	29.1
98.3	83.6	69.5	60.5	49.7	44.6	41.6	36.2	33.2	28.9
95.3	82.6	67.8	59.7	48.9	44.1	41.0	35.4	33.1	28.4
91.7	82.4	67.5	57.9	48.3	44.0	40.9	35.3	32.3	28.3
89.8	79.6	67.2	57.1	48.0	43.6	40.1	35.1	32.2	27.9
88.8	77.8	67.0	56.9	47.5	43.6	39.8	35.0	32.1	27.3
87.4	73.5	66.8	55.8	47.0	43.3	39.5	34.9	31.9	26.2
85.9	72.4	66.5	52.4	46.4	43.1	38.3	34.6	30.8	24.7
84.2	70.0	62.7	50.4	45.8	42.3	37.9	34.5	30.7	24.6
84.1	69.9	61.0	50.3	45.5	42.1	37.6	33.9	29.3	23.1

[표 2] 내신 등급 비율

등급	등급 비율
1	4 % 이하
2	4 % 초과 11 % 이하
3	11 % 초과 23 % 이하
4	23 % 초과 40 % 이하
5	40 % 초과 60 % 이하
6	60 % 초과 77 % 이하
7	77 % 초과 89 % 이하
8	89 % 초과 96 % 이하
9	96 % 초과

01 수학 점수가 47.5인 학생은 전체에서 몇 등을 했다고 할 수 있는지 쓰시오.

02 100명의 수학 점수의 집합을 X, 100 이하의 자연수의 집합을 Y라 하고 X의 각 원소에 해당하는 등수인 Y의 원소를 대응시킬 때, 집합 X에서 집합 Y로의 대응은 함수이다. 그 이유를 설명하시오.

03 [표 2]를 참고하여 수학 시험에서 72등을 한 학생의 수학 등급을 쓰고, 그렇게 생각한 이유를 설명하시오.

04 9 이하의 자연수의 집합을 Z라 하고 Y의 원소인 수학 등수에 해당하는 등급인 Z의 원소를 대응시킬 때, 집합 Y에서 집합 Z로의 대응은 함수이다. 그 이유를 설명하시오.

05 수학 점수가 50인 학생은 수학에서 몇 등급을 받을 수 있을지 쓰고, 그 이유를 설명하시오.

06 집합 X에서 집합 Z로의 대응은 함수이다. 그 이유를 설명하시오.

세 집합 X, Y, Z에 대하여 두 함수

$$f : X \longrightarrow Y, \quad g : Y \longrightarrow Z$$

가 주어질 때, 집합 X의 각 원소 x에 집합 Z의 원소 $g(f(x))$를 대응시킨 새로운 함수를 f와 g의 **합성함수**라 하며, 기호로 $g \circ f$와 같이 나타낸다. 또, 합성함수 $g \circ f : X \longrightarrow Z$에 대하여 x의 함숫값을 기호로 $(g \circ f)(x) = g(f(x))$와 같이 나타낸다.

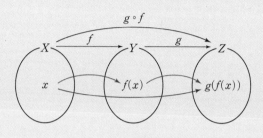

|탐구하기 2|

01 두 함수 $f(x) = 3x$, $g(x) = 2x + 1$에 대하여 다음을 구하시오.

(1) $(g \circ f)(2)$

(2) $(f \circ g)(-3)$

(3) $(f \circ f)(3)$

(4) $(g \circ g)(-1)$

01 집합 X, Y_1, Y_2, Z에 대하여 함수 $f : X \longrightarrow Y_1$, $g : Y_2 \longrightarrow Z$가 다음과 같이 주어졌을 때, 집합 X의 각 원소에 함수 $g \circ f$에 대한 함숫값을 대응시키는 새로운 대응 h를 대응 그림으로 나타내시오.

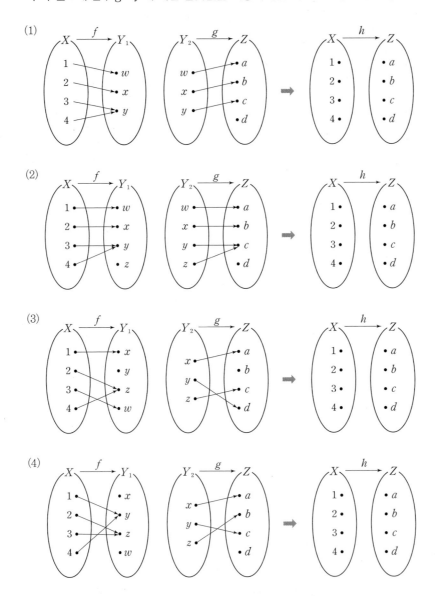

02 문제 **01**에서 대응 h가 함수인지 아닌지 판단하고, 그 이유를 설명하시오.

03 집합 X에서 집합 Y_1으로의 함수 f와 집합 Y_2에서 집합 Z로의 함수 g를 이용하여 만든 집합 X에서 집합 Z로의 새로운 대응 h가 함수가 될 조건을 정리하시오.

|탐구하기 4|

[1~4] 집합 $A=\{1, 2, 3, 4, 5\}$에 대하여 집합 A에서 집합 A로의 일대일대응 f가 있다. 함수 $f(x)=-x+6$ 일 때, 다음 물음에 답하시오.

01 함수 f를 대응 그림과 그래프로 표현하시오.

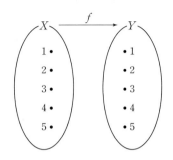 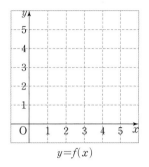

02 $f \circ f$를 다양한 형태로 표현하시오.

(1) 식으로 표현하기

(2) 대응 그림으로 표현하기

(3) 좌표를 구하여 그래프로 표현하기

03 집합 A에서 집합 A로의 일대일대응인 함수 $y=g(x)$를 좌표평면에 그래프로 자유롭게 표현하고, 함수 $y=(g \circ f)(x)$를 구하시오.

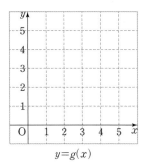

$y=g(x)$

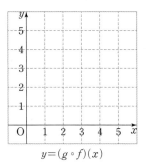

$y=(g \circ f)(x)$

04 주어진 함수 f와 문제 **03**에서 만든 함수 g에 대하여 다음의 값을 구하고 두 값이 같은지 확인하시오.

(1) $(g \circ f)(1)$과 $(f \circ g)(1)$

(2) $(g \circ f)(3)$과 $(f \circ g)(3)$

|탐구하기 5|

01 동환이가 수영을 배우기 위하여 집 근처 수영장의 수강료를 알아보았더니 A 수영장과 B 수영장에서 아래와 같은 이벤트를 진행하고 있었다. 다음 물음에 답하시오.

〈수영장별 할인 이벤트〉

구분	A 수영장	B 수영장
1개월 수강료	30,000원	30,000원
3개월 등록 시	20 % 할인	1만 원 할인
이번 달 특별 이벤트	3개월 등록 시 10,000원 추가 할인	3개월 등록 시 20 % 추가 할인

(1) 이번 달 A 수영장에 3개월을 등록하려면 수강료는 얼마를 내야 하는지 계산하시오.

(2) 이번 달 B 수영장에 3개월을 등록하려면 수강료는 얼마를 내야 하는지 계산하시오.

(3) 동환이가 이번 달에 3개월을 등록한다면 A, B 중 어느 수영장에 등록하는 것이 얼마나 이익인지 알아보고 그 이유를 설명하시오.

(4) 3개월 수강료를 20 % 할인받은 다음 지불해야 하는 금액을 계산하는 함수를 f 라 하고, 3개월 수강료를 10000원 할인받은 다음 지불해야 하는 금액을 계산하는 함수를 g 라 할 때, A, B 중 어느 수영장에 등록하는 것이 이익인지를 함수 f 와 g 의 합성함수로 설명하시오.

02 문제 **01**의 (4)의 결과와 |탐구하기 4|에서 알아본 두 함수의 합성함수에 대하여 얻을 수 있는 결론을 정리하시오.

|탐구하기 6|

[1~4] 민석이가 만든 계산기에는 0, 1, ⋯, 9의 숫자 버튼 10개, 음의 부호(−) 버튼, A, B, C, D, E 버튼이 있고, 버튼 A, B, C, D, E를 눌렀을 때 입력값 x에 대한 출력값 y는 다음 표와 같다. (예를 들어, −, 2, A를 순서대로 누르면 계산기에 −2가 입력되고 −4가 출력된다.) 물음에 답하시오.

버튼 A		버튼 B		버튼 C		버튼 D		버튼 E	
x	y	x	y	x	y	x	y	x	y
⋮	⋮	⋮	⋮	⋮	⋮	⋮	⋮	⋮	⋮
−3	−6	−3	−4	−3	9	−3	−7	−3	16
−2	−4	−2	−3	−2	4	−2	−5	−2	9
−1	−2	−1	−2	−1	1	−1	−3	−1	4
0	0	0	−1	0	0	0	−1	0	1
1	2	1	0	1	1	1	1	1	0
2	4	2	1	2	4	2	3	2	1
3	6	3	2	3	9	3	5	3	4
⋮	⋮	⋮	⋮	⋮	⋮	⋮	⋮	⋮	⋮

01 버튼 A의 입력값 x와 출력값 y 사이에는 $y=2x$인 관계가 있다. 각 버튼 B, C, D, E의 입력값 x와 출력값 y 사이에는 어떤 관계가 있는지 식으로 표현하시오.

02 버튼 A, B, C를 표현한 함수를 각각 f, g, h라 할 때, 다음 물음에 답하시오.

(1) 버튼 A, B, C를 각각 함수식으로 표현하시오.

버튼 종류	버튼 A	버튼 B	버튼 C
함수식	$f(x)=2x$	$g(x)=$	$h(x)=$

(2) 입력값을 넣은 다음 버튼 $\boxed{\text{A}}$와 버튼 $\boxed{\text{B}}$를 순서대로 누를 때, 다음 표를 완성하시오.

x(입력값)		y_1(첫 번째 출력값)		y_2(두 번째 출력값)
$\vdots$		$\vdots$		$\vdots$
-3				
-2				
-1				
0	버튼 $\boxed{\text{A}}$		버튼 $\boxed{\text{B}}$	
1				
2				
3				
$\vdots$		$\vdots$		$\vdots$

(3) 버튼 $\boxed{\text{A}}$를 누른 다음, 버튼 $\boxed{\text{B}}$를 눌렀을 때의 결과를 f, g를 이용하여 함수식으로 표현하고, 그 식과 같은 식을 가진 버튼을 찾으시오.

입력	x
$\downarrow$	$\downarrow$
버튼 $\boxed{\text{A}}$	
$\downarrow$	$\downarrow$
버튼 $\boxed{\text{B}}$	
$\downarrow$	$\downarrow$
출력(버튼)	$y=$

(4) (3)에서 찾은 버튼을 누른 다음, 버튼 $\boxed{\text{C}}$를 눌렀을 때의 결과를 f, g, h를 이용하여 함수식으로 표현하시오.

입력	x
$\downarrow$	$\downarrow$
버튼 ( )	
$\downarrow$	$\downarrow$
버튼 $\boxed{\text{C}}$	
$\downarrow$	$\downarrow$
출력	$y=$

(5) 입력값을 넣은 다음 버튼 $\boxed{B}$와 버튼 $\boxed{C}$를 순서대로 누를 때, 다음 표를 완성하시오.

x(입력값)		y_1(첫 번째 출력값)		y_2(두 번째 출력값)
$\vdots$		$\vdots$		$\vdots$
-3				
-2				
-1	버튼 $\boxed{B}$		버튼 $\boxed{C}$	
0				
1				
2				
3				
$\vdots$		$\vdots$		$\vdots$

(6) 버튼 $\boxed{B}$를 누른 다음, 버튼 $\boxed{C}$를 눌렀을 때의 결과를 g, h를 이용하여 함수식으로 표현하고, 그 식과 같은 식을 가진 버튼을 찾으시오.

입력	x
$\downarrow$	$\downarrow$
버튼 $\boxed{B}$	
$\downarrow$	$\downarrow$
버튼 $\boxed{C}$	
$\downarrow$	$\downarrow$
출력(버튼　)	$y=$

(7) 먼저 버튼 $\boxed{A}$를 누른 다음, (6)에서 찾은 버튼을 눌렀을 때의 결과를 f, g, h를 이용하여 함수식으로 표현하시오.

입력	x
$\downarrow$	$\downarrow$
버튼 $\boxed{A}$	
$\downarrow$	$\downarrow$
버튼 (　)	
$\downarrow$	$\downarrow$
출력	$y=$

03 문제 **02**의 ⑷와 ⑺의 결과를 비교하여 알 수 있는 것을 정리하시오.

04 버튼 A, B, C, D, E 중에서 3개를 선택하여 다양한 함수를 만드시오.

(단, f, g, h 기호를 사용하여 표현한다.)

버튼 종류	버튼 ( )	버튼 ( )	버튼 ( )
함수식	$f(x)=$	$g(x)=$	$h(x)=$

입력	x
↓	↓
버튼 ( )	
↓	↓
버튼 ( )	
↓	↓
버튼 ( )	

04 역함수

|탐구하기 1|

01 물 1 L의 가격이 1000원일 때, 다음 물음에 답하시오.

(1) 물 x L를 사려면 y원이 필요할 때, x, y 사이의 관계를 다양한 방법으로 표현하시오.

(2) x원으로 물 y L를 살 수 있을 때, x, y 사이의 관계를 다양한 방법으로 표현하시오.

(3) (1)과 (2)에서 구한 x, y 사이의 관계가 각각 함수인지 판단하고, (1)과 (2)는 어떤 관계가 있는지 정리하여 쓰시오.

02 민주의 집에서 과학관까지 거리는 30 km이다. 민주가 과학관에 간다고 할 때, 다음 물음에 답하시오.

(1) 민주가 x km/시의 속력으로 가면 y시간이 걸릴 때, x, y 사이의 관계를 다양한 방법으로 표현하시오.

(2) 민주가 x시간이 걸려서 과학관에 도착하려면 y km/시의 속력으로 가야 할 때, x, y 사이의 관계를 다양한 방법으로 표현하시오.

(3) (1)과 (2)에서 구한 x, y 사이의 관계가 각각 함수인지 판단하고, (1)과 (2)는 어떤 관계가 있는지 정리하여 쓰시오.

03 지도 앱은 목적지까지 걸어서 가는 경우, 평균 속력을 시속 4 km로 계산한다. 유빈이가 지도 앱을 이용하여 이동 시간과 거리 등을 계산할 때, 다음 물음에 답하시오.

(1) 유빈이가 시속 4 km의 속력으로 x시간 동안 걸어서 y km를 갈 때, x, y 사이의 관계를 다양한 방법으로 표현하시오.

(2) 유빈이가 시속 4 km의 속력으로 걸어서 x km 떨어진 목적지까지 가는 데 y시간이 걸릴 때, x, y 사이의 관계를 다양한 방법으로 표현하시오.

(3) (1)과 (2)에서 구한 x, y 사이의 관계가 각각 함수인지 판단하고, (1)과 (2)는 어떤 관계가 있는지 정리하여 쓰시오.

04 문제 **01~03**의 (1)과 (2)가 반대 방향의 대응일 때, 또 다른 반대 방향의 대응의 예를 찾으시오.

|탐구하기 2|

01 |탐구하기 1|과 같이 함수 $y=f(x)$의 정의역과 공역을 바꾸어서 집합 Y에서 집합 X로의 대응, 즉 '반대 방향으로의 대응'을 생각할 때, 다음을 반대 방향으로의 대응이 함수가 되는 것과 함수가 되지 않는 것으로 구분하시오.

ㄱ. 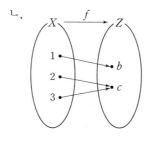 ㄴ. 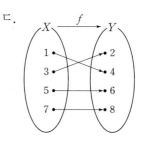 ㄷ.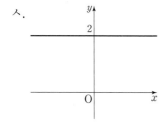

ㄹ. $y=x+2$ ㅁ. $y=x^2$ ㅂ.

x	1	3	5	7	9
y	0	-2	-4	-6	-8

ㅅ. 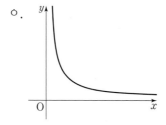 ㅇ. 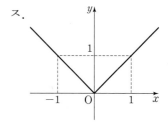 ㅈ.

반대 방향으로의 대응이 함수가 되는 것	
반대 방향으로의 대응이 함수가 되지 않는 것	

02 문제 **01**에서 반대 방향으로의 대응이 함수가 되려면 함수 $y=f(x)$는 어떤 조건을 만족해야 하는지 설명하시오.

개념정리

일반적으로 함수 $f : X \longrightarrow Y$, $y=f(x)$가 일대일대응일 때, 집합 Y의 각 원소 y에 대하여 $f(x)=y$인 집합 X의 원소 x는 오직 하나 존재한다. 따라서 Y의 각 원소 y에 $f(x)=y$인 X의 원소 x를 대응시켜 Y를 정의역, X를 공역으로 하는 새로운 함수를 정의할 수 있다. 이 함수를 f의 **역함수**라 하고, 이것을 기호로

$$f^{-1}$$

와 같이 나타낸다. 즉, $f^{-1} : Y \longrightarrow X$, $x=f^{-1}(y)$이다. 따라서 함수 f와 그 역함수 f^{-1} 사이에는 $y=f(x) \Longleftrightarrow x=f^{-1}(y)$인 관계가 성립한다.

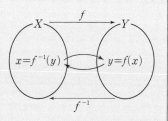

|탐구하기 3|

01 함수 $f : X \longrightarrow Y$의 역함수를 $f^{-1} : Y \longrightarrow X$라 할 때, 함수 f의 역함수 f^{-1}가 존재하도록 그림을 완성하시오.

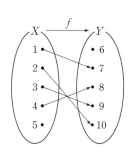

02 문제 **01**의 그림을 보고 다음을 구하시오.

(1) $f^{-1}(6)$ (2) $(f^{-1} \circ f)(4)$ (3) $(f \circ f^{-1})(9)$

03 함수 $f : X \longrightarrow Y$의 역함수를 $f^{-1} : Y \longrightarrow X$라 할 때 다음 물음에 답하시오.

(1) $x \in X$, $y \in Y$, $y=f(x)$일 때 두 합성함수 $(f^{-1} \circ f)(x)$와 $(f \circ f^{-1})(y)$를 구하시오.

(2) 두 합성함수 $f^{-1} \circ f$와 $f \circ f^{-1}$의 공통점과 차이점을 정리하시오.

|탐구하기 4|

01 다음 물음에 답하시오.

(1) 두 점 A$(2, 4)$와 B$(4, 2)$가 직선 l에 대하여 대칭일 때, 직선 l의 방정식을 구하시오.

(2) 좌표평면의 원점을 O라 할 때, 직선 OA와 직선 OB의 방정식을 구하고, 두 직선이 직선 m에 대하여 대칭일 때, 직선 m의 방정식을 구하시오.

(3) 직선 OA의 방정식에서 x를 y로 나타낸 다음 x와 y를 바꾼 식과 직선 OB의 방정식을 비교하시오.

(4) 함수 f와 그 역함수 f^{-1} 사이에
$$y=f(x) \Longleftrightarrow x=f^{-1}(y)$$
인 관계가 성립할 때, (2)와 (3)의 결과를 일반화하여 함수 $y=f(x)$의 역함수 $y=f^{-1}(x)$를 구하는 과정을 설명하시오.

개념정리

일반적으로 함수를 나타낼 때 정의역의 원소를 x, 공역의 원소를 y로 나타내므로 함수 $y=f(x)$의 역함수 $x=f^{-1}(y)$도 x와 y를 서로 바꾸어
$$y=f^{-1}(x)$$
와 같이 나타낸다. 그러므로 함수 $y=f(x)$의 역함수가 존재할 때 역함수 $y=f^{-1}(x)$는 다음과 같이 구할 수 있다.

$$y=f(x) \xrightarrow[\text{나타낸다.}]{x를\ y로} x=f^{-1}(y) \xrightarrow[\text{서로 바꾼다.}]{x와\ y를} y=f^{-1}(x)$$

---

02 다음 함수의 역함수를 구하시오.

(1) $y=3x+5$ 　　　　　　　　　　　　(2) $y=-\dfrac{1}{2}x-4$

01 함수 $f : X \longrightarrow Y$, $y=f(x)$가 다음과 같을 때, 각 함수의 역함수 f^{-1}를 함수 f와 같은 표현 방법을 사용하여 나타내시오.

	함수 f	역함수 f^{-1}
(1)		
(2)	$y=-2x$	
(3)		
(4)		
(5)	$y=\dfrac{1}{3}x+\dfrac{1}{3}$	

02 함수 $y=ax+b\,(a\neq0)$의 역함수 f^{-1}를 구하는 과정을 쓰고, 함수와 그 역함수의 기하적 의미를 쓰시오.

03 다음 물음에 답하시오.

(1) 이차함수 $y=x^2-2x-4$의 그래프를 관찰하여 역함수가 존재하기
위한 정의역의 조건을 다양하게 나타내고, 그렇게 나타낸 이유를
쓰시오.

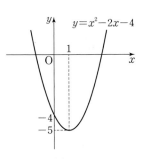

(2) 함수 $y=f(x)$와 역함수 $y=f^{-1}(x)$의 정의역과 공역의 관계, 그리고 두 그래프 사이의 관계
를 정리하시오.

|탐구하기 6|

01 (가)~(라)에 합성함수와 역함수의 기호를 사용하여 알맞은 식을 써넣으시오.

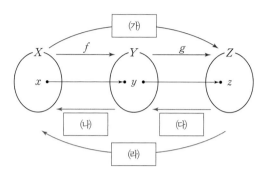

02 두 함수 $f(x)=\dfrac{1}{3}x$, $g(x)=x-2$의 역함수를 각각 f^{-1}, g^{-1}라 할 때, 다음 질문에 답하시오.

(1) $f^{-1}(x)$와 $(f^{-1})^{-1}(x)$를 구하고 $(f^{-1})^{-1}=f$임을 확인하시오.

(2) $(g \circ f)(x)$, $(g \circ f)^{-1}(x)$와 $(f^{-1} \circ g^{-1})(x)$, $(g^{-1} \circ f^{-1})(x)$를 구하고 넷 중 서로 같은 함수를 찾아 쓰시오.

03 문제 **02**에서 발견한 역함수의 성질을 정리하시오.

함수

• 두 집합 X와 Y에 대하여 X의 각 원소에 Y의 원소가 오직 하나씩 대응할 때, 이 대응을 X에서 Y로의 함수 라 하고, 이것을 기호로 $f : X \longrightarrow Y$와 같이 나타낸다.

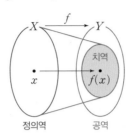

같은 함수

• 정의역과 공역이 각각 같은 두 함수 $f : X \longrightarrow Y$, $g : X \longrightarrow Y$에서 정의역의 모든 원소 x에 대하 여 $f(x) = g(x)$일 때, 두 함수 f와 g는 **서로 같다**고 하며, 이것을 기호로

$$f = g$$

와 같이 나타낸다. 두 함수가 같지 않을 때는 $f \neq g$로 나타낸다.

여러 가지 함수

• 일대일함수: 함수 $f : X \longrightarrow Y$에서 정의역 X의 임의의 두 원소 x_1, x_2에 대하여 $x_1 \neq x_2$이면 $f(x_1) \neq f(x_2)$인 함수
• 일대일대응: 일대일함수 중 치역과 공역이 같은 함수
• 항등함수: 정의역과 공역이 같은 함수 $f : X \longrightarrow X$에서 정의역 X의 각 원소 x에 그 자신인 x가 대응하는 함수로 $f(x) = x$인 함수
• 상수함수: 정의역의 모든 원소에 공역의 오직 한 원소가 대응하는 함수로 $f(x) = c$ (c는 상수)인 함수

합성함수

• 두 함수 f, g가

$$f : X \longrightarrow Y, \quad g : Y \longrightarrow Z$$

일 때, 집합 X의 각 원소 x에 대하여 집합 Z의 원소 $g(f(x))$를 대응시키면 X를 정의역, Z를 공역으로 하는 새로운 함수를 정의할 수 있다. 이 새로운 함수를 f와 g의 **합성함수**라 하며, 이것을 기호로

$$g \circ f : X \longrightarrow Z, \quad (g \circ f)(x) = g(f(x))$$

와 같이 나타낸다.

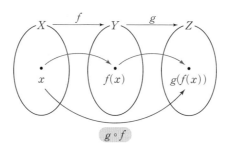

역함수

• 함수 $f : X \longrightarrow Y$가 일대일대응일 때, Y의 각 원소 y에 $f(x) = y$인 X의 원소 x가 대응하면 Y를 정의역, X를 공역으로 하는 새로운 함수를 얻을 수 있다. 이 새로운 함수를 함수 f의 **역함수**라 하며, 이것을 기호로

$$f^{-1} : Y \longrightarrow X$$

와 같이 나타낸다.

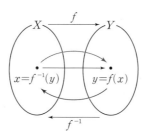

역함수의 성질

① $y = f(x) \iff x = f^{-1}(y)$

② 함수 $y = f(x)$의 그래프와 그 역함수의 그래프는 직선 $y = x$에 대하여 대칭이다.

③ $(f^{-1} \circ f)(x) = f^{-1}(f(x)) = x, \ x \in X$

④ $(f \circ f^{-1})(y) = f(f^{-1}(y)) = y, \ y \in Y$

⑤ $(f^{-1})^{-1} = f$

⑥ $(g \circ f)^{-1} = f^{-1} \circ g^{-1}$

개념과 문제의 연결

1 주어진 문제를 보고 다음 물음에 답하시오.

> 두 집합 $X=\{x\,|\,-1\leq x\leq 3\}$, $Y=\{y\,|\,-2\leq y\leq 4\}$에 대하여 함수
> $f:X\longrightarrow Y$, $f(x)=ax+b$가 일대일대응이 되는 함수 $f(x)$를 모두 구하시오.
>
> (단, a, b는 상수이다.)

(1) 함수가 일대일대응이 되는 조건을 쓰시오.

(2) 함수 $f(x)=ax+b$의 그래프의 모양을 a의 값의 부호에 따라 구분하여 설명하시오.

(3) 제한된 범위에서 함수 $f(x)=ax+b$가 일대일대응이 되려면 그 그래프는 어떤 조건
을 갖춰야 하는지 쓰시오.

2 문제 **1**을 통하여 알게 된 내용으로 빈칸을 채워 다음 풀이를 완성하시오.

두 집합 $X=\{x|-1\leq x\leq3\}$, $Y=\{y|-2\leq y\leq4\}$에 대하여 함수
$f:X\longrightarrow Y$, $f(x)=ax+b$가 일대일대응이 되는 함수 $f(x)$를 모두 구하시오.

(단, a, b는 상수이다.)

함수 $f(x)=ax+b$의 그래프의 모양은 직선인데, 이 함수가 일대일대응이려면 일대일

함수가 되어야 하므로 기울기의 조건은 [   ]이어야 한다.

따라서 기울기 a는 [   ] 또는 [   ]이어야 한다.

한편, 함수 $f(x)=ax+b$가 일대일대응이려면 치역과 공역이 일치해야 하므로 치역이

[   ]와 같아야 한다.

따라서 함수 $f(x)=ax+b$의 그래프는 다음과 같이 2가지 경우가 있다.

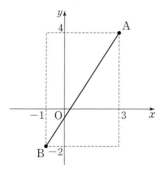 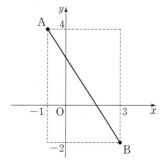

(i) 첫 번째 경우 함수 $f(x)$의 그래프가 두 점 $(-1, -2)$, $(3, 4)$를 지나야 하므로

$f(-1)=$ [   ], $f(3)=$ [   ]

a, b에 대한 연립방정식을 풀면 $a=$ [   ], $b=$ [   ]이므로 $f(x)=$ [   ]이다.

(ii) 두 번째 경우 함수 $f(x)$의 그래프가 두 점 $(-1, 4)$, $(3, -2)$를 지나야 하므로

$f(-1)=$ [   ], $f(3)=$ [   ]

a, b에 대한 연립방정식을 풀면 $a=$ [   ], $b=$ [   ]이므로 $f(x)=$ [   ]이다.

개념과 문제의 연결

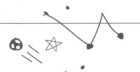

3 주어진 문제를 보고 다음 물음에 답하시오.

> **대표문항**
>
> 실수 전체의 집합에서 정의된 함수
> $$f(x)=\begin{cases} 3x+2 & (x \geq 0) \\ ax+2 & (x < 0) \end{cases}$$
> 의 역함수가 존재할 때, 상수 a의 값의 범위를 구하시오.

(1) 어떤 함수의 역함수가 존재할 조건을 쓰시오.

(2) $x \geq 0$일 때, 함수 $y=f(x)$의 그래프를 그리시오.

(3) $x < 0$일 때, 함수 $y=f(x)$의 그래프의 증가 또는 감소 상태를 반영하여 그래프를 그리시오.

4 문제 **3**을 통하여 알게 된 내용으로 빈칸을 채워 다음 풀이를 완성하시오.

실수 전체의 집합에서 정의된 함수
$$f(x)=\begin{cases} 3x+2 \ (x\geq0) \\ ax+2 \ (x<0) \end{cases}$$
의 역함수가 존재할 때, 상수 a의 값의 범위를 구하시오.

**개념
연결**

$x\geq0$일 때 함수 $y=f(x)$의 그래프의 기울기는 ☐이고 y절편은 ☐이므로 그래프는
다음과 같다.

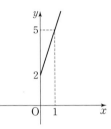

$x<0$일 때 직선 $y=ax+2$는 항상 점 ☐를 지나고 기울기는 a이다.

함수 $y=f(x)$의 역함수가 존재하려면 이 함수는 ☐이어야 한다.

$x\geq0$일 때 함수 $y=f(x)$의 그래프는 ☐하므로 주어진 함수의 역함수가 존재하려면

$x<0$일 때의 직선 $y=ax+2$도 ☐해야 한다.

따라서 ☐이어야 한다.

개념과 문제의 연결

5 주어진 문제를 보고 다음 물음에 답하시오.

두 함수 $f(x) = \begin{cases} -2x+9 & (x \geq 4) \\ -x+5 & (x < 4) \end{cases}$, $g(x) = x-3$에 대하여

$f^{-1}(6) + ((f^{-1} \circ g^{-1}) \circ (g \circ f))(6)$의 값을 구하시오.

개념
연결

(1) 함수 $y = f(x)$의 그래프를 그려서 $y = f(x)$의 역함수 $y = f^{-1}(x)$가 존재하는지 알아
보시오.

(2) $f^{-1}(6) = a$라 할 때, a의 값을 구하는 과정을 설명하시오.

(3) 합성함수와 역함수의 성질을 이용하여 합성함수 $(f^{-1} \circ g^{-1}) \circ (g \circ f)$를 간단히 하고,
그 과정을 설명하시오.

6 문제 **5**를 통하여 알게 된 내용으로 빈칸을 채워 다음 풀이를 완성하시오.

두 함수 $f(x)=\begin{cases} -2x+9 & (x\geq 4) \\ -x+5 & (x<4) \end{cases}$, $g(x)=x-3$에 대하여

$f^{-1}(6)+((f^{-1}\circ g^{-1})\circ(g\circ f))(6)$의 값을 구하시오.

함수 $y=f(x)$의 그래프는 다음과 같다.

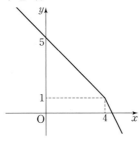

함수 $y=f(x)$는 [\quad\quad]이므로 역함수가 존재한다.

$f^{-1}(6)=a$이므로 [\quad\quad]이다.

$x\geq 4$일 때 $y=f(x)\leq 1$이고, $x<4$일 때 $y=f(x)>1$이므로 [\quad\quad]을 만족하려면

[\quad\quad]여야 한다.

$\qquad \therefore -a+5=6$에서 $a=-1$

즉, $f^{-1}(6)=-1$이다.

합성함수는 [\quad] 법칙이 성립하고, $f^{-1}\circ f=$[\quad\quad]이

므로

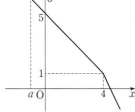

$(f^{-1}\circ g^{-1})\circ(g\circ f)=$[\quad\quad]

$\qquad\qquad\qquad\quad =$[\quad\quad]

$\qquad\qquad\qquad\quad =$[\quad\quad]

$\qquad\qquad\qquad\quad =$[\quad\quad]

$\qquad\qquad\qquad\quad =$[\quad\quad]

따라서 $((f^{-1}\circ g^{-1})\circ(g\circ f))(6)=$[\quad]이고,

$f^{-1}(6)+((f^{-1}\circ g^{-1})\circ(g\circ f))(6)=$[\quad\quad]이다.

01

두 집합 $X=\{-1,\ 0,\ 1\}$, $Y=\{-2,\ -1,\ 0,\ 1,\ 2\}$에 대하여 다음 [보기] 중 X에서 Y로의 함수인 것을 모두 고르시오.

[보기]

ㄱ. $x \to x$ ㄴ. $x \to x+2$

ㄷ. $x \to 2x+1$ ㄹ. $x \to x^2-1$

02

자연수 전체의 집합에서 정의된 함수 f가

$\qquad f(x)=(x$의 양의 약수의 개수$)$

일 때, $f(2)+f(3)+f(4)+f(5)+f(6)$의 값을 구하시오.

03

정의역이 $\{-1,\ 2\}$인 두 함수 $f(x)=x^2+3x+a$, $g(x)=bx+2$에 대하여 $f=g$일 때, 상수 a, b의 값을 구하시오.

04

집합 $X=\{-1,\ 0,\ 1\}$에 대하여 다음 [보기] 중 X에서 X로의 함수인 것의 개수를 a, 일대일대응인 것의 개수를 b, 항등함수인 것의 개수를 c라고 할 때, a, b, c의 값을 구하시오.

[보기]

ㄱ. $f(x)=x$ ㄴ. $f(x)=x^2+1$

ㄷ. $f(x)=1$ ㄹ. $f(x)=-x$

ㅁ. $f(x)=-|x|+1$ ㅂ. $f(x)=x^3$

05

집합 $X=\{x\,|-2\leq x\leq 4\}$일 때, X에서 X로의 함수
$$f(x)=ax+b$$
가 일대일대응이 되도록 하는 상수 a, b의 값을 구하시오. (단, $a<0$)

06

정의역이 $\{x\,|\,0\leq x\leq 3\}$인 두 함수 $y=f(x)$, $y=g(x)$의 그래프가 다음 그림과 같이 직선으로 이루어져 있을 때, $(f\circ g)(2)+(g\circ f)(1)$의 값을 구하시오.

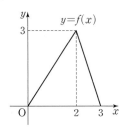 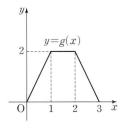

07

두 함수 $f(x)=x^2-8x+15$, $g(x)=x-2$에 대하여 정의역이 $\{x\,|\,3\leq x\leq 7\}$인 함수 $y=(f\circ g)(x)$의 최댓값과 최솟값을 구하시오.

08

함수 $y=2x-5$의 그래프와 그 역함수의 그래프가 만나는 점의 좌표를 구하시오.

09

두 함수 $f(x)=2x+1$, $g(x)=-2x+1$에 대하여 $(f \circ g^{-1})(k)=3$을 만족시키는 실수 k의 값을 구하시오.

10

집합 $X=\{1, 2, 3, 4\}$일 때, X에서 X로의 두 함수 f, g가 있다. 함수 f가 다음 그림과 같고 $f^{-1} \circ g=g \circ f^{-1}$, $g(2)=4$일 때, $g(1)$의 값을 구하시오.

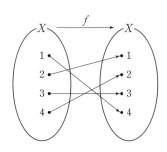

11

집합 $X=\{-1, 1\}$을 정의역으로 하는 두 함수 $f(x)=x-1$, $g(x)=x^2-ax+b$에 대하여 $f=g$일 때, 상수 a, b의 값을 구하시오.

12

두 함수 $f(x)=2x-3$, $g(x)=-x+3$에 대하여
$$(f \circ g^{-1})(a)=5$$
를 만족시키는 상수 a의 값을 구하시오.

13

두 집합 $X=\{1, 2, 3, 4\}$, $Y=\{5, 6, 7, 8\}$에 대하여 함수 f는 X에서 Y로의 일대일대응이다. $f(1)=6$, $f(4)-f(2)=2$일 때, $f(3)$의 값을 구하시오.

14

집합 $X=\{1, 2, 3\}$에 대하여 집합 X에서 X로의 세 함수 $f(x)$, $g(x)$, $h(x)$가 각각 일대일대응, 항등함수, 상수함수이고 다음 조건을 만족할 때, $f(2)$와 $h(2)$의 값을 구하시오.

㉮ $f(1)=g(2)=h(3)$
㉯ $h(1)+f(3)=g(3)$

15

두 집합 $X=\{1, 2, 3\}$, $Y=\{3, 4, 5, 6, 7, 8\}$에 대하여 X에서 Y로의 함수 중 다음 두 조건을 동시에 만족시키는 함수 f의 개수를 구하시오.

㉮ $x_1 \in X$, $x_2 \in X$일 때, $x_1 \neq x_2$이면 $f(x_1) \neq f(x_2)$이다.
㉯ $f(1)+f(2)+f(3)=15$

2 유리함수와 무리함수

기억 1 반비례 관계

- x의 값이 2배, 3배, 4배, …로 변할 때, y의 값이 $\frac{1}{2}$배, $\frac{1}{3}$배, $\frac{1}{4}$배, …로 변하는 관계가 있으면 두 변수 x와 y는 **반비례 관계**가 있다고 한다.
- y가 x에 반비례할 때 그 관계식은 $y = \frac{a}{x}$의 꼴로 나타낼 수 있다.

1 다음에서 y를 x에 대한 식으로 나타내고, x, y는 반비례 관계가 있는지 알아보시오.

(1) 공책 100권을 x명에게 3권씩 나누어 주었더니 y권이 남았다. (단, x는 33 이하의 자연수이다.)

(2) 30 km 떨어진 거리를 시속 x km의 속력으로 가면 y 시간이 걸린다. (단, x는 양의 실수이다.)

기억 2 유리수와 무리수

- **유리수**: 정수 a, b $(a \neq 0)$에 대하여 $\frac{b}{a}$의 꼴로 나타내어지는 수

  유리수는 양의 유리수, 0, 음의 유리수로 분류할 수도 있고, 정수와 정수가 아닌 유리수로 분류할 수도 있다.
- **무리수**: $\frac{b}{a}$ (a, b는 정수, $a \neq 0$)의 꼴로 나타낼 수 없는 수

  실수 중 유리수가 아닌 수 또는 순환하지 않는 무한소수라고도 정의할 수 있다.

2 다음을 유리수와 무리수로 분류하시오.

$$0, \quad \frac{\sqrt{7}}{2}, \quad -\frac{2}{7}, \quad 100, \quad \pi$$

기억 3 평행이동

- 점 $P(x, y)$를 x축의 방향으로 a만큼, y축의 방향으로 b만큼 평행이동한 점의 좌표는
$$(x+a, y+b)$$
- 방정식 $f(x, y)=0$이 나타내는 도형을 x축의 방향으로 a만큼, y축의 방향으로 b만큼 평행이동한 도형의 방정식은
$$f(x-a, y-b)=0$$

3 다음 점을 x축의 방향으로 2만큼, y축의 방향으로 -3만큼 평행이동한 점의 좌표를 구하시오.

(1) $(0, 0)$ (2) $(-1, 4)$ (3) $(3, -5)$

4 다음 도형을 x축의 방향으로 -1만큼, y축의 방향으로 2만큼 평행이동한 도형의 방정식을 구하시오.

(1) $2x+3y-1=0$ (2) $(x+1)^2+(y-3)^2=4$

기억 4 도형의 대칭이동

방정식 $f(x, y)=0$이 나타내는 도형을

- x축에 대하여 대칭이동한 도형의 방정식은 $f(x, -y)=0$
- y축에 대하여 대칭이동한 도형의 방정식은 $f(-x, y)=0$
- 원점에 대하여 대칭이동한 도형의 방정식은 $f(-x, -y)=0$
- 직선 $y=x$에 대하여 대칭이동한 도형의 방정식은 $f(y, x)=0$

5 직선 $y=3x-2$를 x축, y축, 원점 및 직선 $y=x$에 대하여 대칭이동한 도형의 방정식을 각각 구하시오.

01 유리식과 유리함수

|탐구하기 1|

01 유리수의 뜻을 참고하여 유리식인 것과 아닌 것의 특징을 알아보려 한다. 다음 물음에 답하시오.

(1) 실수 전체의 집합을 R라 할 때, 다음 수를 집합으로 분류하여 벤다이어그램으로 나타내시오.

$$2, \quad -5, \quad \frac{5}{2}, \quad 0, \quad -1, \quad 0.4, \quad \frac{7}{12}, \quad \sqrt{3}$$

```
┌ R ─────────────────────────────────────┐
│                                         │
│                                         │
│                                         │
│                                         │
│                                         │
│                                         │
└─────────────────────────────────────────┘
```

(2) 유리수의 집합에 포함된 원소를 나열하고 그 특징을 설명하시오.

개념정리

A, $B(B \neq 0)$가 다항식일 때, $\dfrac{A}{B}$로 나타낼 수 있는 식을 유리식이라고 한다.

이때, B를 분모, A를 분자라고 한다.

---

(3) 다음 중에서 유리식에 해당하는 것을 모두 찾으시오.

$$2x, \quad 0, \quad -\frac{2x}{3x}, \quad 0.4x^2 + 1, \quad \frac{7x}{12}, \quad \sqrt{3}\,x, \quad \sqrt{3x-2}$$

02 민선이는 중학생인 동생이 '유리수의 계산'을 공부하는 것을 보고, '유리식의 계산'도 같은 방법으로 할 수 있겠다는 아이디어가 떠올랐다. 민선이의 방법으로 다음을 계산하고, 물음에 답하시오.

유리수의 곱셈과 나눗셈	유리식의 곱셈과 나눗셈
1) $\dfrac{2}{9} \times \dfrac{6}{7} =$	6) $\dfrac{3x}{x^2-4} \times \dfrac{x+2}{x} =$
2) $-\dfrac{6}{2} =$	7) $\dfrac{3x+6}{x+2} =$
3) $\dfrac{2}{3} \div \dfrac{5}{3} =$	8) $\dfrac{x^2+2x-3}{x^2-5x+4} =$
	9) $\dfrac{x^2-4}{x^2-x} \div \dfrac{x-2}{x-1} =$
유리수의 덧셈과 뺄셈	유리식의 덧셈과 뺄셈
4) $\dfrac{1}{2} + \dfrac{1}{3} =$	10) $\dfrac{1}{x-3} + \dfrac{1}{x} =$
5) $\dfrac{3}{5} - \dfrac{2}{10} =$	11) $\dfrac{x}{x-1} - \dfrac{1}{x} =$

⑴ 민선이가 유리수의 곱셈과 나눗셈을 보고 유리식의 곱셈과 나눗셈 연산을 어떻게 했을지 추측하여 쓰시오.

⑵ 민선이가 유리수의 덧셈과 뺄셈을 보고 유리식의 덧셈과 뺄셈 연산을 어떻게 했을지 추측하여 쓰시오.

|탐구하기 2|

01 각 상황에서 두 변수 x, y 사이의 관계식을 나타내고 정의역을 구하시오.

구분	상황	x, y 사이의 관계식	정의역
(1)	5000원으로 1권에 x원인 공책 4권을 사면 y원이 남는다.		
(2)	어떤 기체의 압력 x와 부피 y의 곱은 항상 8로 일정하다.		
(3)	1개를 생산하고 소비할 때 발생하는 이산화탄소 배출량이 100 g인 상품 x개를 생산하고 소비할 때 발생하는 이산화탄소 배출량은 y g이다.		
(4)	성인 13명, 고등학생 12명으로 구성된 동호회에서 성인 x명이 동호회 활동을 그만두었을 때, 전체 회원 수에 대한 고등학생 회원 수의 비율은 y이다.		
(5)	꼭짓점의 개수가 x인 다각형의 외각의 크기의 합은 $y°$이다.		

02 다음 중에서 정의역이 실수 전체의 집합일 때 함수가 되지 <u>않는</u> 것을 고르고 그 이유를 쓰시오.

① $y = 50 - 2x$ ② $y = -\dfrac{2}{x}$ ③ $y = 10x$

④ $y = \dfrac{7}{18 - x}$ ⑤ $y = 100$

|탐구하기 3|

01 주어진 관계식 (1)~(7)에서 y가 x의 함수이기 위한 정의역을 각각 결정하고, 그렇게 결정한 이유를 설명하시오.

구분	관계식	정의역	이유
(1)	$y=1-x$		
(2)	$y=\dfrac{1}{x}+3$		
(3)	$y=\dfrac{x+1}{4}$		
(4)	$y=\dfrac{3x-2}{x-1}$		
(5)	$y=x^2-2x+1$		
(6)	$y=5$		
(7)	$y=\dfrac{1}{x}$		

개념정리

함수 $y=f(x)$에서 $f(x)$가 x에 대한 유리식일 때, 이 함수를 **유리함수**라고 한다. 특히, $f(x)$가 x에 대한 다항식일 때, 이 함수를 **다항함수**라고 한다.

02 문제 **01**의 ⑴~⑺에 주어진 함수 중에서 다음 조건을 만족하는 것을 찾고, 다항함수의 집합과 유리함수의 집합 사이의 포함 관계를 쓰시오.

다항함수	유리함수

03 문제 **01~02**에서 알 수 있는 유리함수의 특징을 모두 쓰시오.

04 두 함수의 정의역을 구하고, 그 그래프를 나타내시오.

⑴ $y=\dfrac{x^2-1}{x-1}$

⑵ $y=x+1$

02 유리함수의 그래프

|탐구하기 1|

01 민석이가 그린 함수 $y=\dfrac{8}{x}$의 그래프를 보고 그래프를 제대로 그렸는지 판단하고, 그렇게 판단한 이유를 설명하시오.

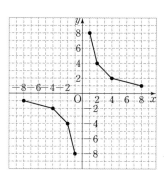

> 민석이가 그린 그래프는 (옳다 , 옳지 않다).
>
> 그 이유는

02 두 변수 x, y의 대응표를 만들고, 유리함수 $y=f(x)$의 그래프를 추측하여 그리시오.

(1) $y=\dfrac{1}{x}$

x										
y										

(2) $y=\dfrac{4}{x}$

x								
y								

03 유리함수 $y=\dfrac{1}{x}$과 $y=\dfrac{4}{x}$에 대하여 알 수 있는 것을 모두 쓰시오.

04 다음 유리함수의 정의역과 치역을 추측하고, 왜 그렇게 생각하는지 이유를 쓰시오.

(1) $y=\dfrac{1}{x}$

(2) $y=\dfrac{4}{x}$

05 곡선이 어떤 직선에 한없이 가까워질 때, 이 직선을 그 곡선의 점근선이라 한다. 문제 **02**의 유리함수의 그래프에 점근선이 존재한다면, 그 방정식을 쓰시오.

01 다음 유리함수 $f(x)=\dfrac{1}{x}$, $g(x)=\dfrac{2}{x}$, $h(x)=\dfrac{4}{x}$의 그래프를 보고 $r(x)=\dfrac{8}{x}$과 $t(x)=\dfrac{1}{2x}$,

$s(x)=-\dfrac{2}{x}$의 그래프를 추측하여 그리고, 그렇게 그린 이유를 설명하시오.

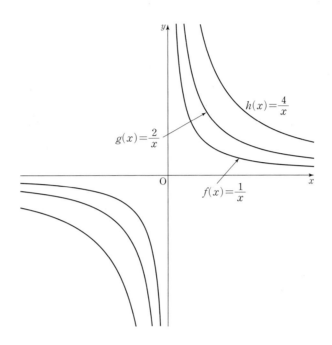

02 유리함수 $y=\dfrac{k}{x}\,(k\neq0)$의 그래프의 특징을 정리하시오.

01 다연이가 함수 $y=\dfrac{2}{x}$의 그래프를 x축의 방향으로 4만큼 평행
이동한 함수의 그래프를 오른쪽과 같이 그렸을 때, 다음 물음에
답하시오.

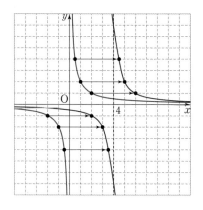

(1) 다연이의 그래프에서 무엇이 잘못되었는지 찾아보시오.

(2) 다연이의 오류를 보고 유리함수의 그래프를 평행이동한 함수의 그래프를 그릴 때 어떤 순서
로 그리는 것이 좋을지 쓰시오.

02 함수 $y=\dfrac{2}{x}$의 그래프를 이용하여 다음 물음에 답하시오.

(1) 함수 $y=\dfrac{2}{x}$의 그래프를 x축의 방향으로 3만큼 평행이동한 그래프를 나타내는 함수의 관계식
과 점근선의 방정식을 구하고 그 그래프를 그리시오.

함수의 관계식	그래프
	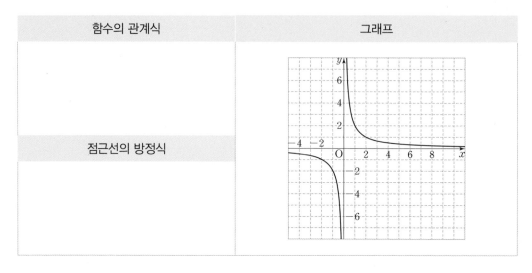
점근선의 방정식	

(2) 함수 $y=\dfrac{2}{x}$의 그래프를 y축의 방향으로 1만큼 평행이동한 그래프를 나타내는 함수의 관계식과 점근선의 방정식을 구하고 그 그래프를 그리시오.

함수의 관계식	그래프
	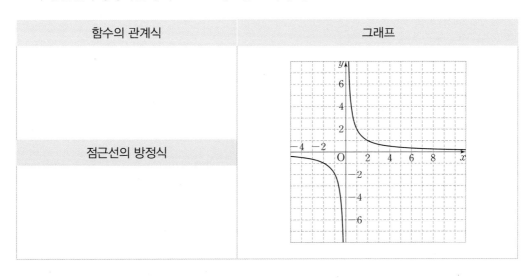
점근선의 방정식	

(3) 함수 $y=\dfrac{2}{x}$의 그래프를 x축의 방향으로 3만큼, y축의 방향으로 1만큼 평행이동한 그래프를 나타내는 함수의 관계식과 점근선의 방정식을 구하고 그 그래프를 그리시오.

함수의 관계식	그래프
	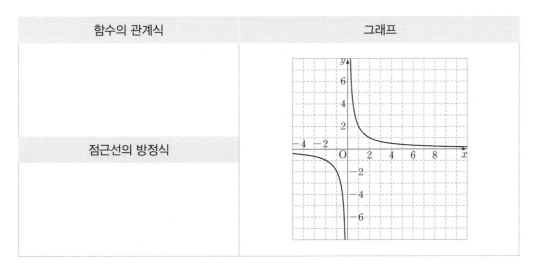
점근선의 방정식	

03 문제 **01**과 **02**를 종합하여 함수 $y=\dfrac{k}{x-p}+q\,(k\neq0)$의 그래프를 그리는 방법에 대하여 설명하시오.

01 다항식의 나눗셈을 이용하여 다음 식을 $y=\dfrac{k}{x-p}+q\,(k\neq0)$의 꼴로 변형하시오.

(1) $y=\dfrac{2x+1}{x-2}$

(2) $y=\dfrac{-3x-1}{x+1}$

02 문제 **01**의 결과를 이용하여 두 함수 $y=\dfrac{2x+1}{x-2}$, $y=\dfrac{-3x-1}{x+1}$의 그래프를 좌표평면에 그리시오.

함수 $y=\dfrac{2x+1}{x-2}$의 그래프	함수 $y=\dfrac{-3x-1}{x+1}$의 그래프
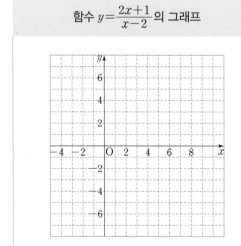	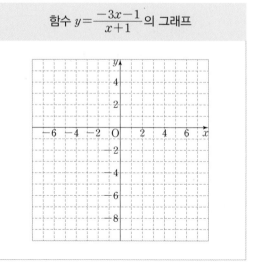

03 무리식과 무리함수

|탐구하기 1|

01 복소수 전체 집합을 C라 할 때, 제시된 수들을 집합으로 분류하여 벤다이어그램으로 나타내시오.

$$2, \quad \sqrt{3}, \quad -\frac{5}{2}, \quad 0, \quad \sqrt{16}, \quad \pi, \quad 0.4, \quad \sqrt{-2}, \quad -\sqrt{\frac{4}{9}}, \quad \sqrt{\frac{3}{2}}, \quad 1-2i, \quad 4i$$

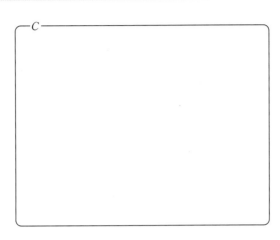

02 문제 **01**에서 수를 분류할 때, 실수 중 유리수가 아닌 수는 무리수로 분류한다. 무리수의 특징을 설명하시오.

개념정리

근호 안에 문자를 포함하는 식 중에서 유리식으로 나타낼 수 없는 식을 **무리식**이라고 한다.
이때, 무리식 $\sqrt{A(x)}$의 값이 실수가 되려면 $A(x) \geq 0$이어야 한다.

---

03 다음 중 무리식을 모두 찾고, 무리식이 <u>아닌</u> 것은 그 이유를 쓰시오.

$$\sqrt{x-5}, \quad \sqrt{1-x^2}, \quad \sqrt{x^2-2x+1}, \quad \frac{1}{\sqrt{x+3}}, \quad \sqrt{\frac{x^2-3x+2}{x-2}}, \quad \sqrt{\frac{2x-1}{x+3}}, \quad \sqrt{\frac{x^2+6x+9}{4x^2-4x+1}}$$

04 문제 **03**에서 무리식의 값이 실수가 되기 위한 x의 값의 범위를 설명하시오.

05 재일이는 중학생인 동생이 '무리수의 계산'을 공부하는 것을 보고, '무리식의 계산'도 같은 방법으로 할 수 있겠다는 아이디어가 떠올랐다. 재일이의 방법으로 다음을 계산하고, 물음에 답하시오.

무리수의 덧셈과 뺄셈	무리식의 덧셈과 뺄셈
1) $\sqrt{2}+3\sqrt{2}=$	8) $\sqrt{x}+2\sqrt{x}=$
2) $3\sqrt{3}-2\sqrt{3}=$	9) $3\sqrt{x-1}-\sqrt{x-1}=$
무리수의 곱셈과 나눗셈	**무리식의 곱셈과 나눗셈**
3) $\sqrt{2}\sqrt{3}=$	10) $\sqrt{x}\sqrt{x-2}=$
4) $\sqrt{12}=$	11) $\sqrt{4x+12}=$
5) $\dfrac{\sqrt{5}}{\sqrt{3}}=$	12) $\dfrac{\sqrt{x+1}}{\sqrt{x+3}}=$
6) $\dfrac{1}{\sqrt{3}+1}=$	13) $\dfrac{2}{\sqrt{x+1}-2}=$
7) $\dfrac{2}{\sqrt{5}-\sqrt{2}}=$	14) $\dfrac{1}{\sqrt{x+3}-\sqrt{x-1}}=$

⑴ 재일이가 무리수의 덧셈과 뺄셈을 보고 무리식의 덧셈과 뺄셈 연산을 어떻게 했을지 추측하여 쓰시오.

⑵ 재일이가 무리수의 곱셈과 나눗셈을 보고 무리식의 곱셈과 나눗셈 연산을 어떻게 했을지 추측하여 쓰시오.

|탐구하기 2|

01 넓이가 x인 원의 반지름의 길이가 y일 때, y를 x에 대한 식으로 나타내시오.

개념정리

함수 $y=f(x)$에서 $f(x)$가 x에 대한 무리식일 때, 이 함수를 **무리함수**라 한다.
일반적으로 무리함수에서 정의역이 특별히 주어지지 않으면 근호 안의 식의 값이 0 이상이 되게
하는 모든 실수의 집합을 정의역으로 한다.

02 다음 [보기]의 함수 중에서 무리함수인 것을 찾아 정의역을 구하고, 무리함수가 아닌 것은 그 이유를 설명하시오.

보기

ㄱ. $y=-\sqrt{2x}$ 　　　　ㄴ. $y=-\sqrt{3-x}$ 　　　　ㄷ. $y=\sqrt{(x-1)^2}$

ㄹ. $y=\sqrt{2x-6}$ 　　　　ㅁ. $y=\sqrt{3}-x$ 　　　　ㅂ. $y=\sqrt{5-x}+2$

|탐구하기 1|

01 변수 x, y 사이의 대응표를 만들어 무리함수 $y=\sqrt{x}$ 와 $y=-\sqrt{x}$ (단, $x \geq 0$)의 그래프를 그리고 그 과정을 설명하시오.

x	$\dfrac{1}{16}$	$\dfrac{1}{4}$	$\dfrac{1}{2}$	$\dfrac{3}{4}$	1	2	$\dfrac{9}{4}$	3	4
$y=\sqrt{x}$									
$y=-\sqrt{x}$									

02 무리함수 $y=\sqrt{x}$에 대하여 다음 물음에 답하시오.

⑴ 문제 **01**의 대응표를 이용하여 무리함수 $y=\sqrt{x}$와 함수 $y=x^2\,(x \geq 0)$의 그래프를 그리고, 두 그래프의 대칭 관계를 조사하시오.

⑵ 무리함수 $y=\sqrt{x}$에 대하여 역함수가 존재하는지 판단하고, 그 이유를 설명하시오.

(3) 무리함수 $y=\sqrt{x}$에 대하여 역함수가 존재한다면 역함수를 구하고, 무리함수 $y=\sqrt{x}$와 그 역함수의 정의역과 치역을 각각 구하시오.

03 무리함수 $y=-\sqrt{x}$에 대하여 다음 물음에 답하시오.

(1) 문제 **01**의 대응표를 이용하여 무리함수 $y=-\sqrt{x}$와 함수 $y=x^2\,(x\leq0)$의 그래프를 그리고, 두 그래프의 대칭 관계를 조사하시오.

(2) 무리함수 $y=-\sqrt{x}$에 대하여 역함수가 존재하는지 판단하고, 그 이유를 설명하시오.

(3) 무리함수 $y=-\sqrt{x}$에 대하여 역함수가 존재한다면 역함수를 구하고, 무리함수 $y=-\sqrt{x}$와 그 역함수의 정의역과 치역을 각각 구하시오.

04 문제 **01~03**에서 그린 각 그래프 사이의 관계를 평행이동이나 대칭이동을 이용하여 정리하시오.

|탐구하기 2|

01 다음 함수의 그래프를 그리고, 정의역과 치역을 구하시오.

(1) $y=\sqrt{x}$ (2) $y=\sqrt{-x}$

(3) $y=-\sqrt{-x}$ (4) $y=-\sqrt{x}$

02 문제 **01**에서 그린 무리함수의 그래프들 사이에 어떤 관계가 있는지 설명하시오.

|탐구하기 3|

01 이차함수 $y=(x-1)^2+2$에 대하여 역함수가 존재하기 위한 정의역을 찾아보시오.

02 문제 **01**에서 구한 각각의 제한된 정의역을 기준으로 할 때, 이차함수 $y=(x-1)^2+2$의 역함수를 구하시오.

03 문제 **01**에서 구한 각각의 제한된 정의역을 기준으로 할 때, 이차함수의 그래프를 그리고 이 이차함수 그래프를 직선 $y=x$에 대하여 대칭이동한 그래프를 그리시오. 또 이들 그래프와 문제 **02**에서 구한 역함수의 그래프 사이에 어떤 관계가 있는지 정리하시오.

04 문제 **02**에서 각각의 제한된 정의역을 기준으로 할 때, 이차함수와 그 역함수인 무리함수의 정의역과 공역의 관계를 설명하시오.

01 무리함수 $y=\sqrt{2(x-1)}+2$에 대하여 다음 물음에 답하시오.

(1) 동영이가 무리함수 $y=\sqrt{2(x-1)}+2$의 그래프를 어떻게 그렸는지 추측하여 그래프를 완성하고, 정의역과 치역을 구하시오.

> 동영: 무리함수 $y=\sqrt{2(x-1)}+2$의 그래프는 무리함수 $y=\sqrt{2x}$를 이용하여 그릴 수 있어.
> 그래프를 그려 보면 정의역과 치역도 알 수 있지.

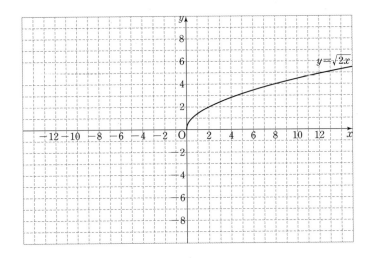

(2) 그래프를 그리지 않고 무리함수 $y=\sqrt{2(x-1)}+2$의 정의역과 치역을 구하는 방법이 있는지 찾아보시오.

02 무리함수 $y=\sqrt{-3(x-2)}-3$에 대하여 다음 물음에 답하시오.

(1) 문제 **01**에서 다룬 방법을 이용하여 무리함수 $y=\sqrt{-3(x-2)}-3$의 그래프를 그리고, 어떻게 그렸는지 구체적으로 설명하시오.

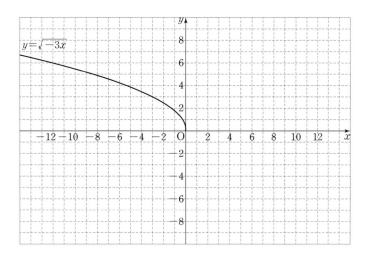

(2) 그래프를 그리지 않고 무리함수 $y=\sqrt{-3(x-2)}-3$의 정의역과 치역을 구하는 방법이 있는지 찾아보시오.

03 무리함수 $y=-\sqrt{-3(x-3)}-1$에 대하여 다음 물음에 답하시오.

⑴ 문제 **01**에서 다룬 방법을 이용하여 무리함수 $y=-\sqrt{-3(x-3)}-1$의 그래프를 그리고, 어떻게 그렸는지 구체적으로 설명하시오.

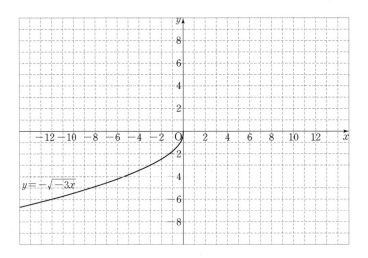

⑵ 그래프를 그리지 않고 무리함수 $y=-\sqrt{-3(x-3)}-1$의 정의역과 치역을 구하는 방법이 있는지 찾아보시오.

04 무리함수 $y=-\sqrt{2(x+3)}+1$에 대하여 다음 물음에 답하시오.

(1) 문제 **01**에서 다룬 방법을 이용하여 무리함수 $y=-\sqrt{2(x+3)}+1$의 그래프를 그리고, 어떻게 그렸는지 구체적으로 설명하시오.

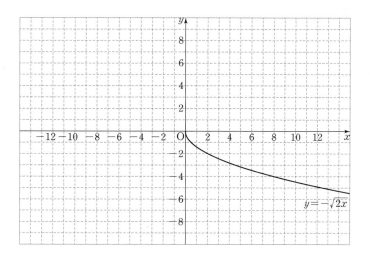

(2) 그래프를 그리지 않고 무리함수 $y=-\sqrt{2(x+3)}+1$의 정의역과 치역을 구하는 방법이 있는지 찾아보시오.

|탐구하기 5|

01 무리함수 $y=\sqrt{-2x-4}-1$의 그래프를 그리시오.

02 그래프를 그리지 않고 무리함수 $y=\sqrt{-2x-4}-1$의 정의역과 치역을 구하는 방법이 있는지 찾아보시오.

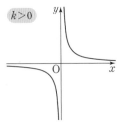
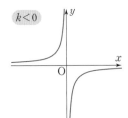
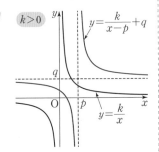

개념정리노트

유리함수

- 함수 $y=f(x)$에서 $f(x)$가 x에 대한 유리식일때 이 함수를 **유리함수**라고 한다.

  특히, $f(x)$가 x에 대한 다항식일 때, 이 함수를 **다항함수**라고 한다.

  다항식은 유리식이므로 다항함수도 유리함수이다.

유리함수 $y=\dfrac{k}{x}$의 그래프

$k>0$

$k<0$

➡ 제1, 3사분면을 지남

➡ 제2, 4사분면을 지남

유리함수 $y=\dfrac{k}{x}$의 그래프의 성질

① 이 함수의 정의역과 치역은 모두 0을 제외한 실수 전체의 집합이다.

② 그래프는 원점에 대하여 대칭이다.

③ $k>0$이면 그래프는 제1, 3사분면에 있고, $k<0$이면 그래프는 제2, 4사분면에 있다.

④ 그래프의 점근선은 x축과 y축이다.

유리함수 $y=\dfrac{k}{x-p}+q$의 그래프

- $y=\dfrac{k}{x-p}+q$의 그래프는 $y=\dfrac{k}{x}$의 그래프를 x축의 방향으로 p만큼, y축의

  방향으로 q만큼 평행이동한 것이다.
- 정의역: $\{x\,|\,x\neq p$인 실수$\}$
- 치역: $\{y\,|\,y\neq q$인 실수$\}$
- 점근선: 직선 $x=p$, 직선 $y=q$

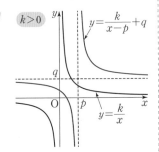

$k>0$

$y=\dfrac{k}{x-p}+q$

$y=\dfrac{k}{x}$

무리함수

- 함수 $y=f(x)$에서 $f(x)$가 x에 대한 무리식일 때, 이 함수를 **무리함수**라 한다.
  일반적으로 무리함수에서 정의역이 특별히 주어지지 않으면 근호 안의 식의 값이 0 이상이 되게 하는 모든 실수의
  집합을 정의역으로 한다.

무리함수 $y=\pm\sqrt{ax}$의 그래프

① 무리함수 $y=\sqrt{ax}$의 그래프

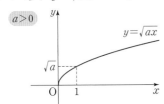
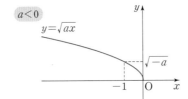

② 무리함수 $y=-\sqrt{ax}$의 그래프

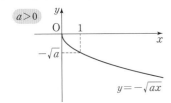
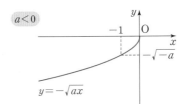

무리함수 $y=\sqrt{ax}$의 그래프의 성질

① $a>0$이면 이 함수의 정의역은 $\{x\,|\,x\geq0\}$, 치역은 $\{y\,|\,y\geq0\}$이고, 그래프는 원점을 지나며 제1사분면에 있다.

② $a<0$이면 이 함수의 정의역은 $\{x\,|\,x\leq0\}$, 치역은 $\{y\,|\,y\geq0\}$이고, 그래프는 원점을 지나며 제2사분면에 있다.

무리함수 $y=\sqrt{a(x-p)}+q$의 그래프

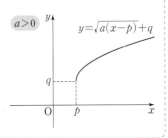

- $y=\sqrt{a(x-p)}+q$의 그래프는 $y=\sqrt{ax}$의 그래프를 x축의 방향으로 p
  만큼, y축의 방향으로 q만큼 평행이동한 그래프
- 정의역: $\{x\,|\,x\geq p\}$
- 치역: $\{y\,|\,y\geq q\}$

개념과 문제의 연결

1 주어진 문제를 보고 다음 물음에 답하시오.

> **대표문항**
>
> 유리함수 $f(x) = \dfrac{x}{x+a}$가 정의역의 모든 원소 x에 대하여 $(f \circ f)(x) = x$를 만족시킬 때, 0이 아닌 상수 a의 값을 구하시오.

(1) 유리함수 $f(x) = \dfrac{x}{x+a}$의 그래프의 성질을 최대한 조사하시오.

(2) 정의역의 모든 원소 x에 대하여 $(f \circ f)(x) = x$를 만족하는 함수의 그래프가 가진 특징을 쓰시오.

(3) 유리함수 $f(x) = \dfrac{x}{x+a}$의 점근선을 구하시오.

2 문제 **1**을 통하여 알게 된 내용으로 빈칸을 채워 다음 풀이를 완성하시오.

대표문항

유리함수 $f(x)=\dfrac{x}{x+a}$가 정의역의 모든 원소 x에 대하여 $(f \circ f)(x)=x$를 만족시킬 때, 0이 아닌 상수 a의 값을 구하시오.

개념연결

정의역의 모든 원소 x에 대하여 $(f \circ f)(x)=x$이면

□

즉, 함수와 그 □ 가 같으므로 함수 $y=f(x)$의 그래프는 직선 □ 에 대하여 대칭 인 곡선이다.

유리함수 $f(x)=\dfrac{x}{x+a}$의 그래프가 직선 □ 에 대하여 대칭인 곡선이면 이 유리함 수의 그래프의 점근선의 교점이 대칭축 □ 위에 있게 된다.

유리함수 $f(x)=\dfrac{x}{x+a}$의 그래프의 점근선을 구하기 위하여 함수식을 변형하면

$$f(x)=\frac{x}{x+a}=\frac{x+a-a}{x+a}=\boxed{}$$

에서 점근선의 방정식은 □ , □ 이다.

따라서 점근선의 교점은 (□ , □)이고 이 점이 직선 □ 위에 있으므로

$a=$ □

개념과 문제의 연결

3 주어진 문제를 보고 다음 물음에 답하시오.

무리함수 $y=\sqrt{-x+4}-1$의 그래프와 직선 $y=mx+4m-2$가 한 점에서 만나도록 하는 양수 m의 최솟값을 구하시오.

(1) 무리함수 $y=\sqrt{-x}$의 그래프의 개형을 그리시오.

(2) 무리함수 $y=\sqrt{-x+4}-1$의 그래프를 그리시오.

(3) 직선 $y=mx+4m-2$는 몇 사분면을 지나는지 쓰시오.

(4) 직선 $y=mx+4m-2$가 m이 어떤 값을 갖더라도 항상 지나는 점이 있는지 찾아보시오.

4 문제 **3**을 통하여 알게 된 내용으로 빈칸을 채워 다음 풀이를 완성하시오.

무리함수 $y=\sqrt{-x+4}-1$의 그래프와 직선 $y=mx+4m-2$가 한 점에서 만나도록 하는 양수 m의 최솟값을 구하시오.

$y=\sqrt{-x+4}-1=\boxed{}$ 이므로 무리함수 $y=\sqrt{-x+4}-1$의 그래프는

$\boxed{}$ 의 그래프를 x축의 방향으로 $\boxed{}$ 만큼, y축의 방향으로 $\boxed{}$ 만큼 평행이동한 것

이다.

직선의 방정식 $y=mx+4m-2$를 m에 관하여 정리하면

$$\boxed{}$$

이 식을 m에 관한 항등식으로 보면 항등식의 성질에 의하여

$x+4=0$, $y+2=0$에서 $\boxed{}$, $\boxed{}$

이므로 직선 $y=mx+4m-2$는 m이 어떤 값을 갖더라도 항상 점 ($\boxed{}$, $\boxed{}$)를 지

난다.

$y=\sqrt{-(x-4)}-1$

$y=mx+4m-2$

m이 직선의 기울기이므로 두 도형이 한 점에서 만나도록 하는 양수 m의 값이 최소인

순간은 직선이 점 ($\boxed{}$, $\boxed{}$)을 지날 때이고, 그때 m의 값은

$$-1=4m+4m-2$$

에서 $\boxed{}$ 이다.

따라서 구하는 양수 m의 최솟값은 $\boxed{}$ 이다.

개념과 문제의 연결

5 주어진 문제를 보고 다음 물음에 답하시오.

대표문항

함수 $y=f(x)$의 그레프는 무리함수 $y=3\sqrt{x}$의 그래프를 x축의 방향으로 a만큼 평행이동한 것이다. 함수 $y=f(x)$의 그래프와 그 역함수 $y=f^{-1}(x)$의 그래프가 서로 접할 때, 상수 a의 값을 구하시오.

(1) 무리함수 $y=3\sqrt{x}$의 그래프를 x축의 방향으로 a만큼 평행이동한 그래프의 식을 구하시오.

(2) $a<0$일 경우 함수 $y=f(x)$의 그래프와 그 역함수 $y=f^{-1}(x)$의 그래프가 서로 접할 수 있는지 판단하시오.

(3) 함수 $y=f(x)$의 그래프와 그 역함수 $y=f^{-1}(x)$의 그래프가 서로 접한다면 $y=f(x)$의 그래프는 직선 $y=x$와 접하는지 판단하시오.

6 문제 **5**를 통하여 알게 된 내용으로 빈칸을 채워 다음 풀이를 완성하시오.

대표
문항
함수 $y=f(x)$의 그래프는 무리함수 $y=3\sqrt{x}$의 그래프를 x축의 방향으로 a만큼 평행이 동한 것이다. 함수 $y=f(x)$의 그래프와 그 역함수 $y=f^{-1}(x)$의 그래프가 서로 접할 때, 상수 a의 값을 구하시오.

**개념
연결**

무리함수 $y=3\sqrt{x}$의 그래프를 x축의 방향으로 a만큼 평행이동한 그래프의 식은

$\boxed{}$

이므로 $f(x)=\boxed{}$이다.

만일 $a\boxed{}0$이면 함수 $y=f(x)$의 그래프와 그 역함수 $y=f^{-1}(x)$의 그래프는 서로 접할 수 없으므로 $a\boxed{}0$이다.

함수 $y=f(x)$의 그래프와 그 역함수 $y=f^{-1}(x)$의 그래프가 서로 접한다면 그림과 같이 접하는 위치는 제1사분면이고 $y=f(x)$의 그래프는 직선 $\boxed{}$와도 접한다.

접하는 두 도형의 방정식 $\boxed{}$와 $\boxed{}$를 연립하면

$\boxed{}$

양변을 제곱하면

$9(x-a)=x^2$에서 $x^2-9x+9a=0$

이 이차방정식의 판별식을 D라 하면

$D=81-36a=0$에서 $a=\boxed{}$

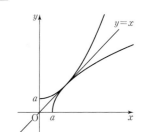

01

다음은 유리식을 계산하는 과정이다. 실수 a, b, c, d 의 값을 구하시오.

$$\frac{2x+2}{x-1}-\frac{2x-1}{x+1}=\left(2+\frac{a}{x-1}\right)-\left(2+\frac{b}{x+1}\right)$$
$$=\frac{cx+d}{(x-1)(x+1)}$$

02

함수 $y=\dfrac{2}{x}$의 그래프를 x축의 방향으로 a만큼, y축의 방향으로 b만큼 평행이동했더니 함수 $y=\dfrac{3x-4}{x-2}$의 그래프와 일치했다. 두 상수 a, b의 값을 구하시오.

03

다음 유리함수의 그래프 중에서 평행이동하면 일치하는 것을 보기 에서 모두 찾고, 그 이유를 설명하시오.

보기

ㄱ. $y=\dfrac{1}{x}$ ㄴ. $y=\dfrac{x+2}{x}$ ㄷ. $y=\dfrac{2}{x-1}$

ㄹ. $y=\dfrac{3x-1}{x-1}$ ㅁ. $y=\dfrac{x+6}{x+5}$ ㅂ. $y=\dfrac{2}{x}$

04

유리함수 $y=\dfrac{k}{x-p}$ $(k>0)$의 그래프가 지나는 사분면을 모두 찾으시오. (단, p, k는 상수)

05

함수 $y = \dfrac{k}{x-2} + 3 \, (k \neq 0)$의 그래프에 대하여 다음 물음에 답하시오. (단, k는 상수)

(1) 정의역과 치역을 구하시오.

(2) 점근선의 방정식을 구하시오.

(3) 위 유리함수의 그래프가 점대칭도형이자 선대칭도형일 때, 점대칭의 중심과 선대칭의 대칭축의 방정식을 각각 구하시오.

(4) $|k|$의 값이 변할 때, 함수의 그래프의 변화를 설명하시오.

(5) k의 값의 부호에 따른 함수의 증가와 감소를 설명하시오.

06

무리식 $\dfrac{\sqrt{x-2}}{\sqrt{x-2}+\sqrt{x-3}} + \dfrac{\sqrt{x-3}}{\sqrt{x-2}-\sqrt{x-3}}$ 에 대하여 다음 물음에 답하시오.

(1) 무리식의 값이 실수가 되기 위한 x의 값의 범위를 구하시오.

(2) 함수 $y = \dfrac{\sqrt{x-2}}{\sqrt{x-2}+\sqrt{x-3}} + \dfrac{\sqrt{x-3}}{\sqrt{x-2}-\sqrt{x-3}}$ 의 치역을 구하시오.

07

무리함수 $y = \sqrt{-2x+3} + a$의 그래프가 점 $(-3, -1)$을 지날 때, 정의역과 치역을 구하시오.

08

무리함수 $y=\sqrt{ax}+b$의 정의역과 치역을 구하시오.

(단, a, b는 상수)

09

함수 $y=\sqrt{ax+3}+4$의 그래프는 $y=\sqrt{-x}$의 그래프를 x축의 방향으로 b만큼, y축의 방향으로 c만큼 평행이동한 것이다. 이때 상수 a, b, c의 값을 구하시오.

10

$-2\leq x\leq 6$에서 함수 $f(x)=-\sqrt{x+3}+a$의 최댓값을 M, 최솟값을 m이라 하자. $Mm=-1$일 때, 상수 a, M, m의 값을 구하시오.

11

유리함수 $y=\dfrac{bx+c}{x+a}$의 그래프가 그림과 같을 때, 상수 a, b, c의 값을 각각 구하시오.

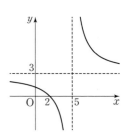

12

유리함수 $y=\dfrac{k}{x}$의 그래프는 원점에 대하여 대칭이다.
지은이가 '유리함수 $y=\dfrac{k}{x-p}+q$의 그래프는 점
$(p,\,q)$에 대하여 대칭이다'라고 주장한다면, 지은이의
주장이 타당한지 판단하고, 그 이유를 쓰시오.

13

상수 k에 대하여 정의역이 $\{x\,|\,2\leq x\leq 6\}$인 함수
$y=\sqrt{2x-k}+1$의 최솟값이 2일 때, 이 함수의 최댓
값을 구하시오.

14

함수 $y=\sqrt{a(x-2)}\,(a>0)$의 그래프와 함수
$y=\sqrt{6-x}$의 그래프가 만나는 점을 A라 하자. 원점
O와 점 B$(6,\,0)$에 대하여 삼각형 AOB의 넓이가 3
일 때, 상수 a의 값을 구하시오.

15

함수 $y=\sqrt{a(x+1)}-3$의 그래프가 $2\leq x\leq 5$에서
정의된 함수 $y=\dfrac{-2x+4}{x-1}$와 한 점에서 만나도록 하
는 상수 a의 값의 범위를 구하시오.

01

집합 $X=\{-1, 0, 1\}$에서 집합 $Y=\{1, 2, 3, 4, 5\}$로의 함수인 것을 모두 고르시오.

① $y=x+1$ ② $y=x+2$

③ $y=|x|+1$ ④ $y=x^2$

02

정의역이 $X=\{1, 2, 3, 4, 5\}$이고, 공역이 $Y=\{1, 3\}$인 함수의 그래프가 다음과 같을 때 이 함수가 일대일대응인지 판단하고, 그 이유를 쓰시오.

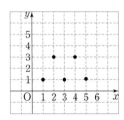

03

집합 $X=\{1, 2, 3, 4, 5\}$에 대하여 X에서 X로의 두 함수 f, g가 각각 그림과 같을 때, $(f \circ g)^{-1}(3)$의 값을 구하시오.

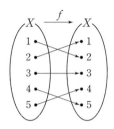
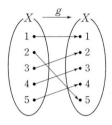

04

두 함수 $f(x)$, $g(x)$에 대하여

$$(g \circ f)(x)=3x-1, \quad f^{-1}(3)=5$$

일 때, $g(3)$의 값을 구하시오.

05

두 집합
$$A = \{-2,\ -1,\ 0,\ 1,\ 2,\ 3\},$$
$$B = \{-1,\ 0,\ 1,\ 2,\ 3,\ 4\}$$
에 대하여 집합 A에서 B로의 두 함수 $y=f(x)$,
$y=g(x)$의 그래프가 각각 그림과 같을 때,
$(g \circ f)(-1) + (f \circ g)^{-1}(3)$의 값을 구하시오.

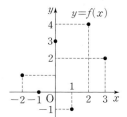
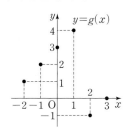

06

X에서 Y로의 함수 f가
그림과 같을 때
$$(g \circ f)(x) = x$$
를 만족하는 함수
$g : Y \longrightarrow X$의 개수를
구하시오.

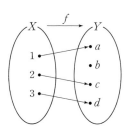

07

그림은 두 함수 $f : X \longrightarrow Y$, $g : Y \longrightarrow Z$를 나타낸 것이다. $g^{-1}(3)+(g \circ f)(4)$의 값을 구하시오.

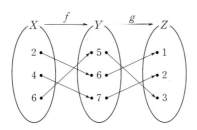

08

두 함수 $f(x)=2x-3$, $g(x)=-x+4$에 대하여 $(f \circ g^{-1})^{-1}(3)+(g \circ (f \circ g)^{-1})(-1)$의 값을 구하시오.

09

집합 $X=\{1, 2, 3, 4\}$에 대하여 함수 $f : X \longrightarrow X$가 그림과 같다. 함수 $g : X \longrightarrow X$의 역함수가 존재하고, $g(2)=3$, $g^{-1}(1)=3$, $(g \circ f)(2)=2$일 때, $g^{-1}(4)+(f \circ g)(2)$의 값을 구하시오.

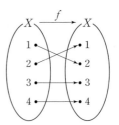

10

함수 $f(x)=(a+2)x+|x-1|$의 역함수가 존재하지 않도록 하는 상수 a의 최댓값을 M, 최솟값을 m이라 할 때, Mm의 값을 구하시오.

11

집합 $A=\{1, 2, 3, 4, 5\}$에 대하여 집합 A에서 집합 A로의 두 함수 $f(x), g(x)$가 있다. 두 함수 $y=f(x), y=(f \circ g)(x)$의 그래프가 각각 그림과 같을 때, $g(2)+(g \circ f)^{-1}(1)$의 값을 구하시오.

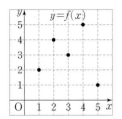 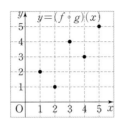

12

집합 $S=\{1, 2, 3, 4, 5\}$의 공집합이 아닌 부분집합 X와 집합 $Y=\{0, 1, 2\}$에 대하여 함수 $f : X \longrightarrow Y$에서 $f(n)$을 'n을 3으로 나눈 나머지'로 정의할 때, 함수 $f(n)$의 역함수가 존재하도록 하는 집합 X의 개수를 구하시오.

13

유리함수 $y=\dfrac{ax-1}{x+3}$의 그래프의 점근선의 방정식이 $x=b, y=-2$일 때, 두 상수 a, b의 값을 구하시오.

14

$2 \leq x \leq 3$에서 부등식 $mx+1 \leq \dfrac{x+1}{x-1} \leq nx+1$이 항상 성립할 때, 상수 m의 최댓값과 상수 n의 최솟값을 구하시오.

15

유리함수 $f(x) = \dfrac{ax-2}{x+b}$에 대하여 $f(2) = 4$이고,
직선 $y = x + 2$가 곡선 $y = f(x)$의 두 점근선의 교점
을 지날 때, 상수 a, b의 값을 구하시오.

16

유리함수 $y = \dfrac{x+p}{x+q}$의
그래프가 그림과 같을
때, 상수 p, q의 값을
구하시오.

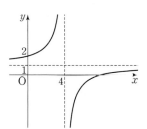

17

유리함수 $y = \dfrac{2x+a}{x-2}$의 그래프가 모든 사분면을 지
나도록 하는 정수 a의 최솟값을 구하시오.

18

그림과 같이 원점을 지나는 직선 l과 함수 $y=\dfrac{2}{x}$의 그래프가 두 점 P, Q에서 만난다. 점 P를 지나고 x축에 수직인 직선과 점 Q를 지나고 y축에 수직인 직선이 만나는 점을 R라 할 때, 삼각형 PQR의 넓이를 구하시오.

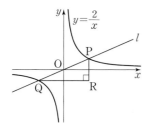

19

두 함수 $f(x)=\dfrac{3x-1}{x+2}$, $g(x)=-\sqrt{2x+3}-1$에 대하여 $(g^{-1}\circ f)(-1)$의 값을 구하시오.

20

두 무리함수 $y=\sqrt{x+4}$, $y=\sqrt{x+4}+3$의 그래프와 두 직선 $x=0$, $x=5$로 둘러싸인 도형의 넓이를 구하시오.

21

함수 $f(x)=\dfrac{1}{4}x^2+2a\,(x\geq0)$의 역함수를 $g(x)$라 할 때, 두 함수 $y=f(x)$와 $y=g(x)$의 그래프의 두 교점 사이의 거리는 $2\sqrt{2}$이다. 상수 a의 값을 구하시오.

22

무리함수 $y=\sqrt{x+a}+b$의 그래프가 점 $(5, 5)$를 지나고, 이 함수의 역함수의 그래프가 점 $(4, 2)$를 지날 때, 두 상수 a, b의 값을 구하시오.

23

무리함수 $f(x)=\sqrt{-2x+a}+1$의 역함수를 $g(x)$라 하자. $f(2)=1$이고 $g(b)=0$일 때, 상수 a, b의 값을 구하시오.

24

무리함수 $y=\sqrt{16-4x}$의 그래프와 그 역함수의 그래프의 교점의 개수를 구하시오.

25

함수 $y=\dfrac{1}{4}x^2\,(x\geq0)$의 역함수는 $y=\sqrt{4x}$임을 이용하여 함수 $f(x)=\begin{cases}\dfrac{1}{4}x^2\,(x\geq0)\\\sqrt{-4x}\,(x<0)\end{cases}$ 의 그래프와 직선 $x-5y+39=0$이 두 점 $\mathrm{A}(6,\,9)$, $\mathrm{B}(-9,\,6)$에서 만날 때, 그림과 같이 주어진 함수 $f(x)$의 그래프와 직선으로 둘러싸인 부분의 넓이를 구하시오.

(단, O는 원점이다.)

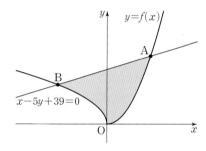

VI 모든 경우를 합리적으로 세는 방법은?

경우의 수	1 나열하기
	2 순열과 조합

학습 목표 합의 법칙과 곱의 법칙을 이해하고, 이를 이용하여 경우의 수를 구할 수 있다.
순열의 뜻을 알고, 순열의 수를 구할 수 있다.
조합의 뜻을 알고, 조합의 수를 구할 수 있다.

네 감사해요. 박사님. 그렇다면...
나머지 두 버튼 중 하나를 골라야 하니까.

경우의 수는 2!
두 번의 기회라면 폭탄을 해제할 수 있어!

① 나열하기

기억 1 | 사건, 경우의 수

- **사건**: 동일한 조건에서 여러 번 반복할 수 있는 실험이나 관찰에 의하여 나타나는 결과
- **경우의 수**: 사건이 일어나는 가짓수

1 1부터 9까지의 자연수가 하나씩 적힌 9장의 카드 중에서 하나를 뽑을 때, 9의 약수가 적힌 카드가 나오는 경우의 수를 구하시오.

2 한 주사위를 두 번 던질 때, 첫 번째는 짝수의 눈이, 두 번째는 홀수의 눈이 나오는 경우를 모두 나열하시오.

기억 2 | 사건 A 또는 사건 B가 일어나는 경우의 수

- 사건 A와 사건 B가 동시에 일어나지 않을 때, 사건 A가 일어나는 경우의 수가 m이고, 사건 B가 일어나는 경우의 수가 n이면

    (사건 A 또는 사건 B가 일어나는 경우의 수)$=m+n$

3 서로 다른 주사위 2개를 동시에 던질 때, 나오는 눈의 수의 합이 4 또는 7인 경우의 수를 구하시오.

4 어느 자동차 판매점에 가솔린차 3대, 수소차 2대, 전기차 4대가 전시되어 있다. 이 중에서 수소차 한 대 또는 전기차 한 대를 선택하는 경우의 수를 구하시오.

5 서현이는 카페에서 5종류의 음료와 4종류의 케이크 중 하나를 고르려고 한다. 서현이가 고를 수 있는 모든 경우의 수를 구하시오.

<table>
<tr><td>기억 3</td><td>사건 A와 사건 B가 동시에 일어나는 경우의 수</td></tr>
</table>

• 사건 A가 일어나는 경우의 수가 m이고, 그 각각에 대하여 사건 B가 일어나는 경우의 수가 n이면

  (사건 A와 사건 B가 동시에 일어나는 경우의 수)$=m \times n$

6 1부터 4까지의 자연수가 하나씩 적힌 4장의 카드 중에서 동시에 2장을 뽑아 만들 수 있는 두 자리 자연수의 개수를 구하시오.

7 견우와 직녀가 가위바위보 게임을 한 번 할 때, 일어날 수 있는 모든 경우의 수를 구하시오.

01 나열하기

|탐구하기 1|

01 모든 경우를 빠짐없이, 중복되는 것 없이 효과적으로 나열하는 방법을 찾아보려고 한다. 다음 물음에 답하시오.

(1) 1부터 4까지의 수가 하나씩 적힌 4장의 카드가 있다. 이 중에서 3장을 뽑아 만들 수 있는 세 자리 자연수를 작은 수부터 차례로 모두 나열하고, 이때 324는 몇 번째 수인지 쓰시오.

(2) 문자 A, B, C, D를 배열하여 만들 수 있는 네 자리 비밀번호를 모두 나열하시오.
(단, 각 문자는 한 번씩만 사용한다.)

(3) 모든 경우가 빠짐없이 중복되지 않게 나열되었는지 확인할 수 있는 방법을 쓰시오.

나의 생각	모둠에서 생각 나누기

02 1부터 7까지의 자연수가 하나씩 적힌 공 7개가 들어 있는 주머니에서 4개의 공을 동시에 꺼낼 때, 꺼낸 공에 적힌 수 중 가장 작은 수와 가장 큰 수의 합이 8이 되는 경우를 모두 나열하시오.

01 A 주머니에는 빨간색 공 1개, 흰색 공 1개가 들어 있고, B 주머니
에는 검은색 공 1개, 흰색 공 1개, 빨간색 공 1개가 들어 있다. 동전
을 던져서 앞면이 나오면 A 주머니, 뒷면이 나오면 B 주머니를 선
택하여 공을 하나 꺼낸 다음, 원래의 주머니에 다시 넣고 그 주머니
에서 다시 공을 하나 꺼낼 때, 다음 물음에 답하시오.

(1) 일어날 수 있는 결과를 모두 나열하시오.

(2) (1)에서 가능한 모든 경우를 나열했는지 확인할 수 있는 방법을 쓰시오.

(3) 다음 보기 와 같이 그림을 이용하여 경우의 수를 구하는 문제를 만들고, 그 경우의 수를 구하시오.

보기

문제 **01**과 동일한 조건에서 꺼낸 공을 주머니에 다시 넣지 않을 때, 일어날 수 있는 모든 경우를
빠짐없이 나열하시오.

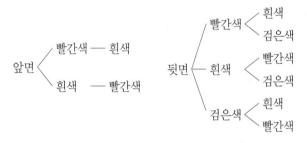

개념정리

경우의 수를 빠짐없이 중복되지 않게 나열하기 위해서는 다음과 같은 방법을 사용한다.
(1) **사전식 배열**: 수나 문자를 나열할 때 수는 작은 수부터 차례로, 문자는 알파벳순으로 차례로 나
열한다.
(2) **수형도**: 어떤 사건이 일어나는 모든 경우를 나뭇가지가 뻗어 나가는 모양으로 그린 그림

02 합의 법칙과 곱의 법칙

|탐구하기 1|

01 또오기 여행사에서는 관광객에게 미니어처 상품을 증정하는 행사를 진행 중이다. 미니어처 상품의 종류와 그에 해당하는 상품이 아래와 같을 때, 다음 물음에 답하시오.

건축물	문화 예술품
첨성대, 석굴암	하회탈, 에밀레종, 상평통보

(1) 건축물을 미니어처 상품으로 증정하는 경우는 몇 가지인지 구하시오.

(2) 문화 예술품을 미니어처 상품으로 증정하는 경우는 몇 가지인지 구하시오.

(3) 각 관광객에게 미니어처 상품을 하나만 증정하는 모든 경우의 수를 구하시오.

02 5개의 숫자 0, 1, 2, 3, 4 중에서 서로 다른 3개를 택하여 만들어지는 세 자리의 짝수를 모두 나열하고 그 개수를 구하시오.

03 두 사건 A, B가 동시에 일어나지 않을 때, 사건 A가 일어나는 경우의 수를 m, 사건 B가 일어나는 경우의 수를 n이라 하면 사건 A 또는 사건 B가 일어나는 경우의 수는 $m+n$임을 설명하시오.

04 지현이와 하연이는 둘이 합해서 이벤트 상품을 3개까지 받을 수 있다고 한다. 상품은 모두 같은 것이고 원하지 않으면 상품을 받지 않아도 된다고 할 때, 지현이와 하연이가 상품을 받는 경우의 수를 구하시오.

|탐구하기 2|

01 |탐구하기 1|의 문제 **01**에서 각 관광객에게 미니어처 상품을 건축물, 문화 예술품 중에서 각각 하나씩 선택하여 증정하는 경우를 수형도로 나타내고, 모든 경우의 수를 구하시오.

02 어느 여행사에서 경주의 불국사, 포석정, 월정교를 돌아보는 코스를 구성하려고 한다. 가능한 코스를 모두 나열하고, 모든 경우의 수를 구하시오.

03 사건 A가 일어나는 경우의 수가 m이고, 그 각각에 대하여 사건 B가 일어나는 경우의 수가 n일 때, 두 사건 A, B가 동시에(잇달아) 일어나는 경우의 수는 $m \times n$임을 설명하시오.

04 세 자리 자연수 중에서 백의 자리의 수는 짝수, 십의 자리의 수는 소수, 일의 자리의 수는 홀수인 것의 개수를 구하시오.

01 수찬이네 가족이 놀이공원에서 4가지의 놀이 기구를 이용하는데, 테마별로 1가지 이상의 놀이 기구를 타는 경우의 수를 구하려고 한다. 다음 물음에 답하시오.

(단, 타는 순서는 고려하지 않고 같은 놀이 기구를 중복해서 타지 않는다.)

테마	마법의 나라	환상의 나라	모험의 나라
놀이 기구	우주 관람차 날아라 비행기	회선목마 범퍼카 후룸라이드	바이킹 롤러코스터 자이로드롭

(1) 마법의 나라 놀이 기구 중에서 1개, 환상의 나라 놀이 기구 중에서 1개, 모험의 나라 놀이 기구 중에서 2개를 타는 경우의 수를 구하시오.

(2) 마법의 나라 놀이 기구 중에서 1개, 환상의 나라 놀이 기구 중에서 2개, 모험의 나라 놀이 기구 중에서 1개를 타는 경우의 수를 구하시오.

(3) 마법의 나라 놀이 기구 중에서 2개, 환상의 나라 놀이 기구 중에서 1개, 모험의 나라 놀이 기구 중에서 1개를 타는 경우의 수를 구하시오.

(4) (1)~(3)의 3가지 경우 이외에 또 다른 경우가 있는지 찾아보시오.

(5) 수찬이네 가족이 테마별로 1가지 이상의 놀이 기구를 선택하여 4가지 놀이 기구를 탈 수 있는 모든 경우의 수를 구하시오.

02 우주 관람차에는 앞줄에 2개, 뒷줄에 3개의 의자가 있다. 아버지, 어머니, 누나, 수찬, 막내 등 수찬이네 가족 5명이 모두 우주 관람차를 탈 때, 막내가 어머니 옆에 앉는 경우의 수를 구하려고 한다. 다음 물음에 답하시오.

(1) 어머니와 막내가 앞줄에 앉는 경우의 수를 구하시오.

(2) 어머니와 막내가 뒷줄에 앉는 경우의 수를 구하시오.

(3) (1)~(2)의 2가지 경우 이외에 또 다른 경우가 있는지 찾아보시오.

(4) 수찬이네 가족 5명이 우주 관람차 의자에 앉을 때, 막내가 엄마 옆에 앉는 모든 경우의 수를 구하시오.

> **개념정리**
>
> • 일반적으로 동시에 일어나지 않는 두 사건 A와 B에 대하여 사건 A가 일어나는 경우의 수가 m 이고, 사건 B가 일어나는 경우의 수가 n일 때
> (사건 A 또는 사건 B가 일어나는 경우의 수)$=m+n$이고 이를 합의 법칙이라 한다.
> • 사건 A가 일어나는 경우의 수가 m이고, 그 각각에 대하여 사건 B가 일어나는 경우의 수가 n 일 때
> (두 사건 A, B가 동시에 일어나는 경우의 수)$=m \times n$이고 이를 곱의 법칙이라 한다.

1 주어진 문제를 보고 다음 물음에 답하시오.

> **대표문항**
>
> 5명의 수험생에게 5장의 수험표를 임의로 나누어 줄 때, 아무도 본인의 수험표를 받지 못하는 경우의 수를 구하시오.

개념연결

(1) 1번 수험생이 받을 수 있는 수험표는 몇 가지인지 구하시오.

(2) 1번 수험생이 2번 수험표를 받았을 때, 2번 수험생이 받을 수 있는 수험표는 몇 가지인지 구하시오.

(3) 1번 수험생이 2번 수험표를 받을 때, 나머지 수험생이 수험표를 받을 수 있는 경우의 수형도를 그리시오.

(4) 1번 수험생이 3번 수험표를 받을 때, 나머지 수험생이 수험표를 받을 수 있는 경우의 수를 구하시오.

2 문제 **1**을 통하여 알게 된 내용으로 빈칸을 채워 다음 풀이를 완성하시오.

**대표
문항**

5명의 수험생에게 5장의 수험표를 임의로 나누어 줄 때, 아무도 본인의 수험표를 받지 못하는 경우의 수를 구하시오.

**개념
연결**

1번 수험생이 받을 수 있는 수험표는 ☐가지이다. 수험생을 ①, ②, ③, ④, ⑤라 하고 각 수험생의 수험표를 ⓵, ⓶, ⓷, ⓸, ⓹라 하여 수형도를 그려 보면

(i) 1번 수험생이 2번 수험표를 받을 때,

(i-1) 2번 수험생이 1번 수험표를 받는 경우

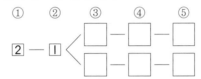

(i-2) 2번 수험생이 3번 수험표를 받는 경우

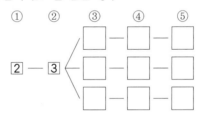

2번 수험생이 4번이나 5번 수험표를 받을 수 있는 가능성도 (i-2)와 똑같으므로 2번 수험생이 3, 4, 5번 수험표를 받는 경우의 수는

이상에서 1번 수험생이 2번 수험표를 받을 수 있는 경우의 수는 ☐+☐=☐이다.

(ii) 1번 수험생이 3, 4, 5번 수험표를 받을 수 있는 경우도 (i)과 똑같으므로 각각 ☐가지씩이다. 이상에서 구하는 경우의 수는

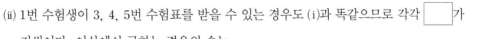

3 주어진 문제를 보고 다음 물음에 답하시오.

> 대표
> 문항 800의 양의 약수를 모두 구하시오.

(1) 800의 약수는 800을 나누어떨어지게 하는 수이다. 160은 800의 약수인지 쓰시오.

(2) $800 = a^m \times b^n$일 때, 소수 a, b를 구하시오. (단, $a < b$)

(3) 800의 약수가 a, b 이외의 소인수를 가질 수 있는지 쓰시오.

(4) a^{m+1}이나 b^{n+2}는 800의 약수인지 쓰시오.

4 문제 3을 통하여 알게 된 내용으로 빈칸을 채워 다음 풀이를 완성하시오.

대표
문항 800의 양의 약수를 모두 구하시오.

개념
연결

800을 소인수분해하면 800=□이므로 800은 □ 또는 □ 이외의 소인수를 가진 수로 나누어떨어지지 않는다. 그러므로 800의 약수는 반드시 □ 또는 □만을 소인수로 가진다.

어떤 수가 □^{p}×□^{q}라 할 때 $p \geq$ □이면 800은 이 수로 나누어떨어지지 않으므로 $p \geq$ □인 □^{p}×□^{q}은 800의 약수가 아니다. 마찬가지로 $q \geq$ □인 □^{p}×□^{q}도 800의 약수가 아니다.

그러므로 $0 \leq p \leq$ □, $0 \leq q \leq$ □이고 가능한 정수 p의 개수는 □, 정수 q의 개수는 □이다.

따라서 800의 약수의 개수는 곱의 법칙에 의하여

$6 \times 3 = 18$

이고, 모든 약수는 다음과 같이 표를 이용하여 구할 수 있다.

	1					
1	1×1					

5 주어진 문제를 보고 다음 물음에 답하시오.

> **대표 문항**
>
> 그림과 같이 사각형을 구분하여 생긴 5개 영역에 서로 다른 4가지 색을 적어도 한 번씩은 사용하여 칠할 때, 인접한 부분을 서로 다른 색으로 칠하는 모든 경우의 수를 구하시오.

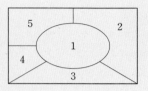

(1) 4가지 색을 5개 영역에 칠할 때, 1가지 색을 2개 이상의 영역에 칠하는 경우가 존재하는지 설명하시오.

(2) 영역 1에 칠할 수 있는 경우의 수를 구하시오.

(3) 같은 색을 두 영역에 칠하는 경우 영역 2, 3, 4, 5 중에서 어느 영역을 칠할 수 있는지 설명하시오.

(4) 같은 색을 세 영역에 칠하는 경우 영역 2, 3, 4, 5 중에서 어느 영역을 칠할 수 있는지 설명하시오.

(5) 같은 색을 두 영역에 칠하는 경우, 나머지 영역을 칠하는 경우의 수를 구하시오.

6 문제 **5**를 통하여 알게 된 내용으로 빈칸을 채워 다음 풀이를 완성하시오.

그림과 같이 사각형을 구분하여 생긴 5개 영역에 서로 다른 4가지 색을 적어도 한 번씩은 사용하여 칠할 때, 인접한 부분을 서로 다른 색으로 칠하는 모든 경우의 수를 구하시오.

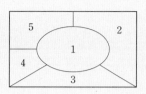

개념 연결

영역의 수는 5이고 색의 수는 4이므로 1가지 색을 2개 이상의 영역에 칠하는 경우가 반드시 존재한다.

그런데 1가지 색을 세 영역에 칠하면 남은 두 영역에 칠해야 하는 색이 3가지이므로 칠할 수 없는 색이 존재한다.

그러므로 1가지 색을 세 영역에 칠하는 경우는 없다.

(ⅰ) 영역 1에 칠할 수 있는 경우의 수는 ☐ 이다.

영역 1에 칠한 색을 A라 하면 A는 다른 영역에 칠할 수 없다.

(ⅱ) 남은 네 영역 2, 3, 4, 5를 3가지 색 B, C, D로 칠할 때 두 영역에 칠하는 색을 고르는 경우의 수는 ☐ 이다.

(ⅲ) 두 영역에 칠하는 색을 B라 하면 B는 영역 ☐ , ☐ 또는 영역 ☐ , ☐ 에 칠하는 ☐ 가지 경우가 있다.

(ⅳ) B를 영역 ☐ , ☐ 에 칠할 경우 남은 색 C, D로 3과 5를 칠하는 경우의 수는 $2 \times 1 = 2$이다.

B를 영역 ☐ , ☐ 에 칠하는 경우도 마찬가지로 ☐ 가지이다.

이상에서 (ⅰ) 각각에 대하여 (ⅱ)의 경우가 일어나고, (ⅰ)~(ⅱ) 각각에 대하여 (ⅲ)의 경우가 일어나고, (ⅰ)~(ⅲ) 각각에 대하여 (ⅳ)의 경우가 일어나므로 (ⅰ)~(ⅳ)가 동시에 일어나는 경우의 수는 ☐ 의 법칙에 의하여

☐

01

5개의 문자 A, B, C, D, E 중에서 서로 다른 3개의 문자로 문자열을 만들고 사전식으로 배열할 때, DBE는 몇 번째에 나오는지 구하시오.

03

$a+b$가 10 이하의 4의 배수가 되는 두 자연수 a, b의 순서쌍 (a, b)의 개수를 구하시오.

02

5개의 숫자 0, 1, 2, 3, 4 중에서 서로 다른 3개의 숫자로 세 자리 자연수를 만들 때, 3의 배수를 빠짐없이 중복되지 않게 나열하시오.

04

어느 고등학교 축구팀의 유니폼은 상의 4종류와 하의 2종류이다. 이 축구팀 선수가 상의, 하의를 각각 하나씩 선택하여 입는 경우의 수를 구하시오.

05

1부터 9까지의 번호가 각각 적힌 크기와 모양이 같은 공 9개가 들어 있는 주머니에서 차례로 하나씩 3개의 공을 임의로 꺼낼 때, 첫 번째 나온 공에 적힌 수를 백의 자리, 두 번째 나온 공에 적힌 수를 십의 자리, 세 번째 나온 공에 적힌 수를 일의 자리로 하는 세 자리 자연수의 개수를 다음 상황에 따라 구하시오.

(1) 꺼낸 공을 다시 주머니에 넣을 때
(2) 꺼낸 공을 다시 주머니에 넣지 않을 때

06

6개의 숫자 1, 2, 3, 4, 5, 6을 한 번씩만 사용하여 만들 수 있는 여섯 자리 자연수 중에서 일의 자리의 수와 백의 자리의 수가 모두 3의 배수인 자연수의 개수를 구하시오.

07

1학년 학생 5명, 2학년 학생 3명, 3학년 학생 4명으로 이루어진 동아리에서 임의로 3명의 대표를 뽑을 때, 학년별로 각각 1명씩 뽑는 방법의 수를 구하시오.

08

대성이네 마을에는 버스 정거장이 4개 있다. 정거장 A, B, C, D가 그림과 같이 연결되어 있을 때, 버스가 정거장 A를 출발하여 정거장 D로 가는 모든 경우의 수를 구하시오. (단, 버스는 같은 정거장을 두 번 이상 지나지 않는다.)

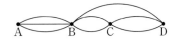

09

지효가 수학 수행평가 보고서 표지에 들어가는 머리말, 제목, 이름의 글꼴을 다음 표에서 하나씩 선택하여 작성할 때, 글꼴이 모두 다른 경우의 수를 구하시오.

구분	글꼴
머리말	궁서체, 굴림체, 바탕체
제목	궁서체, 굴림체, 바탕체, 돋움체, 신명조, 견고딕
이름	돋움체, 신명조, 견고딕

10

지수는 좋아하는 숫자인 0, 3, 7만 사용하여 건강 상태 자가 진단앱에 접속하기 위한 네 자리 비밀번호를 정하려고 한다. 0, 3, 7로 만들 수 있는 비밀번호를 빠짐없이 모두 나열하고, 나열한 방법을 설명하시오. (단, 0, 3, 7을 각각 적어도 한 번씩은 사용한다.)

11

시각 장애인을 위한 문자 체계의 하나인 브라유 점자 체계는 그림과 같이 6개의 점으로 구성되어 있으며, 이 중에서 볼록하게 튀어나온 점들의 개수와 위치로 한 문자가 결정된다. 이때, 적어도 하나의 점은 튀어나와야 한다. 브라유 점자 체계에서 표현 가능한 문자의 개수를 구하시오.

12

500원짜리 동전 1개, 100원짜리 동전 6개, 10원짜리 동전 2개가 있다. 이 동전을 일부 또는 전부 사용하여 지불할 수 있는 방법의 수를 a, 지불할 수 있는 금액의 수를 b라 할 때, a, b의 값을 구하시오.

13

어느 고등학교에서 방학 중 방과후학교 강좌를 다음과 같이 개설했다. 어떤 학생이 국어, 수학, 영어 세 과목을 각각 한 시간씩 수강하려고 할 때, 그 방법의 수를 구하시오.

시간	국어	수학	영어
1교시	○	○	×
2교시	○	×	○
3교시	○	○	○
4교시	×	○	○
○: 개설, ×: 미개설			

14

한 주사위를 세 번 던져서 나온 눈의 수를 차례로 x, y, z라 할 때, $x+2y+3z=15$를 만족시키는 순서쌍 (x, y, z)의 개수를 구하시오.

15

각 자리의 수가 서로 다른 세 자리 자연수를 작은 수부터 차례로 나열할 때, 150번째 수를 구하시오.

② 순열과 조합

기억 1 | 경우의 수, 나열하기

- **경우의 수**: 사건이 일어나는 가짓수

경우의 수를 빠짐없이 중복되지 않게 나열하기 위해서는 다음과 같은 방법을 사용한다.

- **사전식 배열**: 수나 문자를 나열할 때 수는 작은 수부터 차례로, 문자는 알파벳순으로 차례로 나열한다.

- **수형도**: 어떤 사건이 일어나는 모든 경우를 나뭇가지가 뻗어 나가는 모양으로 그린 그림

1 두 주사위를 동시에 던질 때, 눈의 수의 합이 10 이상인 경우를 나열하시오.

2 가은이와 나은이가 가위바위보 게임을 하여 한 번에 승부가 가려지는 경우를 나열하고, 그 경우의 수를 구하시오.

기억 2 | 합의 법칙

- 두 사건 A, B가 동시에 일어나지 않을 때, 사건 A가 일어나는 경우의 수가 m이고, 사건 B가 일어나는 경우의 수가 n이면 사건 A 또는 사건 B가 일어나는 경우의 수는 $m+n$이다.

3 주사위 한 개를 두 번 던졌을 때 나오는 두 눈의 수의 곱이 소수인 경우의 수를 구하시오.

4 $3 \leq x+y \leq 4$를 만족시키는 자연수 x, y의 순서쌍 (x, y)의 개수를 구하시오.

5 1부터 15까지의 숫자가 각각 하나씩 적힌 공 15개가 들어 있는 상자에서 한 개의 공을 꺼낼 때, 4의 배수 또는 5의 배수가 적힌 공이 나오는 경우의 수를 구하시오.

기억 3 곱의 법칙

- 사건 A가 일어나는 경우의 수가 m이고, 그 각각에 대하여 사건 B가 일어나는 경우의 수가 n일 때, 두 사건 A, B가 동시에 일어나는 경우의 수는 $m \times n$이다.

6 어느 가게에서 다음과 같이 만두와 찐빵을 판매할 때, 만두 한 개와 찐빵 한 개를 선택하는 방법의 수를 구하시오.

메뉴	만두	찐빵
	김치만두 고기만두 새우만두	단팥찐빵 호박찐빵

7 자연수 중에서 108의 양의 약수의 개수를 구하시오.

8 수현이는 등교할 때 전철역이 있는 A 지점을 반드시 거친다. 집에서 A 지점까지 가는 데 3개의 버스 노선이 있고, A 지점에서 학교까지 가는 데 2개의 지하철 노선이 있을 때, 수현이가 집에서 학교까지 왕복하는 방법의 수를 구하시오.

01 순열과 조합 구분하기

|탐구하기 1|

01 어느 고등학교 1학년 학생 200명이 일제 강점기를 주제로 하는 역사 프로젝트 활동의 일부로 서울 답사 체험 활동을 계획하고 있다. 아래 네 곳 중에서 두 곳을 선택하여 사전 조사를 할 때, 다음 물음에 답하시오.

1	2	3	4
서대문 형무소	경복궁	안중근 기념관	윤동주 문학관

(1) 네 곳 중에서 선택한 두 곳이 같은 학생들을 한 모둠으로 묶어서 사전 조사를 할 때, 최대 몇 개의 모둠을 만들 수 있는지 모든 경우를 나열하여 구하시오.

(2) 체험 활동 중에 같이 이동할 수 있도록 네 곳 중에서 선택한 두 곳을 방문하는 순서까지 같은 학생끼리 모아 한 모둠으로 묶을 때, 최대 몇 개의 모둠을 만들 수 있는지 구하시오.

02 문제 **01**의 (1)~(2)에서 만든 모둠에 대하여 다음에 물음에 답하시오.

(1) 곱의 법칙을 적용하면 보다 쉽게 경우의 수를 구할 수 있는 문제는 어느 것인지 찾고, 그 이유를 설명하시오.

(2) 모둠의 수가 <u>다른</u> 이유를 설명하시오.

일반적으로 서로 다른 n개에서 순서를 생각하지 않고 $r(r \le n)$개를 택하는 것을 n개에서 r개를 택하는 **조합**이라 하고, 이 조합의 수를 기호로 $_nC_r$와 같이 나타낸다. 또, 서로 다른 n개에서 $r(r \le n)$개를 택하여 일렬로 나열하는 것을 n개에서 r개를 택하는 **순열**이라 하고, 이 순열의 수를 기호로 $_nP_r$와 같이 나타낸다.

네 곳의 장소 중에서 방문할 두 곳을 선택하기만 하는 것은 4개에서 2개를 택하는 **조합**으로 $_4C_2 = 6$이고, 두 곳을 선택한 후 방문 순서까지 정하는 것은 4개에서 2개를 택하는 **순열**로 $_4P_2 = 12$라고 나타낸다.

|탐구하기 2|

01 다음 상황이 순열인지 조합인지 설명한 다음 기호 $_nP_r$나 $_nC_r$를 사용하여 나타내고, 경우의 수를 구하시오.

(1) 모둠원이 10명인 역사 프로젝트 모둠에서 모둠장 1명과 서기 1명을 정하는 경우의 수

(2) 모둠원이 10명인 역사 프로젝트 모둠에서 발표자 2명을 뽑는 경우의 수

(3) 5명의 모둠장이 참석한 회의에서 다른 사람과 빠짐없이 서로 한 번씩 악수할 때, 전체 악수의 수

(4) 똑같이 생긴 흰 바둑알 2개와 검은 바둑알 3개가 들어 있는 주머니에서 바둑알 하나를 꺼내는 경우의 수

02 문제 **01**과 같이 순열과 조합으로 구분할 수 있는 경우의 수 문제를 만들고, 해결 과정을 기호 $_nP_r$와 $_nC_r$를 사용하여 설명하시오.

02 순열과 조합의 수 구하기

개념정리

> 1부터 n까지 자연수를 차례로 곱한 것을 n의 계승이라 하고, 이것을 기호로 $n!$과 같이 나타낸다.
> 즉, $n! = n(n-1)(n-2) \times \cdots \times 3 \times 2 \times 1$이다. 그리고 $0! = 1$로 계산한다.

|탐구하기 1|

01 1부터 5까지의 숫자가 하나씩 적힌 5장의 카드를 한 번씩만 사용하여 다섯 자리 암호를 만들 때, 만들 수 있는 암호의 수를 구하는 과정을 설명하고 이를 기호 $n!$을 사용하여 표현하시오.

02 문제 **01**처럼 경우의 수를 다음과 같이 계승으로 표현할 수 있는 상황을 만들고, 그 값을 계산하시오.

(1) $5!$

(2) $6!$

(3) $7!$

(4) $1!$

03 다음 계산을 $n!$ 꼴로 표현하시오.

(1) $8 \times 7! =$

(2) $\dfrac{8!}{4} \times \dfrac{1}{2!} =$

04 다음 6명의 풀이를 보고 참, 거짓을 판단하여 그 이유를 설명하고, 거짓인 풀이는 바르게 고치시오.

(1) 소희: $3! \times 3! = 9!$

(2) 수찬: $\dfrac{6!}{3!} = 2!$

(3) 영은: $n! \times (n+1) = (n+1)!$

(4) 지수: $(n-1)! = \dfrac{n!}{n-1}$

(5) 민기: $10 \times 9 \times 8 \times 7 = \dfrac{10!}{3!}$

(6) 혜수: $\dfrac{n!}{m!} = n(n-1) \times \cdots \times (m+1)$

$$(\text{단, } n \geq m)$$

05 1부터 5까지의 숫자가 하나씩 적힌 5장의 카드를 한 번씩만 사용하여 암호를 만들 때, 다섯 자리의 암호를 만드는 경우의 수와 네 자리의 암호를 만드는 경우의 수를 구하고 두 수를 비교하시오.

┃탐구하기 2┃

01 가은, 나은, 다은이가 마카롱을 사려고 한다. 마카롱의 종류가 모두 5가지일 때, 다음 물음에 답하시오.

(1) 서로 다른 종류의 마카롱을 각자 하나씩 고를 때, 그 경우의 수를 곱셈의 형태로 나타내시오.

(2) (1)에서 나타낸 곱셈을 계승 $n!$을 이용하여 나타내시오.

(3) 나은이가 부모님에게 드릴 서로 다른 3개의 마카롱을 고를 때, (1)과의 차이를 생각하여 그 경우의 수를 곱셈과 나눗셈의 형태로 나타내시오.

(4) (3)에서 나타낸 식을 계승 $n!$을 이용하여 나타내시오.

02 가은, 나은, 다은이가 함께 길을 가던 중에 라은이를 만나 넷이 아이스크림을 먹으러 갔다. 아이스크림의 종류가 모두 31가지일 때, 다음 물음에 답하시오.

(1) 아이스크림을 각자 하나씩 고를 때 그 경우의 수를 계승 $n!$을 사용하여 나타내시오.
                    (단, 각자 다른 종류의 아이스크림을 고른다.)

(2) 다은이는 가족들에게 줄 아이스크림을 사려고 한다. 모두 4가지를 고를 때, 그 경우의 수를 계승 $n!$을 사용하여 나타내시오. (단, 아이스크림의 종류는 모두 다르다.)

03 문제 **02**와 같이 선택할 수 있는 경우의 수가 크면 계산이 어려울 수 있기 때문에 그 수를 직접 계산하지 않고 계승 $n!$을 사용하여 식으로 나타내는 것이 편리하다. 다음 물음에 답하시오.

(1) $_{10}\mathrm{P}_4$를 계승을 사용하여 나타내고 그 과정을 설명하시오.

(2) 서로 다른 n개에서 r개를 택하여 나열하는 순열의 수 $_n\mathrm{P}_r$를 계승을 사용하여 나타내고 그 과정을 설명하시오.

(3) 순열의 수 $_n\mathrm{P}_r$와 조합의 수 $_n\mathrm{C}_r$는 무슨 차이가 있는지 설명하시오.

(4) 서로 다른 n개에서 r개를 택하는 조합의 수 $_n\mathrm{C}_r$를 계승을 사용하여 나타내고 그 과정을 설명하시오.

개념정리

순열의 수

서로 다른 n개에서 r개를 뽑아 나열하는 순열의 수는

$$_{n}\mathrm{P}_{r}=n(n-1)(n-2)\times\cdots\times(n-r+1)$$

$$=\frac{n!}{(n-r)!}\ (\text{단, } 0<r\leq n)$$

- $_{n}\mathrm{P}_{n}=n!$
- $_{n}\mathrm{P}_{0}=\frac{n!}{(n-0)!}=\frac{n!}{n!}=1$

조합의 수

서로 다른 n개에서 r개를 택하는 조합의 수는

$$_{n}\mathrm{C}_{r}=\frac{_{n}\mathrm{P}_{r}}{r!}=\frac{n!}{r!(n-r)!}\ (\text{단, } 0\leq r\leq n)$$

- $_{n}\mathrm{C}_{n}=\frac{n!}{n!(n-n)!}=\frac{n!}{n!0!}=1$
- $_{n}\mathrm{C}_{0}=\frac{_{n}\mathrm{P}_{0}}{0!}=\frac{1}{1}=1$

04 문제 **03**에서 찾아낸 성질을 이용하여 다음 수를 다양한 방법으로 구하시오.

(1) $_{5}\mathrm{P}_{2}$

(2) $_{5}\mathrm{P}_{0}$

(3) $_{5}\mathrm{P}_{5}$

(4) $_{2}\mathrm{C}_{5}$

(5) $_{5}\mathrm{C}_{0}$

(6) $_{5}\mathrm{C}_{5}$

|탐구하기 3|

01 어느 뮤직 페스티벌에 모두 10팀이 참가하여 경연을 벌일 때, 다음 물음에 답하시오.

(1) 10팀 중에서 합격하는 2팀이 선발되는 경우의 수를 구하시오.

(2) 10팀 중에서 탈락하는 8팀이 정해지는 경우의 수를 구하시오.

(3) (1), (2) 각각의 경우의 수 사이의 관계에 대하여 알 수 있는 사실을 찾아 쓰시오.

(4) 참가팀과 합격팀의 수가 달라지더라도 $1 \leq r \leq n$일 때, 항상 $_nC_r = {_nC_{n-r}}$임을 설명하시오.

02 정호의 올해 목표는 고등학생 양궁대회에 대표 선수로 선발되는 것이다. 예선을 통하여 정호를 포함한 8명의 학생이 결선에 진출했고, 8명 중에서 3명의 학생만이 학교 대표로 선발될 때, 다음 물음에 답하시오.

(1) 정호가 3명의 학교 대표에 반드시 선발되는 경우의 수를 구하고, 그 과정을 설명하시오.

(2) 정호가 학교 대표에 선발되지 못하는 경우의 수를 구하고, 그 과정을 설명하시오.

(3) 8명 중에서 3명의 대표를 선발하는 경우의 수는 (1)과 (2)에서 구한 두 경우의 수의 합과 같은지 판단하고, 그 이유를 설명하시오.

03 희원이를 포함한 20명의 양궁 선수 중에서 학교 대표 13명을 선발하는 경우는 양궁 선수 희원이가 학교 대표로 선발되는 경우와 선발되지 않는 경우로 나누어 생각할 수 있다. 이 모든 경우의 수 사이의 관계를 조합의 수 $_nC_r$를 사용하여 식으로 나타내고, 각각의 경우의 수 사이의 관계에 대하여 알 수 있는 사실을 찾아 설명하시오.

04 $_nC_r = {}_{n-1}C_{r-1} + {}_{n-1}C_r \, (1 \leq r < n)$이 항상 성립함을 증명하시오.

개념정리

다음 등식이 항상 성립한다.

- $_nC_r = {}_nC_{n-r} \, (0 \leq r \leq n)$
- $_nC_r = {}_{n-1}C_{r-1} + {}_{n-1}C_r \, (1 \leq r < n)$

순열의 수

서로 다른 n개에서 r개를 뽑아 나열하는 순열의 수는

$$_n\mathrm{P}_r = n(n-1)(n-2) \times \cdots \times (n-r+1)$$

$$= \frac{n!}{(n-r)!} \ (\text{단}, \ 0 < r \leq n)$$

- $_n\mathrm{P}_n = n!$
- $_n\mathrm{P}_0 = \dfrac{n!}{(n-0)!} = \dfrac{n!}{n!} = 1$

조합의 수

서로 다른 n개에서 r개를 택하는 조합의 수는

$$_n\mathrm{C}_r = \frac{_n\mathrm{P}_r}{r!} = \frac{n!}{r!(n-r)!} \ (\text{단}, \ 0 \leq r \leq n)$$

- $_n\mathrm{C}_n = \dfrac{n!}{n!(n-n)!} = \dfrac{n!}{n!0!} = 1$
- $_n\mathrm{C}_0 = \dfrac{_n\mathrm{P}_0}{0!} = \dfrac{1}{1} = 1$

조합에 관한 등식

다음 등식이 항상 성립한다.

- $_n\mathrm{C}_r = {_n\mathrm{C}_{n-r}} \ (0 \leq r \leq n)$
- $_n\mathrm{C}_r = {_{n-1}\mathrm{C}_{r-1}} + {_{n-1}\mathrm{C}_r} \ (1 \leq r < n)$

개념과 문제의 연결

1 주어진 문제를 보고 다음 물음에 답하시오.

> **대표문항**
>
> 그림과 같은 정사각형 모양의 모눈에 각 선분의 교점이 12개 있을 때, 이들 12개의 점으로 만들 수 있는 직선의 개수를 구하시오.
>
>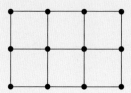

(1) 문제를 해결하기 위한 전략은 무엇인지 쓰시오.

(2) 어느 세 점도 일직선 위에 있지 않은 서로 다른 12개의 점으로 만들 수 있는 직선의 개수를 구하시오.

(3) 일직선 위에 있는 서로 다른 4개의 점으로 만들 수 있는 직선의 개수를 구하시오.

2 문제 **1**을 통하여 알게 된 내용으로 빈칸을 채워 다음 풀이를 완성하시오.

대표 문항

그림과 같은 정사각형 모양의 모눈에 각 선분의 교점이 12개 있을 때, 이들 12개의 점으로 만들 수 있는 직선의 개수를 구하시오.

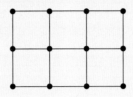

개념 연결

서로 다른 두 점을 지나는 직선은 하나이고 이 직선은 두 점을 택하는 순서에 무관하므로 조합이다. 따라서 12개의 점으로 만들 수 있는 직선의 개수는

 ...... ㉠

그런데 3개 이상의 점이 일직선 위에 있으면 이들 점에 의하여 만들어지는 직선은 하나뿐이므로 일직선 위에 3개 이상의 점으로 만들어지는 직선의 개수를 모두 구해야 한다.
3개 이상의 점이 일직선 위에 있는 경우는 가로, 세로, 대각선 방향의 3가지이고, 각각에서 ㉠에 포함된 직선의 개수는 다음과 같다.

(ⅰ) 가로 방향으로 일직선 위에 있는 4개의 점에서 2개의 점을 택하는 경우의 수는

이고, 가로 방향의 직선이 3개이므로 ☐ × ☐ = ☐ (개)가 있다.

(ⅱ) 세로 방향으로 일직선 위에 있는 3개의 점에서 2개의 점을 택하는 경우의 수는

이고, 세로 방향의 직선이 4개이므로 ☐ × ☐ = ☐ (개)가 있다.

(ⅲ) 대각선 방향으로 일직선 위에 있는 3개의 점에서 2개의 점을 택하는 경우의 수는

이고, 대각선 방향의 직선이 4개이므로 ☐ × ☐ = ☐ (개)가 있다.

그런데 (ⅰ), (ⅱ), (ⅲ)의 경우 직선이 하나씩은 만들어지므로 구하는 직선의 개수는

개념과 문제의 연결

3 주어진 문제를 보고 다음 물음에 답하시오.

> **대표 문항**
>
> 그림과 같이 4개의 가로 평행선과 6개의 세로 평행선이 서로 만날 때, 이들 평행선으로 만들 수 있는 평행사변형의 개수를 구하시오.

(1) 평행사변형의 정의를 쓰시오.

(2) 평행사변형 1개를 만들려면 각 평행선 중 어떤 선을 선택해야 하는지 설명하시오.

(3) 가로 평행선 4개 중에서 평행사변형을 만들기 위하여 필요한 선을 선택하는 경우의 수를 구하시오.

(4) 세로 평행선 6개 중에서 평행사변형을 만들기 위하여 필요한 선을 선택하는 경우의 수를 구하시오.

4 문제 **3**을 통하여 알게 된 내용으로 빈칸을 채워 다음 풀이를 완성하시오.

대표 문항

그림과 같이 4개의 가로 평행선과 6개의 세로 평행선이 서로 만날 때, 이들 평행선으로 만들 수 있는 평행사변형의 개수를 구하시오.

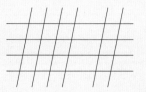

개념 연결

평행사변형은 [   ]한 사각형이다.

그러므로 4개의 가로 평행선 중에서 [ ]개, 6개의 세로 평행선 중에서 [ ]개를 각각 택하여 평행사변형을 만들어야 한다.

(i) 4개의 가로 평행선 중에서 [ ]개를 택하는 경우의 수는

[   ]

(ii) 6개의 세로 평행선 중에서 [ ]개를 택하는 경우의 수는

[   ]

(i), (ii)를 동시에 택할 때 평행사변형이 만들어지므로 구하는 개수는 [ ]의 법칙에 의하여

[   ]

개념과 문제의 연결

5 주어진 문제를 보고 다음 물음에 답하시오.

> **대표 문항** 6개의 자연수 1, 2, 3, 4, 5, 6을 한 번씩만 사용하여 여섯 자리의 자연수를 만들 때, 1 과 2 사이에 다른 숫자가 2개 이상 있는 자연수의 개수를 구하시오.

(1) 1과 2 사이에 다른 숫자가 2개 이상 있는 경우와 1개 이하 있는 경우를 조사하시오.

(2) 1, 2, 3, 4, 5, 6을 한 번씩만 사용하여 만들 수 있는 여섯 자리의 자연수의 개수를 구하시오.

(3) 1과 2 사이에 다른 숫자가 하나도 없는 여섯 자리의 자연수의 개수를 구하시오.

(4) 1과 2 사이에 다른 숫자가 1개 있는 여섯 자리의 자연수의 개수를 구하시오.

6 문제 **5**를 통하여 알게 된 내용으로 빈칸을 채워 다음 풀이를 완성하시오.

6개의 자연수 1, 2, 3, 4, 5, 6을 한 번씩만 사용하여 여섯 자리의 자연수를 만들 때, 1 과 2 사이에 다른 숫자가 2개 이상 있는 자연수의 개수를 구하시오.

1과 2 사이에 다른 숫자가 2개 이상 있는 경우는 2개, 3개, 4개일 때로 나누어 생각해야 하므로 1과 2 사이에 다른 숫자가 하나도 없는 경우와 1개 있는 경우를 구해서 전체 경 우의 수에서 **빼는** 방법을 생각한다.

여섯 자리의 자연수의 개수는 1, 2, 3, 4, 5, 6을 일렬로 배열하는 방법의 수와 같으므로

$$\boxed{} = \boxed{}$$

(i) 1과 2 사이에 다른 숫자가 하나도 없는 경우

1과 2가 이웃하는 경우이므로 (1, 2)를 하나로 묶어 생각한다. (1, 2), 3, 4, 5, 6의 5개를 일렬로 배열하고, 동시에 괄호 안에서 1, 2의 순서를 서로 바꾸는 경우를 고려 하면 이 경우의 수는

$$\boxed{} \times \boxed{} = \boxed{}$$

(ii) 1과 2 사이에 3, 4, 5, 6 중에서 1개의 숫자가 있는 경우

(1, □, 2)를 하나로 묶어 생각한다. (1, □, 2), △, ○, ☆의 4개를 일렬로 배열하 고, 괄호 안의 □에 들어갈 수 하나를 선택하는 동시에 괄호 안에서 1, 2의 순서를 서 로 바꾸는 경우를 고려하면 이 경우의 수는

$$\boxed{} \times \boxed{} \times \boxed{} = \boxed{}$$

따라서 구하는 자연수의 개수는

$$\boxed{} - \boxed{} - \boxed{} = \boxed{}$$

01

공원에 4개의 벤치가 있을 때, A, B, C, D의 4명이 벤치에 각각 1명씩 앉는 방법의 수를 구하시오.

02

어느 고등학교의 이어달리기 경기에서 6개 학급 중 추첨으로 뽑힌 3개 학급이 첫 번째 경기를 치르고, 나머지 3개 학급이 두 번째 경기를 치를 때, 각 경기당 3개 학급씩 편성되는 모든 경우의 수를 구하시오.

03

주머니에 1부터 9까지의 자연수가 하나씩 적힌 크기와 모양이 같은 9개의 공이 들어 있다. 이 주머니에서 4개의 공을 꺼낼 때, 1, 2가 적힌 공이 모두 포함되지 않는 경우의 수를 구하시오.

04

다음 등식을 만족하는 n 또는 r의 값을 구하시오.

(1) $_{n+2}C_n = 15$

(2) $_5P_r = 60$

05

1부터 9까지의 자연수 중에서 서로 다른 두 수를 택하여 더한 결과가 짝수가 되는 경우의 수를 구하시오.

06

어느 고등학교 '숲 사랑 청소년단'에 남학생 8명, 여학생 5명이 지원했을 때, 남학생 3명, 여학생 2명이 선발되는 경우의 수를 구하시오.

07

그림과 같은 정팔각형에 대하여 3개의 꼭짓점을 이어서 만들 수 있는 삼각형의 개수를 구하시오.

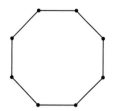

08

두 집합 $A=\{1, 2, 3, 4\}$, $B=\{5, 6, 7, 8\}$에 대하여 다음 물음에 답하시오.

⑴ 집합 A에서 집합 B로의 함수의 개수를 구하시오.

⑵ ⑴에서 구한 함수 중에서 일대일대응의 개수를 구하시오.

09

일렬로 놓인 7개의 의자에 2명의 학생이 앉으려고 한다. 둘 사이에 적어도 하나의 빈 의자를 둘 때, 두 학생이 의자에 앉는 경우의 수를 구하시오.

11

그림과 같이 한 줄에 3개씩 모두 6개의 좌석이 있는 케이블카에 두 학생 A, B를 포함한 5명의 학생이 탑승할 때, A, B는 같은 줄의 좌석에 앉고 나머지 3명은 맞은편 줄의 좌석에 앉는 경우의 수를 구하시오.

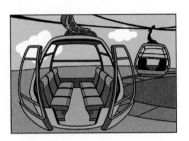

10

어느 고등학교 학생회 모임에 참가한 모든 회원이 서로 한 번씩 악수를 했더니 악수한 총 횟수가 190회였을 때, 이 모임에 참가한 회원 수를 구하시오.

12

동계 올림픽에서 우리나라 4명의 선수 A, B, C, D가 한 팀을 이루어 4인승 봅슬레이 경기에 출전할 때, 다음 물음에 답하시오.

(1) 선수 A와 C가 앞뒤로 이웃하여 봅슬레이에 앉는 경우의 수를 구하시오.

(2) 봅슬레이의 맨 앞에 선수 B가, 맨 뒤에 선수 D가 앉는 경우의 수를 구하시오.

13

A 지역에는 세 곳, B 지역에는 네 곳, C 지역에는 다섯 곳, D 지역에는 여섯 곳의 관광지가 있다. 이 중에서 세 곳을 선택할 때, 선택한 세 곳이 모두 같은 지역의 관광지인 경우의 수를 구하시오.

14

$1 \le r \le n$일 때, 등식 $_n\mathrm{P}_r = n \times _{n-1}\mathrm{P}_{r-1}$이 성립함을 설명하시오.

15

그림과 같이 포트가 8개인 컴퓨터용 허브에 컴퓨터 C_1, C_2, C_3을 왼쪽부터 순서대로 연결할 때, 다음 조건을 만족하는 방법의 수를 구하시오.

> 컴퓨터 C_k가 연결되는 포트와 컴퓨터 C_{k+1}이 연결되는 포트 사이에는 k개 이상의 포트가 비어 있다. (단, $k=1$, 2이다.)

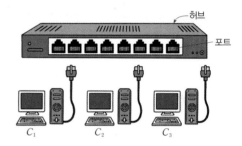

01

6개의 숫자 0, 1, 2, 3, 4, 5 중에서 서로 다른 3개의 숫자를 택하여 세 자리 수를 만들려고 한다. 만들 수 있는 세 자리 자연수 중에서 5의 배수의 개수를 구하시오.

02

서로 다른 2개의 주사위 A, B를 던질 때, 나온 눈의 수의 차가 3 이상인 경우의 수를 구하시오.

03

그림과 같은 번호 자물쇠는 다이얼 4개의 숫자를 맞추어 연다. 각각의 다이얼은 0부터 5까지 6개의 숫자로 구성되어 있을 때, 자물쇠에서 만들 수 있는 모든 비밀번호의 개수를 구하시오.

04

어느 등산 동아리 회원들이 북한산, 인왕산, 수락산, 관악산 중에서 3개를 선택하여 앞으로 3주 동안 주말마다 매주 다른 산을 등산하는 경우의 수를 구하시오.

05

A, B, C, D, E의 5개 문자 중에서 3개를 택하여 일렬로 나열할 때, 맨 앞에 A가 오는 경우의 수를 구하시오.

06

어느 김밥 가게에서는 기본 재료만 포함된 김밥의 가격을 2000원으로 하고, 기본 재료 외에 선택 재료가 추가되는 경우 다음 표에 따라 가격을 정한다. 예를 들어 맛살과 참치가 추가된 김밥의 가격은 3000원이다. 선택 재료를 추가했을 때, 가격이 3000원 또는 4000원이 되는 김밥의 종류는 모두 몇 가지인가?
(단, 같은 재료를 여러 번 추가할 수 없다.)

선택 재료	가격(원)
햄	400
맛살	400
김치	400
불고기	600
치즈	600
참치	600

07

5개의 숫자 1, 2, 3, 4, 5가 각각 적힌 5장의 숫자 카드를 모두 사용하여 다섯 자리의 자연수를 만든 다음 작은 수부터 배열할 때, 57번째 수를 구하시오.

08

할머니, 아버지, 어머니, 아들, 딸로 구성된 5명의 가족이 그림과 같이 번호가 적힌 5개의 의자에 모두 앉을 때, 아버지와 어머니가 모두 홀수 번호의 의자에 앉는 경우의 수를 구하시오.

09

세 집합 S_1, S_2, S_3에 대하여
$S_1=\{1, 2\}$, $S_2=\{1, 2, 3, 4\}$, $S_3=\{1, 2, 3, 4, 5, 6\}$
일 때, 집합 S_1에서 한 개의 원소를 선택하여 백의 자리의 수로 하고, 집합 S_2에서 한 개의 원소를 선택하여 십의 자리의 수로 하며, 집합 S_3에서 한 개의 원소를 선택하여 일의 자리의 수로 하는 세 자리 수를 만들려고 한다. 각 자리의 수가 모두 다른 세 자리 수를 전부 나열하고 그 경우의 수를 구하시오.

10

$c<b<a<10$인 자연수 a, b, c에 대하여 백의 자리의 수, 십의 자리의 수, 일의 자리의 수가 각각 a, b, c인 세 자리 자연수 중에서 500보다 크고 700보다 작은 자연수의 개수를 구하시오.

11

어느 학교의 방학 중 방과후학교에서는 영어, 수학, 물리, 화학의 네 과목에 대한 특강을 A반과 B반에서 진행한다. 교사는 과목당 1명씩 모두 4명이고 각 교시는 한 시간씩이다. 다음 표와 같이 A반의 시간표가 이미 영어, 수학, 물리, 화학의 순서로 정해져 있을 때, B반의 수업 시간표를 짜는 방법의 수를 구하시오.

	1교시	2교시	3교시	4교시
A반	영어	수학	물리	화학
B반				

12

그림과 같이 거리가 1인 두 평행선에 각각의 간격이 1인 5개의 점을 찍었다. 10개의 점 중에서 4개의 점을 연결하여 사각형을 만들 때, 넓이가 2인 사각형의 개수를 구하시오.

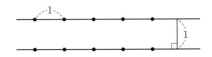

13

다음 회로도에서 스위치 S_1, S_2, S_3, S_4가 각각 닫히거나 열릴 때, 불이 들어오는 경우는 모두 몇 가지인지 찾아보시오.

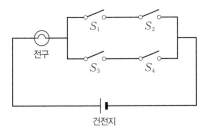

14

등식 $_{n+2}\mathrm{P}_3 = 10 \times {}_n\mathrm{P}_2$를 만족시키는 자연수 n의 값을 모두 구하시오.

15

등식 $_{12}\mathrm{C}_{r+1} = {}_{12}\mathrm{C}_{2r-7}$을 만족시키는 r의 값을 구하시오.

16

어느 고등학교 체육 대회에서 1학년 5개 학급이 승자 진출전 방식으로 배구 경기를 할 때, 다음과 같이 대진표를 작성하는 경우의 수를 구하시오.

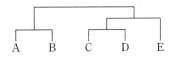

17

키가 모두 다른 8명의 학생 중에서 4명을 뽑아 2명에게는 유리창 청소, 2명에게는 바닥 청소를 맡길 때, 유리창 청소를 하는 2명이 모두 바닥 청소를 하는 2명보다 키가 큰 사람으로 배정되는 경우의 수를 구하시오.

18

정수는 졸업 후 대학생이 되면 해외 배낭여행을 가기로 하고, 가고 싶은 나라를 대륙별로 다음 표와 같이 적어 보았다. 정수가 두 대륙을 여행하되 먼저 방문하는 대륙에서는 3개국을 여행하고, 두 번째 방문하는 대륙에서는 2개국을 여행할 때, 계획할 수 있는 배낭여행의 경우의 수를 구하시오.

(단, 방문국의 순서는 고려하지 않는다.)

대륙	가고 싶은 나라
아시아	일본, 중국, 인도, 태국
유럽	프랑스, 이탈리아, 스페인, 그리스
아메리카	미국, 멕시코, 브라질
아프리카	이집트, 리비아, 튀니지

19

가은, 나은, 다은이를 포함한 9명의 학생 중에서 5명을 학교 대표단으로 선출할 때, 가은이와 나은이는 대표단에 선출되고 다은이는 대표단에 선출되지 않는 경우의 수를 구하시오.

20

두 집합 $X = \{1, 2, 3, 4, 5\}$, $Y = \{1, 2, 3, \cdots, 10\}$ 에 대하여 다음 조건을 모두 만족시키는 X에서 Y로의 함수 f의 개수를 구하시오.

> (가) $x_1 < x_2$이면 $f(x_1) < f(x_2)$
> (나) $f(3) = 6$

21

한 줄로 놓인 6개의 의자에 2명의 선생님과 4명의 학생이 앉을 때, 각 선생님의 양쪽에 반드시 학생들이 앉는 방법의 수를 구하시오.

22

전체 n명으로 이루어진 어느 환경 동아리에서 1년 동안 매일 4명씩 모여 릴레이 토론을 진행할 때, 여기에 참여하는 4명의 모임이 매일 서로 다르게 구성되려면 이 동아리의 인원은 최소 몇 명이어야 하는지 구하시오. (단, 1년은 365일이다.)

23

그림과 같이 9개의 칸으로 나누어진 정사각형의 각 칸에 1부터 9까지의 자연수가 적혀 있을 때, 9개의 숫자 중에서 다음 조건을 만족시키는 2개의 숫자를 선택하는 경우의 수를 구하시오.

1	2	3
4	5	6
7	8	9

⑺ 선택한 2개의 숫자는 서로 다른 가로줄에 있다.
⑻ 선택한 2개의 숫자는 서로 다른 세로줄에 있다.

24

그림과 같이 정육각형 6개의 꼭짓점과 대각선의 교점을 포함한 7개의 점 중 3개의 꼭짓점으로 만들어지는 삼각형의 총 개수를 구하시오.

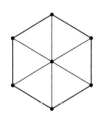

25

두 집합 $X=\{1, 2, 3, 4\}$, $Y=\{1, 2, 3, 4, 5, 6\}$에 대하여 X에서 Y로의 함수 f 중에서 $f(1)<f(2)<f(3)<f(4)$를 만족하는 함수의 개수를 구하시오.

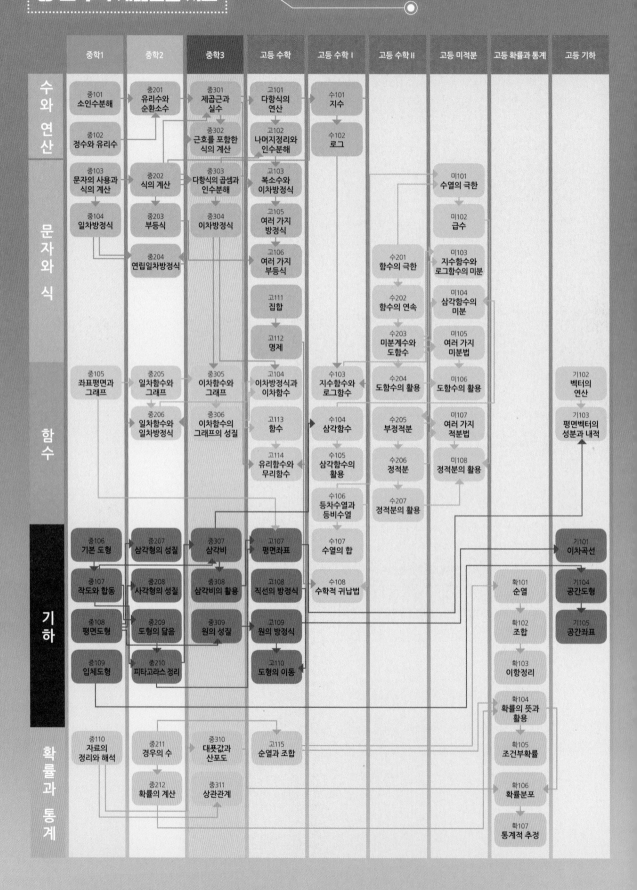

중·고 수학 개념연결 지도

중학1	중학2	중학3	고등 수학	고등 수학 I	고등 수학 II	고등 미적분	고등 확률과 통계	고등 기하

수와 연산

- 중101 소인수분해
- 중102 정수와 유리수
- 중201 유리수와 순환소수
- 중301 제곱근과 실수
- 중302 근호를 포함한 식의 계산
- 고101 다항식의 연산
- 고102 나머지정리와 인수분해
- 수101 지수
- 수102 로그

문자와 식

- 중103 문자의 사용과 식의 계산
- 중104 일차방정식
- 중202 식의 계산
- 중203 부등식
- 중204 연립일차방정식
- 중303 다항식의 곱셈과 인수분해
- 중304 이차방정식
- 고103 복소수와 이차방정식
- 고105 여러 가지 방정식
- 고106 여러 가지 부등식
- 고111 집합
- 고112 명제
- 미101 수열의 극한
- 미102 급수
- 미103 지수함수와 로그함수의 미분
- 미104 삼각함수의 미분
- 미105 여러 가지 미분법
- 수201 함수의 극한
- 수202 함수의 연속
- 수203 미분계수와 도함수

함수

- 중105 좌표평면과 그래프
- 중205 일차함수와 그래프
- 중206 일차함수와 일차방정식
- 중305 이차함수와 그래프
- 중306 이차함수의 그래프의 성질
- 고104 이차방정식과 이차함수
- 고113 함수
- 고114 유리함수와 무리함수
- 수103 지수함수와 로그함수
- 수104 삼각함수
- 수105 삼각함수의 활용
- 수106 등차수열과 등비수열
- 수204 도함수의 활용
- 수205 부정적분
- 수206 정적분
- 수207 정적분의 활용
- 미106 도함수의 활용
- 미107 여러 가지 적분법
- 미108 정적분의 활용
- 기102 벡터의 연산
- 기103 평면벡터의 성분과 내적

기하

- 중106 기본 도형
- 중107 작도와 합동
- 중108 평면도형
- 중109 입체도형
- 중207 삼각형의 성질
- 중208 사각형의 성질
- 중209 도형의 닮음
- 중210 피타고라스 정리
- 중307 삼각비
- 중308 삼각비의 활용
- 중309 원의 성질
- 고107 평면좌표
- 고108 직선의 방정식
- 고109 원의 방정식
- 고110 도형의 이동
- 수107 수열의 합
- 수108 수학적 귀납법
- 확101 순열
- 확102 조합
- 확103 이항정리
- 기101 이차곡선
- 기104 공간도형
- 기105 공간좌표

확률과 통계

- 중110 자료의 정리와 해석
- 중211 경우의 수
- 중212 확률의 계산
- 중310 대푯값과 산포도
- 중311 상관관계
- 고115 순열과 조합
- 확104 확률의 뜻과 활용
- 확105 조건부확률
- 확106 확률분포
- 확107 통계적 추정

정답
및
풀이

Ⅳ 집합과 명제

01 집합의 뜻과 포함 관계

1 2, 3, 5, 7

2 12

(풀이) 두 수의 약수를 구하면

36의 약수: 1, 2, 3, 4, 6, 9, 12, 18, 36

48의 약수: 1, 2, 3, 4, 6, 8, 12, 16, 24, 48

이므로 두 수의 공약수는 1, 2, 3, 4, 6, 12이다.

따라서 36과 48의 최대공약수는 12이다.

3 24

(풀이) 6의 배수는 6, 12, 18, 24, 30, 36, 42, 48, 54, ……

8의 배수는 8, 16, 24, 32, 40, 48, 56, 64, ……

이므로 두 수의 공배수는 24, 48, ……이다.

따라서 최소공배수는 24이다.

4 (1) $x=4$ 또는 $x=7$ (2) $x=-1\pm\sqrt{3}$

(풀이) (1) 이차방정식의 좌변을 인수분해하면

$(x-4)(x-7)=0$이므로 해는 $x=4$ 또는 $x=7$

(2) 이차방정식의 좌변이 인수분해되지 않으므로 근의

공식을 이용하면

$$x=\frac{-2\pm\sqrt{2^2-4\times1\times(-2)}}{2\times1}=-1\pm\sqrt{3}$$

5 (1) $1<x<\dfrac{3}{2}$ (2) $x>3$ 또는 $x<-2$

(풀이) (1) $2x^2-5x+3=(2x-3)(x-1)<0$이므로

이차부등식의 해는 $1<x<\dfrac{3}{2}$

(2) $x^2-x-6=(x+2)(x-3)>0$이므로 이차부등식

의 해는 $x>3$ 또는 $x<-2$

6 (1) $1<x<3$ (2) $x\geq3$ 또는 $x\leq-1$

(풀이) (1) $|x-2|<1$에서 $-1<x-2<1$

따라서 구하는 해는 $1<x<3$

(2) $|x-1|\geq2$에서 $x-1\geq2$ 또는 $x-1\leq-2$

따라서 구하는 해는 $x\geq3$ 또는 $x\leq-1$

01

(1) 1인 1역할이 분리수거인 학생	(2) 동아리가 댄스부인 학생
1, 7	1, 6, 7, 8
(3) 한국고등학교 1학년 4반 학생	(4) 평균 통학 시간이 짧은 학생
1, 2, 3, 4, 5, 6, 7, 8	'짧다'라는 기준이 명확하지 않기 때문에 사람마다 다를 수 있다.
(5) 1인 1역할을 혼자 하는 학생	(6) 한국고등학교 1학년 2반 학생
3, 8	없다.

02 (4)는 사람마다 평균 통학 시간이 짧다고 느끼는 정도가 다르므로 조건에 해당하는 학생을 정확히 고를 수 없고 (4)를 제외한 나머지는 정확하게 고를 수 있다.

03 (1) $\{1, 7\}$ (2) $\{1, 6, 7, 8\}$

     (3) $\{1, 2, 3, 4, 5, 6, 7, 8\}$

     (5) $\{3, 8\}$ (6) $\{\ \ \}$

04 $1\in D$, $2\notin D$, $3\in D$, $4\notin D$, $5\in D$, $6\notin D$, $7\in D$, $8\notin D$

05

내가 찾은 분류 기준	모둠에서 나온 분류 기준
분류 기준은 다양할 수 있다. ① 키가 큰 학생 ② 1분단 학생	분류 기준은 다양할 수 있다. ① 1분단 학생 ② 남학생 ③ 평균 통학 시간이 10분 이하인 학생

06 다양한 의견이 나올 수 있다.

① 조건에 맞는 학생이 한 명도 없는 것은 기준에 따라 대상을 분명히 정할 수 있는 것이므로 집합이다.

② 집합을 이루는 대상이 없으므로 집합이 되지 않는다.

07 (1) 예 $\{1, 5, 2, 3, 5, 7, 2, 9\}$, $\{1, 2, 3, 5, 7, 9\}$,
$\{(1, 5), (2, 3), (5, 7), (2, 9)\}$

(2) 예 나는 4명이 좋아하는 수를 모아서 그냥
$\{1, 5, 2, 3, 5, 7, 2, 9\}$라고 했는데, 어떤 친구는
순서대로 나열하여 $\{1, 2, 2, 3, 5, 5, 7, 9\}$라고 썼
으며, 어떤 친구는 중복된 수를 하나씩만 써서
$\{1, 2, 3, 5, 7, 9\}$라고 썼다.

(3) 1모둠 학생들이 좋아하는 수는 모두 6개(1, 2, 3,
5, 7, 9)이다.
집합 기호 $\{\ \ \}$ 안에 원소를 나열할 때는 같은 원소
를 중복하여 쓸 필요가 없을 것 같다. 그리고 원소
를 나열하는 순서는 달라노 될 것 같다.

탐구하기 2
017쪽 ~ 018쪽

01 방법1
- 집합의 원소를 하나씩 다 썼다.
- 원소를 콤마(,)로 구별한다.
- 원소의 개수가 4이다.
- 원소가 특징이 없다면 어떤 조건인지 생각하기 어려
울 수도 있을 것 같다.

방법2
- 원소들이 가지는 특징(조건)을 따로 썼다.
- 분류 기준이 무엇인지 정확하게 알 수 있지만 조건
의 뜻을 이해하지 못하면 집합의 원소를 알 수 없다.

방법3
- 집합의 원소를 한눈에 파악하기 좋다.
- 원소를 띄어쓰기로 구별한다.
- 원소의 개수가 4이다.
- 원소가 특징이 없다면 어떤 조건인지 생각하기 어려
울 수도 있을 것 같다.

02 (1) $A = \{1, 2, 3, 4, 6, 12\}$,
$A = \{x \,|\, x$는 12의 양의 약수$\}$

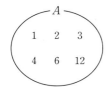

(2) $B = \{2, 4, 6, \cdots, 48, 50\}$,
$B = \{x \,|\, x$는 50 이하의 자연수 중 짝수$\}$

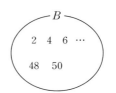

03 예 $A = \{-2, 1, 3\}$, $B = \{3, 6, 9, \cdots\}$이므로
$-2 \in A$, $1 \in A$, $3 \in A$, $3 \in B$이고 $0 \notin A$, $-2 \notin B$이
다. $C = \varnothing$이고 $n(A) = 3$이고 $n(C) = 0$이다. B는 무
한집합이다.

탐구하기 3
019쪽 ~ 021쪽

01 (1) [나]

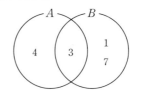

(2) [가] 또는 [나]

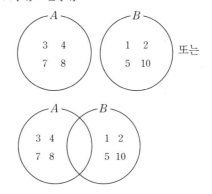

(3) [나] 또는 [라]

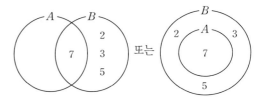

(4) [나] 또는 [다] 또는 [라]

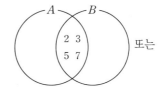

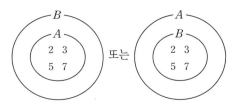

또는

(5) [가] 또는 [나] 또는 [다]

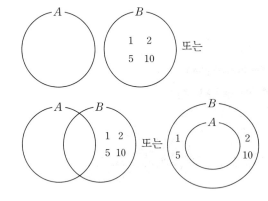

02 (1) (3), (4), (5)　　　　　(2) (4)

　　　(3) (2), (5)

03 16

$n(A)=0$인 경우: $\varnothing$ / 1개

$n(A)=1$인 경우: $\{1\}, \{2\}, \{3\}, \{4\}$ / 4개

$n(A)=2$인 경우: $\{1, 2\}, \{1, 3\}, \{1, 4\}, \{2, 3\},$
$\{2, 4\}, \{3, 4\}$ / 6개

$n(A)=3$인 경우: $\{1, 2, 3\}, \{1, 2, 4\}, \{1, 3, 4\},$
$\{2, 3, 4\}$ / 4개

$n(A)=4$인 경우: $\{1, 2, 3, 4\}$ / 1개

모두 16개

224 ──── Ⅳ 집합과 명제

(풀이)

원소	1	2	3	4	부분집합
			○	○	$\{1, 2, 3, 4\}$
		○		×	$\{1, 2, 3\}$
			×	○	$\{1, 2, 4\}$
	○			×	$\{1, 2\}$
			○	○	$\{1, 3, 4\}$
		×		×	$\{1, 3\}$
			×	○	$\{1, 4\}$
○				×	$\{1\}$
			○	○	$\{2, 3, 4\}$
		○		×	$\{2, 3\}$
			×	○	$\{2, 4\}$
	×			×	$\{2\}$
			○	○	$\{3, 4\}$
		×		×	$\{3\}$
×			×	○	$\{4\}$
				×	$\varnothing$

포함
여부
(○,
×)

(다른 풀이)

원소	1	2	3	4	부분집합
	×	×	×	×	$\varnothing$
	○	×	×	×	$\{1\}$
	×	○	×	×	$\{2\}$
	×	×	○	×	$\{3\}$
	×	×	×	○	$\{4\}$
	○	○	×	×	$\{1, 2\}$
	○	×	○	×	$\{1, 3\}$
포함 여부	○	×	×	○	$\{1, 4\}$
(○, ×)	×	○	○	×	$\{2, 3\}$
	×	○	×	○	$\{2, 4\}$
	×	×	○	○	$\{3, 4\}$
	○	○	○	×	$\{1, 2, 3\}$
	○	○	×	○	$\{1, 2, 4\}$
	○	×	○	○	$\{1, 3, 4\}$
	×	○	○	○	$\{2, 3, 4\}$
	○	○	○	○	$\{1, 2, 3, 4\}$

04

원소 1이 속하는 부분집합	원소 1이 속하지 않는 부분집합
$\{1\}$, $\{1, 2\}$, $\{1, 3\}$, $\{1, 4\}$, $\{1, 2, 3\}$, $\{1, 2, 4\}$, $\{1, 3, 4\}$ $\{1, 2, 3, 4\}$	$\varnothing$, $\{2\}$, $\{3\}$, $\{4\}$, $\{2, 3\}$, $\{2, 4\}$, $\{3, 4\}$ $\{2, 3, 4\}$

- 원소 1이 속하는 부분집합의 개수와 원소 1이 속하지 않는 부분집합의 개수가 같다.
- 원소 1이 속하지 않는 부분집합은 $\{2, 3, 4\}$의 부분집합이다.
- $\{2, 3, 4\}$의 각 부분집합에 원소 1을 추가하면 원소 1이 속하는 부분집합이 된다.
- 원소가 하나 늘어나면 부분집합의 개수는 2배가 된다.

05 원소의 개수가 1인 집합은 부분집합이 2개이다. 문제 **04**를 보면 원소의 개수를 하나 추가할 때마다 부분집합의 개수가 2배로 늘어난다. 그래서 원소의 개수가 2이면 부분집합의 개수가 $2 \times 2 = 2^2$, 원소의 개수가 3이면 $2 \times 2 \times 2 = 2^3$, ……이므로 원소의 개수가 n일 때 부분집합의 개수는 2^n이 된다.

06 (1) 사실이다.   (2) 사실이다.

(풀이) (1) 집합 A의 모든 원소가 자기 자신의 집합 A에 속하기 때문에 모든 집합은 자기 자신의 부분집합이다. 즉, $A \subset A$이다.

(2) 공집합이 어떤 집합의 부분집합이 아니라고 하면 공집합의 원소 중 어떤 집합에 속하지 않는 원소가 하나라도 있어야 하는데, 공집합은 원소가 하나도 없기 때문에 공집합은 모든 집합의 부분집합이라고 하는 것이 타당하다. 벤다이어 그램을 그려 보면 공집합은 모든 집합의 부분집합임을 확실히 알 수 있다.

1. 집합

02 집합의 연산

탐구하기 1   022쪽 ~ 024쪽

01 (1) 4, 5   (2) 1, 8   (3) 없다.

(4) 2, 3, 6, 7   (5) 1, 2, 3, 6, 7

02 (2) $A = \{x \,|\, x$는 선택과목이 생명과학인 학생 번호$\}$
$= \{1, 4, 5, 8\}$,
$B = \{x \,|\, x$는 취미가 자동차 모형 만들기인 학생 번호$\}$
$= \{2, 4, 5, 6\}$
(스페이스 동아리)$= \{1, 8\}$

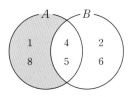

(다른 풀이)

$A = \{x \,|\, x$는 선택과목이 생명과학인 학생 번호$\}$
$= \{1, 4, 5, 8\}$,
$B = \{x \,|\, x$는 취미가 자동차 모형 만들기가 아닌 학생 번호$\}$
$= \{1, 3, 7, 8\}$
(스페이스 동아리)$= \{1, 8\}$

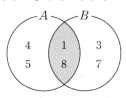

(3) $A = \{x \,|\, x$는 선택과목이 실용수학인 학생 번호$\}$
$= \{3, 7\}$,
$B = \{x \,|\, x$는 진로가 스포츠 마케터인 학생 번호$\}$
$= \{2, 6\}$
(특강 대상 학생)$= \varnothing$

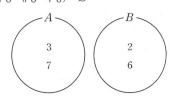

(4) $A = \{x \,|\, x$는 진학 계열이 경상 계열인 학생 번호$\}$
$= \{3, 7\}$,
$B = \{x \,|\, x$는 선택과목이 경제인 학생 번호$\}$
$= \{2, 3, 6\}$
(우리나라 경제 지표를 분석하는 자율 동아리)
$= \{2, 3, 6, 7\}$

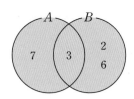

(5) $A = \{x \mid x$는 진학 계열이 공학 계열인 학생 번호$\}$
$= \{4, 5, 8\},$

$U = \{x \mid x$는 한국고 2학년 7반 학생 번호$\}$
$= \{1, 2, 3, 4, 5, 6, 7, 8\}$

(교실에서 자기주도학습을 하는 학생)
$= \{1, 2, 3, 6, 7\}$

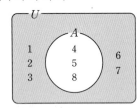

탐구하기 2

025쪽 ~ 028쪽

01

(1)

$A \quad \cup \quad A^C \quad = \quad \underline{U}$

(2)

$A \quad \cap \quad A^C \quad = \quad \underline{\varnothing}$

(3)

$A \quad \cap \quad B^C \quad = \quad \underline{A - B}$

(4)

$A \qquad A^C \qquad (A^C)^C = \underline{A}$

02 $A \cup A^C = U,$ $A \cap A^C = \varnothing,$
$A \cap B^C = A - B,$ $(A^C)^C = A$

03 (1)

①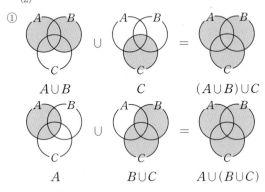

합집합에 대한 교환법칙 $A \cup B = B \cup A$가 성립한다.

②

$A \qquad B \qquad A \cap B$

$B \qquad A \qquad B \cap A$

교집합에 대한 교환법칙 $A \cap B = B \cap A$가 성립한다.

(2)

①

$A \cup B \qquad C \qquad (A \cup B) \cup C$

$A \qquad B \cup C \qquad A \cup (B \cup C)$

합집합에 대한 결합법칙
$(A \cup B) \cup C = A \cup (B \cup C)$가 성립한다.

②

$A \cap B \qquad C \qquad (A \cap B) \cap C$

$A \qquad B \cap C \qquad A \cap (B \cap C)$

교집합에 대한 결합법칙
$(A \cap B) \cap C = A \cap (B \cap C)$가 성립한다.

(3)

①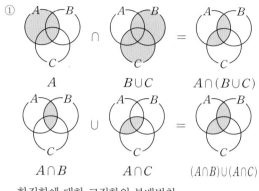

$$A \qquad B\cup C \qquad A\cap(B\cup C)$$

$$A\cap B \qquad A\cap C \qquad (A\cap B)\cup(A\cap C)$$

합집합에 대한 교집합의 분배법칙

$A\cap(B\cup C)=(A\cap B)\cup(A\cap C)$가 성립한다.

②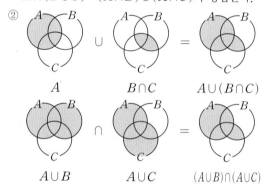

$$A \qquad B\cap C \qquad A\cup(B\cap C)$$

$$A\cup B \qquad A\cup C \qquad (A\cup B)\cap(A\cup C)$$

교집합에 대한 합집합의 분배법칙

$A\cup(B\cap C)=(A\cup B)\cap(A\cup C)$가 성립한다.

(4) 교환법칙: $A\cup B=B\cup A$, $\quad A\cap B=B\cap A$

결합법칙: $(A\cup B)\cup C=A\cup(B\cup C)$,

$(A\cap B)\cap C=A\cap(B\cap C)$

분배법칙: $A\cap(B\cup C)=(A\cap B)\cup(A\cap C)$,

$A\cup(B\cap C)=(A\cup B)\cap(A\cup C)$

(5) 공통점: 집합의 연산 법칙은 수의 연산 법칙과 마찬가지로 교환법칙, 결합법칙, 분배법칙이 모두 성립한다.

차이점: 수에서는 덧셈에 대한 곱셈의 분배법칙만 성립하고 곱셈에 대한 덧셈의 분배법칙은 성립하지 않지만, 집합에서는 합집합에 대한 교집합의 분배법칙과 교집합에 대한 합집합의 분배법칙이 모두 성립한다.

04 (1) 그림에서 $A^{C}\cap B^{C}=(A\cup B)^{C}$임을 알 수 있다.

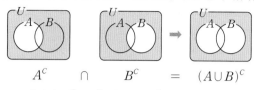

$$A^{C} \qquad \cap \qquad B^{C} \qquad = \qquad (A\cup B)^{C}$$

(2) 그림에서 $A^{C}\cup B^{C}=(A\cap B)^{C}$임을 알 수 있다.

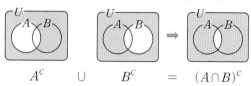

$$A^{C} \qquad \cup \qquad B^{C} \qquad = \qquad (A\cap B)^{C}$$

05 그림에서 $A\cap B^{C}=A\quad B$임을 알 수 있다.

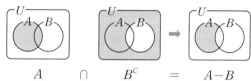

$$A \qquad \cap \qquad B^{C} \qquad = \qquad A-B$$

06 문제 **04**에서 발견한 것은 $A^{C}\cap B^{C}=(A\cup B)^{C}$, $A^{C}\cup B^{C}=(A\cap B)^{C}$이고

문제 **05**에서 발견한 것은 $A\cap B^{C}=A-B$이다.

탐구하기 3 029쪽

01 (1) 합집합을 직접 구하면

$A\cup B=\{1,\ 2,\ 3,\ 4,\ 5,\ 6,\ 7\}$이므로

$n(A\cup B)=7$이다.

벤다이어그램을 그려서 설명할 수도 있다.

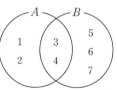

$n(A)=4$, $n(B)=5$이지만 그림에서

$A\cap B=\{3,\ 4\}$, 즉 $n(A\cap B)=2$이므로

$n(A\cup B)=4+5-2=7$

(2) $n(A\cap B)$의 값에 따라 $n(A\cup B)$의 값은 최소 9부터 최대 16까지 나타날 수 있다.

(풀이) 집합 B의 원소가 모두 집합 A의 원소일 때, 즉 $B\subset A$이면 $A\cup B=A$이므로 $n(A\cup B)=9$

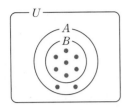

집합 B의 원소가 모두 집합 A의 원소가 아닐 경우, 즉 집합 A, B가 서로소이면

$$n(A \cup B) = n(A) + n(B) = 9 + 7 = 16$$

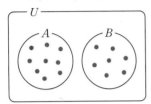

다음 벤다이어그램과 같이 두 집합의 교집합이 일부 있으면 $n(A \cup B)$는 여러 가지 값을 가질 수 있다.

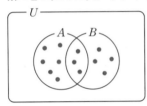

즉, $n(A \cap B)$의 값에 따라 $n(A \cup B)$는 최소 9부터 최대 16까지 될 수 있다.

(3) $n(A \cup B) = n(A) + n(B) - n(A \cap B)$

(풀이) 합집합 $A \cup B$의 원소의 개수는 두 집합 A, B 각각의 원소의 개수의 합에서 중복되는 교집합 $A \cap B$의 원소의 개수를 빼어 구한다. 즉,

$$n(A \cup B) = n(A) + n(B) - n(A \cap B)$$

(다른 풀이) 벤다이어그램에서

$$n(A \cup B) = a + x + b$$
$$= (a + x) + (b + x) - x$$
$$= n(A) + n(B) - n(A \cap B)$$

임을 알 수 있다.

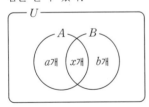

즉, 집합 $A \cup B$의 원소의 개수는 집합 A, B의 원소의 개수의 합에서 두 집합의 중복된 원소의 개수 $n(A \cap B)$를 빼면 된다는 것을 알 수 있다.

02 3

(풀이) $A \subset B$이면 $A \cup B = B$이므로 $n(A \cup B) = 17$ 이다. 따라서 $A \not\subset B$이다.

집합 A, B가 서로소이면

$n(A \cup B) = n(A) + n(B) = 14 + 17 = 31$이므로 집합 A, B는 공통 원소를 가지고 있어야 한다.

$n(A \cap B) = x$라 하자.

$n(A) = a + x = 14$, $n(B) = b + x = 17$이라 하면

$n(A) + n(B) = a + b + 2x = 31$이고

$n(A \cup B) = a + b + x = 20$이다.

따라서, $x = 11$이고

$$n(A - B) = n(A) - n(A \cap B)$$
$$= 14 - 11 = 3$$

(다른 풀이) $n(A - B) = n(A \cup B) - n(B)$
$$= 20 - 17 = 3$$

개념과 문제의 연결 032쪽 ~ 037쪽

1 (1) $A \cap X = X$이면 $X \subset A$이므로 이를 벤다이어그램으로 표현하면 그림과 같다.

(2) $B \cup X = X$이면 $B \subset X$이므로 이를 벤다이어그램으로 표현하면 그림과 같다.

(3) $B \subset X \subset A$

(풀이) (1)에서 $X \subset A$이고, (2)에서 $B \subset X$이므로
$$B \subset X \subset A$$

(4) (예) $X = \{2, 5\}$, $X = \{2, 5, 7\}$,
$X = \{2, 3, 5, 7, 11, 13\}$

2 A ➡ 15 이하의 소수는 2, 3, 5, 7, 11, 13으로 6개가 있다.

B ➡ $x^2 - 7x + 10 = (x - 2)(x - 5) = 0$에서
$x = 2$ 또는 $x = 5$이므로

두 집합 A, B를 원소나열법으로 표현하면

$A=\boxed{2,\ 3,\ 5,\ 7,\ 11,\ 13}$, $B=\boxed{2,\ 5}$

$A\cap X=X$인 경우 두 집합 A, X의 포함 관계는

$\qquad X\subset A$ $\qquad$ …… ㉠

$B\cup X=X$인 경우 두 집합 B, X의 포함 관계는

$\qquad B\subset X$ $\qquad$ …… ㉡

㉠, ㉡을 동시에 만족하는 경우 세 집합 A, B, X의 포함 관계는 $\boxed{B\subset X\subset A}$이다. 이를 벤다이어그램으로 나타내면 다음과 같다.

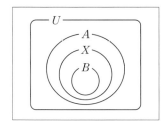

집합 X는 $\boxed{2,\ 5}$를 반드시 원소로 포함하면서

$\boxed{3,\ 7,\ 11,\ 13}$ 중 일부 혹은 전체를 원소로 포함할 수 있다.

따라서 집합 X의 개수는 집합 $\{\boxed{3,\ 7,\ 11,\ 13}\}$의 부분집합의 개수와 같으므로 $\boxed{16}$이다.

3 (1) 교환법칙 $A\cup B=B\cup A$, $\ A\cap B=B\cap A$

결합법칙 $(A\cup B)\cup C=A\cup(B\cup C)$,
$\qquad\qquad (A\cap B)\cap C=A\cap(B\cap C)$

분배법칙 $A\cap(B\cup C)=(A\cap B)\cup(A\cap C)$,
$\qquad\qquad A\cup(B\cap C)=(A\cup B)\cap(A\cup C)$

드모르간의 법칙 $A^c\cap B^c=(A\cup B)^c$,
$\qquad\qquad\qquad A^c\cup B^c=(A\cap B)^c$

(2) 집합의 연산 법칙은 주로 합집합과 교집합에 관한 것이므로 가장 먼저 해야 할 일은 $(A\cap B)\cup(A-B)$에서 차집합을 합집합과 교집합으로 나타내는 것이다.

즉, $A-B=A\cap B^c$를 이용한다.

(3) $(A\cap B)\cup(A\cap B^c)$에 합집합에 대한 교집합의 분배법칙을 적용하면

$\qquad (A\cap B)\cup(A\cap B^c)=A\cap(B\cup B^c)$

로 고칠 수 있다.

4 주어진 집합의 연산 법칙은 주로 $\boxed{\text{합집합}}$과

$\boxed{\text{교집합}}$에 관한 것이므로, 괄호 안의 연산 $(A\cap B)\cup(A-B)$를 간단히 하기 위해 직접 적용할 수 있는 연산 법칙은 없다.

그래서 차집합 $A-B$를 교집합의 연산으로 바꾸면 $A-B=\boxed{A\cap B^c}$이다. 이때,

$(A\cap B)\cup(A-B)=\boxed{(A\cap B)\cup(A\cap B^c)}$

이고, 여기에 $\boxed{\text{분배}}$법칙을 적용하여 간단히 하면

$$(A\cap B)\cup(A-B)=\boxed{(A\cap B)\cup(A\cap B^c)}$$
$$=\boxed{A\cap(B\cup B^c)}$$
$$=\boxed{A\cap U}$$
$$=\boxed{A}$$

(좌변)$=\boxed{A\cap B}$이므로 주어진 등식은

$\qquad \boxed{A\cap B}=A$

가 된다.

주어진 등식에서 얻을 수 있는 결론은 $\boxed{A\subset B}$이므로 항상 옳은 것은 $\boxed{①}$이다.

5 (1) 70명의 학생 중에는 두 영화를 하나도 관람하지 않은 학생이 존재할 수 있기 때문에 두 영화를 모두 관람한 학생 수는 일정하지 않다.

(2) 두 영화를 모두 관람한 학생 수가 0명일 수는 없다.

(풀이) A 영화와 B 영화를 모두 관람한 학생이 한 명도 없다면 A 영화를 관람한 학생 45명과 B 영화를 관람한 학생 57명은 각기 다른 학생이다. 그러면 총 학생은 102명이 되므로 전체 조사 학생이 70명이라는 사실에 맞지 않는다. 그러므로 두 영화를 모두 관람한 학생 수가 0명일 수는 없다.

(3) A 영화를 관람한 학생 수가 B 영화를 관람한 학생 수보다 적기 때문에 A 영화를 관람한 학생이 모두 B 영화를 관람할 수 있고 이때 두 영화를 모두 관람한 학생 수가 최대가 된다. 전체 70명 중 57명을 제외한 나머지 13명은 두 영화 중 어떤 영화도 관람하지 않은 학생이다.

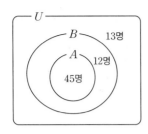

6 A 영화를 관람한 학생들의 모임을 집합 A, B 영화를 관람한 학생들의 모임을 집합 B라 한다.

집합 A와 B의 교집합의 원소의 개수는 두 영화를 하나도 관람하지 않은 학생이 존재할 수 있기 때문에 일정하지 않다.

집합 A와 B의 교집합의 원소의 개수가 최대일 때는 두 집합 A와 B의 포함 관계가 $\boxed{A \subset B}$일 때이고 벤다이어그램으로 나타내면 다음과 같다.

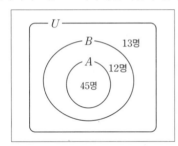

이때 집합 A와 B의 교집합의 원소의 개수는 $\boxed{45}$이다.

만일 $A \cap B = \varnothing$, 즉 A 영화와 B 영화를 모두 관람한 학생이 한 명도 없다면 두 영화를 관람한 각각의 학생 수를 모두 더한 값이 $\boxed{102}$가 되는데, 이는 전체 학생 수 70보다 크므로 이런 경우는 있을 수 없다.

$A \cap B$의 원소의 개수가 최소일 때는 $A \cup B = U$일 때이다.

따라서 A 영화와 B 영화를 모두 관람한 학생은 최소한 $\boxed{32}$명이다.

이상을 정리하면 A 영화와 B 영화를 모두 관람한 학생 수의 최댓값은 $\boxed{45}$이고, 최솟값은 $\boxed{32}$이다.

---

01 ㄱ. 유한집합　ㄴ. 유한집합
　　ㄷ. 무한집합　ㄹ. 유한집합
02 [나]　　**03** $A \neq B$　　**04** $a = -1$, $b = 5$
05 ①, ③, ④, ⑤
06 $A \cup B = \{-2, -1, 0, 1, 2, 3\}$, $A \cap B = \{1, 2\}$
07 63
08

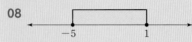

-5　　　　　1

09 $\{1\}$, $\{1, 3\}$, $\{1, 4\}$, $\{1, 5\}$, $\{1, 3, 4\}$,
　　$\{1, 3, 5\}$, $\{1, 4, 5\}$, $\{1, 3, 4, 5\}$ / 8
10 $(A-B) \cup (B-A) = \{x \mid -3 \leq x < 0, 3 < x \leq 7\}$
11 $B = \{2, 3, 5\}$　　　　　**12** $A \cap B = \{4\}$
13 $n(A-B) = 1$
14 $A \cup (B \cap C) = \{-2, 1\}$　　**15** 26

---

01 ㄱ. $2x - 5 < 0$이면 $x < \dfrac{5}{2}$이므로 자연수 x는 1, 2 이다.
　　　따라서 집합 $A = \{1, 2\}$는 유한집합이다.
　　ㄴ. $x^2 < 0$인 실수 x는 존재하지 않는다.
　　　따라서 집합 $B = \varnothing$은 유한집합이다.
　　ㄷ. $x^2 \geq 0$인 x는 모든 실수이다.
　　　따라서 집합 C는 무한집합이다.
　　ㄹ. 소수 중 짝수인 수는 2뿐이다.
　　　따라서 집합 $D = \{2\}$는 유한집합이다.

02 $x^3 - 2x^2 - x + 2 = 0$
　　$\Rightarrow (x+1)(x-1)(x-2) = 0$
　　$\Rightarrow x = -1$, $x = 1$, $x = 2$
　　$A = \{-1, 1, 2\}$,
　　$B = \{x \mid x$는 자연수$\} = \{1, 2, 3, 4, 5, \cdots\}$이므로
　　$A \cap B = \{1, 2\}$이다.
　　그리고 $A \not\subset B$, $B \not\subset A$이므로 [나]의 벤다이어그램으로 나타내야 한다.

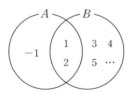

---

03 $A=\{x\,|\,x^2-1=0\}$
$=\{x\,|\,(x+1)(x-1)=0\}=\{-1,\ 1\}$
이다.
$A\subset B$이지만 $B\not\subset A$이므로 $A\neq B$이다.

04 $A=B$이면 $A\subset B$, $B\subset A$이므로 $2\in B$가 성립해야 한다.
따라서 $a+3=2$이다. 즉, $a=-1$, $b-1=4$이므로 $b=5$

(다른 풀이) $a\in B$여야 하므로

(ⅰ) $a=-1$일 경우, $a+3=2$이므로
$b-1=4$에서 $b=5$

(ⅱ) $a=4$일 경우, $a+3=7$이고, $2\not\in B$이므로
$A\neq B$이다.

따라서 $a=-1$, $b=5$이다.

05 $A\cup B=A$이면 $B\subset A$이다. 벤다이어그램으로 나타내면 다음과 같다.

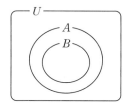

① $B\subset A$은 참
② $B\subset A$이면 $A^C\subset B^C$이므로 거짓
③ $A\cap B=B$이므로 참
④ 벤다이어그램으로 확인하면 $A\cup B^C=U$는 참
⑤ $B-A=\varnothing$은 참
⑥ $A^C\cap B^C=(A\cup B)^C=A^C$이므로
$A^C\cap B^C=B^C$는 거짓

따라서 ①, ③, ④, ⑤가 옳다.

06 $3x-2<10$에서 $x<4$이므로 $B=\{1,\ 2,\ 3\}$
따라서 $A\cup B=\{-2,\ -1,\ 0,\ 1,\ 2,\ 3\}$,
$A\cap B=\{1,\ 2\}$

07 $A=\{1,\ 2,\ 3,\ 4,\ \cdots,\ 20\}$이고 집합 A의 원소 중 6과 서로소가 되는 수로 이루어진 집합은
$\{1,\ 5,\ 7,\ 11,\ 13,\ 17,\ 19\}$이다.
집합 X는 $\{6,\ 7\}$과 서로소이므로 집합 X는
$\{1,\ 5,\ 11,\ 13,\ 17,\ 19\}$의 부분집합이 된다.
따라서 공집합이 아닌 집합 X의 개수는
$2^6-1=63$

08 $A=\{x\,|\,x^2+4x-5\leq0\}$
$=\{x\,|\,(x-1)(x+5)\leq0\}$
$=\{x\,|\,-5\leq x\leq1\}$

09 1과 2를 모두 제외한 부분집합을 구하면 2^3개가 된다.
즉, $\varnothing$, $\{3\}$, $\{4\}$, $\{5\}$, $\{3,\ 4\}$, $\{3,\ 5\}$, $\{4,\ 5\}$,
$\{3,\ 4,\ 5\}$이다.
각 부분집합마다 원소 1을 추가하면 1은 포함하고
2는 포함하지 않는 부분집합이 된다.
즉, $\{1\}$, $\{1,\ 3\}$, $\{1,\ 4\}$, $\{1,\ 5\}$, $\{1,\ 3,\ 4\}$,
$\{1,\ 3,\ 5\}$, $\{1,\ 4,\ 5\}$, $\{1,\ 3,\ 4,\ 5\}$
따라서 조건을 만족하는 부분집합의 개수는 8이다.

10 $(A-B)\cup(B-A)$를 벤다이어그램으로 나타내면 다음과 같다.

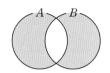

즉, $(A-B)\cup(B-A)=(A\cup B)-(A\cap B)$이므로 이는 다음 수직선에서 색이 칠해진 부분에 해당한다.

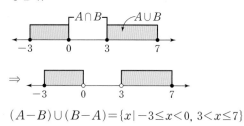

$(A-B)\cup(B-A)=\{x\,|\,-3\leq x<0,\ 3<x\leq7\}$

11 벤다이어그램으로 나타내면 다음과 같으므로
$B=\{2,\ 3,\ 5\}$

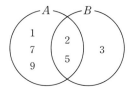

12 벤다이어그램으로 나타내면 $A\cap B=\{4\}$이다.

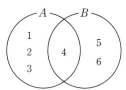

13 $A-B=\{3\}$이므로 $n(A-B)=1$

다른 풀이 $A\cap B=\{2, 4\}$이므로
$n(A-B)=n(A)-n(A\cap B)=3-2=1$

14 $A\cup(B\cap C)=(A\cup B)\cap(A\cup C)$이므로
$A\cup(B\cap C)=\{-2, -1, 0, 1\}\cap\{-2, 1, 4, 5\}$
$\qquad\qquad\quad=\{-2, 1\}$

15 운동 동아리에 가입한 학생들의 모임을 A, 학술
동아리에 가입한 학생들의 모임을 B라 하면
$n(A)=18$, $n(B)=15$, $n(A\cap B)=7$
운동 동아리 또는 학술 동아리에 가입한 학생들의
모임은 $A\cup B$이므로
$n(A\cup B)=n(A)+n(B)-n(A\cap B)$
$\qquad\qquad=18+15-7=26$

---

1 $A=\{1, 2, 3, 6\}$

풀이 12의 약수는 1, 2, 3, 4, 6, 12이고 18의 약수는
1, 2, 3, 6, 9, 18이므로 공약수는 1, 2, 3, 6이다.
따라서 $A=\{1, 2, 3, 6\}$이다.

2 $A^C=\{1, 2, 6, 7, 8, 9, 10\}$

풀이 $A=\{x\,|\,x^2-8x+12<0\}=\{x\,|\,2<x<6\}$이 전
체집합 $U=\{1, 2, 3, \cdots, 9, 10\}$의 부분집합이므로
$A=\{3, 4, 5\}$이고 $A^C=\{1, 2, 6, 7, 8, 9, 10\}$이다.

3 (1) $A\subset B$ 　　　　　　　(2) $A=B$

풀이 (1) $A=\{3, 5\}$이고
$B=\{x\,|\,x$는 5 이하인 소수$\}=\{2, 3, 5\}$이므로 집
합 A는 집합 B의 부분집합이다.
즉, $A\subset B$이다.

(2) $A=\{5, 6, 7\}$이고
$B=\{x\,|\,x$는 $|x-6|<2$인 정수$\}$
$\quad=\{x\,|\,x$는 $-2<x-6<2$인 정수$\}$
$\quad=\{5, 6, 7\}$
이므로 집합 A와 집합 B는 서로 같다. 즉, $A=B$
이다.

4 (1) $x=-2$ 또는 $x=3$ 　(2) $x=1$ 또는 $x=4$

풀이 (1) $(x+2)(x-3)=0$이므로
$x+2=0$ 또는 $x-3=0$
$\therefore x=-2$ 또는 $x=3$

(2) $x^2-5x+4=0$의 좌변을 인수분해하면
$(x-1)(x-4)=0$이므로
$x-1=0$ 또는 $x-4=0$
$\therefore x=1$ 또는 $x=4$

5 a, b가 실수이므로 $a=0$, $b=0$이 아니면, 즉 a, b
중 0이 아닌 것이 있으면
$\quad a^2+b^2>0$
따라서 $a^2+b^2=0$이면 $a=0$, $b=0$일 수밖에 없다.

6 $a^2>b^2$에서 $a^2-b^2>0$
좌변을 인수분해하면 $(a+b)(a-b)>0$
$a>0$, $b>0$에서 $a+b>0$이므로 양변을 $a+b$로 나누면
$\quad a-b>0$ 　　$\therefore a>b$

01 명제와 조건

01 (1) 참, 거짓을 명확하게 판별할 수 있는 있는 문장은 (가), (나)이고 그렇지 않은 문장은 (다), (라)이다.

(2)

참 또는 거짓인 문장	부정문	부정문의 참, 거짓 판별
(참인 문장) 포스터 그림에 단풍잎이 있다.	포스터 그림에 단풍잎이 없다.	거짓
(거짓인 문장) 축제는 16회이다.	축제는 16회가 아니다.	참

02

문장이 참이 되는 x의 값	문장이 거짓이 되는 x의 값
2, 4	1, 3

03

전체집합(U)	{1, 2, 3, 4}
조건(p)	우리 모둠의 x번 학생은 가을(9~11월)에 태어났다.
조건의 진리집합(P)	$P = \{x \mid x$는 생일이 가을인 학생의 번호$\} = \{2, 4\}$
조건의 부정 ($\sim p$)	우리 모둠의 x번 학생은 가을(9~11월)에 태어나지 않았다.
조건의 부정의 진리집합(P^C)	$P^C = \{x \mid x$는 생일이 가을이 아닌 학생의 번호$\} = \{1, 3\}$

01

조건의 부정	조건의 진리집합	조건의 부정의 진리집합
$\sim p$: x는 6의 약수가 아니다.	$P = \{1, 2, 3, 6\}$	$P^C = \{4, 5\}$
$\sim q$: x는 4보다 작지 않다. 또는 x는 4보다 크거나 같다.	$Q = \{1, 2, 3\}$	$Q^C = \{4, 5, 6\}$
$\sim r$: x는 6의 약수이다.	$R = \{4, 5\}$	$R^C = \{1, 2, 3, 6\}$
$\sim s$: x는 4보다 크지 않다. 또는 x는 4보다 작거나 같다.	$S = \{5, 6\}$	$S^C = \{1, 2, 3, 4\}$

02 (1) 아니다　　(2) 그렇다　　(3) 그렇다

[이유] (1) '작다'의 부정은 '크다'가 아니라 '작지 않다'이다. 문제 **01**에서 $Q^C \neq S$이다.

'작지 않다'는 말은 '크다'가 아니라 '크거나 같다'이다.

(2) 문제 **01**에서 조건 p의 부정은 r이다. 그리고 r의 부정은 p이다.

그래서 $P^C = R$였고, $R^C = P$였다.

(3) 문제 **01**에서 각 조건의 진리집합과 부정의 진리집합의 합집합은 모두 전체집합과 같았다.

조건 p의 진리집합을 P라 하면 그 부정 $\sim p$의 진리집합은 $Q = P^C$이고 $P \cup Q = P \cup P^C = U$이기 때문에 $P \cup Q = U$인 관계는 항상 성립한다.

03 (1)

연령	집합 A, B의 연산과 조건제시법
18세 이상 40세 이하	$A \cap B = \{x \mid x \in A$이고 $x \in B\}$
18세 미만 또는 40세 초과	$A^C \cup B^C = \{x \mid x \in A^C$ 또는 $x \in B^C\}$ $(A \cap B)^C$ $= \{x \mid x \in U$ 그리고 $x \notin (A \cap B)\}$

(풀이) 소방공무원에 지원 가능한 연령은 '18세 이상 40세 이하'이다. 즉, 18세 이상이고 40세 이하이

므로 집합 A와 집합 B로 표현하면
$A \cap B = \{x \mid x \in A$이고 $x \in B\}$이다.
소방공무원의 지원 자격이 안 되는 사람의 연령은
'18세 미만 또는 40세 초과'이므로 집합 A와 집합
B로 표현하면 $A^C \cup B^C = \{x \mid x \in A^C$ 또는 $x \in B^C\}$
이다.

(2) $A \cap B$를 진리집합으로 갖는 조건은 'p 그리고 q'로
나타낼 수 있다.
$A^C \cup B^C$를 진리집합으로 갖는 조건은 '$\sim p$ 또는
$\sim q$'로 나타낼 수 있다.

(풀이) 집합 A는 18세 이상인 사람의 집합이므로
조건 p는 18세 이상인 사람이라고 할 수 있다.
집합 B는 40세 이하인 사람의 집합이므로 조건 q는
40세 이하인 사람이라고 할 수 있다.
(1)에서 $A \cap B$는 18세 이상이고 40세 이하인 사
람들의 집합이므로 $A \cap B$를 진리집합으로 갖는 조건
은 'p 그리고 q'로 나타낼 수 있다.
$A^C \cup B^C$는 18세 미만 또는 40세 초과인 사람들의
집합이므로 $A^C \cup B^C$를 진리집합으로 갖는 조건은
'$\sim p$ 또는 $\sim q$'로 나타낼 수 있다.
그런데 드모르간의 법칙에 의하여
$A^C \cup B^C = (A \cap B)^C$이므로 이것을 조건으로 연결
하면 조건 'p 그리고 q'의 부정은 '$\sim p$ 또는 $\sim q$'라
고 할 수 있다.

04 조건 p, q의 진리집합을 각각 P, Q라 하면 'p 또
는 q'의 진리집합은 $P \cup Q$이고 'p 또는 q'의 부정의 진
리집합은 $(P \cup Q)^C$이다.
드모르간의 법칙에 의하여 $(P \cup Q)^C = P^C \cap Q^C$이고
이것을 진리집합으로 하는 조건은 '$\sim p$ 그리고 $\sim q$'이다.
따라서 조건 'p 또는 q'의 부정은 '$\sim p$ 그리고 $\sim q$'이다.

탐구하기 3 048쪽 ~ 050쪽

01 (1) 모든 자연수 x에 대하여 x는 양수이다. / 모든
자연수는 양수이므로 참이다.
모든 정수 x에 대하여 x는 양수이다. / 음의 정수는
양수가 아니므로 거짓이다.
모든 유리수 x에 대하여 x는 양수이다. / 유리수 중
음수인 것이 존재하므로 거짓이다.
어떤 자연수 x에 대하여 x는 음수이다. / 자연수는
모두 양수이므로 거짓이다.

어떤 정수 x에 대하여 x는 음수이다. / 음의 정수는
음수이므로 참이다.
어떤 유리수 x에 대하여 x는 음수이다. / 음의 유리
수는 음수이므로 참이다.

(2) (1)에서 만든 6개의 문장은 모두 참, 거짓이 분명하
므로 모두 명제이다.
조건 'x는 양수이다.'와 'x는 음수이다.'는 참, 거짓
을 판별할 수 없어 명제라고 할 수 없지만, 조건 p
앞에 '모든'이나 '어떤'이 있으면 참, 거짓이 판별되
므로 명제가 된다.

02 (1)

진리집합	전체집합 또는 공집합과의 관계
$P = \{1, 2, 3, 4, 5\}$	$P = U$
$Q = \{1, 2\}$	$Q \neq U$, $Q \neq \varnothing$
$R = \varnothing$	$R = \varnothing$
$S = \{1, 2, 3\}$	$S \neq U$, $S \neq \varnothing$

(2) (가) 참 / 전체집합의 모든 원소를 제곱하면 0보다 크
다.
(나) 거짓 / 전체집합의 원소 중 3, 4, 5는 $x^2 - 5 \leq 0$
을 만족하지 않는다.
(다) 거짓 / 전체집합의 원소 중 제곱하여 3이 되는
원소는 없다.
(라) 참 / 전체집합의 원소 중 1, 2, 3은 $|x| < 4$를 만
족한다.

(3) 진주, 혁준, 철수

(풀이) '모든 x에 대하여 p이다.'는 $P = U$이면 참이
고 $P \neq U$이면 거짓이다. 따라서 진주의 표현이 맞
고, 상순의 표현은 $P = U$임을 알 수 없어서 참, 거
짓을 판단할 수 없으므로 틀렸다.
'어떤 x에 대하여 p이다.'는 $P \neq \varnothing$이면 참이고
$P = \varnothing$이면 거짓이다. 따라서 혁준의 표현이 맞고,
미영의 표현은 틀렸다. 또한, 철수의 경우 $P = U$이
면 $P \neq \varnothing$이므로 맞게 표현했다.

(4) (i) $P = U$이면 명제 '모든 x에 대하여 p이다.'는 참
이다.
(ii) $P \neq U$이면 명제 '모든 x에 대하여 p이다.'는 거
짓이다.
(iii) $P \neq \varnothing$이면 명제 '어떤 x에 대하여 p이다.'는 참이다.

(iv) $P=\varnothing$이면 명제 '어떤 x에 대하여 p이다.'는 거짓이다.

(5) 3, 4, 5

03 (1)

'모든' 또는 '어떤'이 포함된 명제	(참, 거짓)	명제의 부정	(참, 거짓)
모든 그림에는 줄기가 있다.	참	어떤 그림에는 줄기가 없다.	거짓
모든 그림의 꽃잎의 개수는 3이다.	거짓	어떤 그림의 꽃잎의 개수는 3이 아니다.	참
어떤 그림에는 테두리가 있다.	참	모든 그림에는 테두리가 없다.	거짓
어떤 그림은 장미이다.	거짓	모든 그림은 장미가 아니다.	참

(풀이) 모든 그림에는 줄기가 있다. (참, 모든 그림에 줄기가 그려져 있다.)

(부정) 어떤 그림에는 줄기가 없다. (거짓, 줄기가 없는 그림은 없다. 모두 줄기가 있다.)

모든 그림의 꽃잎의 개수는 3이다. (거짓, 모든 그림의 꽃잎이 3장보다 많다.)

(부정) 어떤 그림의 꽃잎의 개수는 3이 아니다. (참, 꽃잎의 개수가 3이 아닌 그림은 8개나 된다.)

어떤 그림에는 테두리가 있다. (참, 그림 ①, ⑤, ⑦, ⑧에 테두리가 있다.)

(부정) 모든 그림에는 테두리가 없다. (거짓, 그림 ①, ⑤, ⑦, ⑧에는 테두리가 있다. 모든 그림에 없는 것이 아니다.)

어떤 그림은 장미이다. (거짓, 장미꽃은 없다.)

(부정) 모든 그림은 장미가 아니다. (참, 모든 꽃이 해바라기이므로 참이다.)

(2) 참인 명제의 부정은 거짓이고 거짓인 명제의 부정은 참이다.

명제 '모든 x에 대하여 p이다.'의 부정은 '어떤 x에 대하여 p가 아니다.'이고, 명제 '어떤 x에 대하여 p이다.'의 부정은 '모든 x에 대하여 p가 아니다.'이다.

04 (1) 어떤 x에 대하여 $x^2 \leq 0$이다.
(2) 모든 x에 대하여 $|x| \geq 4$이다.

02 명제 사이의 관계

탐구하기 1 051쪽 ~ 053쪽

01

p이고 q이다.	p이면 q이다.	p 또는 q이다.
x는 홀수이고 $x^2-4x+3=0$이다.	x는 홀수이면 $x^2-4x+3=0$이다.	x는 홀수 또는 $x^2-4x+3=0$이다.
x는 홀수이고 x가 2보다 큰 소수이다.	x는 홀수이면 x는 2보다 큰 소수이다.	x는 홀수 또는 x는 2보다 큰 소수이다.
x는 홀수이고 x가 3의 약수이다.	x는 홀수이면 x는 3의 약수이다.	x는 홀수 또는 x는 3의 약수이다.
$x^2-4x+3=0$이고 x는 홀수이다.	$x^2-4x+3=0$이면 x는 홀수이다.	$x^2-4x+3=0$ 또는 x는 홀수이다.
$x^2-4x+3=0$이고 x는 2보다 큰 소수이다.	$x^2-4x+3=0$이면 x는 2보다 큰 소수이다.	$x^2-4x+3=0$ 또는 x는 2보다 큰 소수이다.
$x^2-4x+3=0$이고 x는 3의 약수이다.	$x^2-4x+3=0$이면 x는 3의 약수이다.	$x^2-4x+3=0$ 또는 x는 3의 약수이다.
x는 2보다 큰 소수이고 x는 홀수이다.	x는 2보다 큰 소수이면 x는 홀수이다.	x는 2보다 큰 소수 또는 x는 홀수이다.
x는 2보다 큰 소수이고 $x^2-4x+3=0$이다.	x는 2보다 큰 소수이면 $x^2-4x+3=0$이다.	x는 2보다 큰 소수 또는 $x^2-4x+3=0$이다.
x는 2보다 큰 소수이고 x는 3의 약수이다.	x는 2보다 큰 소수이면 x는 3의 약수이다.	x는 2보다 큰 소수 또는 x는 3의 약수이다.

p이고 q이다.	p이면 q이다.	p 또는 q이다.
x는 3의 약수이고 x는 홀수이다.	x는 3의 약수이면 x는 홀수이다.	x는 3의 약수 또는 x는 홀수이다.
x는 3의 약수이고 $x^2-4x+3=0$이다.	x는 3의 약수이면 $x^2-4x+3=0$이다.	x는 3의 약수 또는 $x^2-4x+3=0$이다.
x는 3의 약수이고 x는 2보다 큰 소수이다.	x는 3의 약수이면 x는 2보다 큰 소수이다.	x는 3의 약수 또는 x는 2보다 큰 소수이다.

(가능한 모든 경우를 나타낸 것이다.)

02 'p이고 q이다.', 'p 또는 q이다.'의 문장은 명제가 아니고(여전히 조건이고), 'p이면 q이다.' 형태의 문장은 명제이다. 왜냐하면, 'p이고 q이다.', 'p 또는 q이다.'의 문장은 조건 p, q에 나오는 문자 x에 대한 정보에 더 제한(축소)이 가해지거나 문자 x에 대한 정보가 더 완화(확장)될 뿐, 문자 x에 대한 그러한 정보가 참인지 거짓인지는 여전히 알 수 없는 상태이지만, 'p이면 q이다.' 형태의 문장은 만약 x가 p라는 조건을 만족한다면 조건 q를 만족하는지를 보고 참, 거짓을 판단할 수 있기 때문이다.

03 (1)

참인 명제: $x^2-4x+3=0$이면 x는 홀수이다.	거짓인 명제: x가 2보다 큰 소수이면 x는 3의 약수이다.
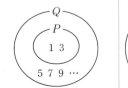	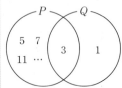

(2) 명제 '$x^2-4x+3=0$이면 x는 홀수이다.'가 참인 이유는 조건 p를 만족하는 원소 모두가 조건 q를 만족하기 때문이다.

명제 'x가 2보다 큰 소수이면 x는 3의 약수이다.'가 거짓인 이유는 5, 7, 11, $\cdots$ 과 같이 조건 p는 참이 되게 하지만 조건 q는 거짓이 되도록 하는 원소가 존재하기 때문이다.

따라서 이것을 진리집합으로 설명하면 명제 $p \longrightarrow q$가 참일 때는 진리집합 사이에 $P \subset Q$인 관계가 성립한다. 반대로 $P \not\subset Q$이면 명제 $p \longrightarrow q$는 거짓이다.

04 조건 p, q의 진리집합을 각각 P, Q라 하면

(i) $P \subset Q$이면 명제 $p \longrightarrow q$는 참이다.

(ii) $P \not\subset Q$이면 명제 $p \longrightarrow q$는 거짓이다.

05 (1) p가 q이기 위한 충분조건일 때는 $p \Longrightarrow q$이므로 $P \subset Q$인 관계가 성립한다.

(2) p가 q이기 위한 필요조건일 때는 $q \Longrightarrow p$이므로 $Q \subset P$인 관계가 성립한다.

(3) p가 q이기 위한 필요충분조건일 때는 $p \Longleftrightarrow q$이므로 $P = Q$인 관계가 성립한다.

탐구하기 2 054쪽 ~ 055쪽

01 (1) 명제 $p \longrightarrow q$가 참일 때는 $P \subset Q$이고, 명제 $q \longrightarrow p$가 참일 때는 $Q \subset P$이므로 $P = Q$인 두 조건을 찾으면 된다.

'p: $x^2-4x+3=0$, q: x는 3의 약수이다.'로 두면 $P=\{1, 3\}$, $Q=\{1, 3\}$이고 $P=Q$이므로 명제 $p \longrightarrow q$가 참이고 명제 $q \longrightarrow p$도 참이다.

(2) 명제 $p \longrightarrow q$가 참일 때는 $P \subset Q$이고, 명제 $q \longrightarrow p$가 거짓일 때는 $Q \not\subset P$이므로 이런 두 조건을 찾으면 된다.

'p: $x^2-4x+3=0$, q: x가 홀수이다.'로 두면 $P=\{1, 3\}$, $Q=\{1, 3, 5, 7, \cdots\}$이고 $P \subset Q$, $Q \not\subset P$이므로 명제 $p \longrightarrow q$가 참이고 명제 $q \longrightarrow p$는 거짓이다.

(3) 명제 $p \longrightarrow q$가 참일 때는 $P \subset Q$이고, 명제 $\sim q \longrightarrow \sim p$가 참일 때는 $Q^C \subset P^C$인데 $P \subset Q$이면 $Q^C \subset P^C$이므로 $P \subset Q$인 두 조건을 찾으면 된다.

'p: x는 3의 약수이다, q: x가 홀수이다.'로 두면 $P=\{1, 3\}$, $Q=\{1, 3, 5, 7, \cdots\}$이고, $P \subset Q$이므로 명제 $p \longrightarrow q$가 참이고, $Q^C \subset P^C$이므로 명제 $\sim q \longrightarrow \sim p$도 참이다.

(4) 명제 $p \longrightarrow q$가 참일 때는 $P \subset Q$이고, 명제 $\sim q \longrightarrow \sim p$가 거짓일 때는 $Q^C \not\subset P^C$인데 $P \subset Q$이면 $Q^C \subset P^C$이므로 $P \subset Q$이면서 $Q^C \not\subset P^C$인 두 조건은 있을 수 없다.

따라서 명제 $p \longrightarrow q$가 참이고 명제 $\sim q \longrightarrow \sim p$는 거짓인 두 조건 p, q는 없다.

02 문제 **01**번 (4)에서 알아보았듯이 명제 $p \longrightarrow q$가 참인데 명제 $\sim q \longrightarrow \sim p$는 거짓인 경우는 존재하지 않는다.

명제 $p \longrightarrow q$가 참이면 $P \subset Q$이고, $P \subset Q$이면 $Q^C \subset P^C$이므로 명제 $\sim q \longrightarrow \sim p$는 항상 참이다.

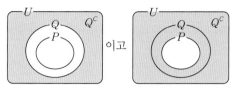

$P \subset Q$이면 $Q^C \subset P^C$가 항상 성립하는 이유

이고

이므로 $P \subset Q$이면 $Q^C \subset P^C$

03 명제 $p \longrightarrow q$가 거짓이면 $P \not\subset Q$이다. 이때 명제 $q \longrightarrow p$의 진리집합을 생각하면 $Q \subset P$일 수도 $Q \not\subset P$일 수도 있기 때문에 명제 $q \longrightarrow p$가 참일 수도 거짓일 수도 있다.

문제 **01**에 제시된 조건을 이용하면 명제 'x가 홀수이면 x는 2보다 큰 소수이다.'는 거짓이지만, 명제 'x가 2보다 큰 소수이면 x는 홀수이다.'는 참이다. 또 명제 'x가 2보다 큰 소수이면 $x^2-4x+3=0$이다.'는 거짓이고, 명제 '$x^2-4x+3=0$이면 x는 2보다 큰 소수이다.' 도 거짓이다.

04 명제 $p \longrightarrow q$가 거짓이면 $P \not\subset Q$이고 $P \not\subset Q$이면 $Q^C \not\subset P^C$가 항상 성립하므로 $\sim q \longrightarrow \sim p$도 거짓이다.

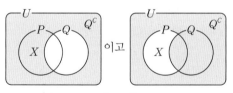

$P \not\subset Q$이면 $Q^C \not\subset P^C$가 항상 성립하는 이유(벤다이어그램 안의 X 표시는 해당 영역에 원소가 최소 하나 존재한다는 뜻이다.)

이고

이므로 $P \not\subset Q$이면 $Q^C \not\subset P^C$이다. (집합 P에는 속하지만 Q에는 속하지 않는 원소에 주목한다.)

05 명제 $p \longrightarrow q$가 참이면 $P \subset Q$이지만 $Q \subset P$일 수도 $Q \not\subset P$일 수도 있기 때문에 역 $q \longrightarrow p$는 참일 수도 거짓일 수도 있다.

명제 $p \longrightarrow q$가 거짓이면 $P \not\subset Q$이지만 $Q \subset P$일 수도 $Q \not\subset P$일 수도 있기 때문에 역 $q \longrightarrow p$는 참일 수도 거짓일 수도 있다.

명제 $p \longrightarrow q$가 참이면 $P \subset Q$이고, 이때 $Q^C \subset P^C$이므로 대우 $\sim q \longrightarrow \sim p$는 참이다.

명제 $p \longrightarrow q$가 거짓이면 $P \not\subset Q$이고, 이때 $Q^C \not\subset P^C$이므로 대우 $\sim q \longrightarrow \sim p$는 거짓이다.

정리하면, 명제 $p \longrightarrow q$와 그 역 $q \longrightarrow p$의 참, 거짓은 일치한다고 할 수는 없지만, 명제 $p \longrightarrow q$와 그 대우 $\sim q \longrightarrow \sim p$의 참, 거짓은 일치한다.

06 2월 29일이 없다면 윤년이 아니다.

2. 명제

03 명제의 증명과 절대부등식의 증명

탐구하기 1   056쪽

01 (1) 서진이가 평행사변형의 뜻을 가장 간결하고 명확하게 표현했다.

병현이와 경구는 평행사변형의 뜻 이외에 성질을 추가로 표현했고, 은미는 평행사변형의 성질을 표현하고 있다.

평행사변형의 뜻은 두 쌍의 대변이 각각 평행한 사각형이다.

평행사변형은 다음과 같은 성질이 있다.

① 두 쌍의 대변의 길이가 각각 같다.

② 두 쌍의 대각의 크기가 각각 같다.

③ 대각선이 서로 다른 것을 이등분한다.

(2) (1)에서 나온 표현 중 평행사변형의 정의를 제외한 나머지 표현은 다음 3가지인데, 그것은 평행사변형의 성질이다. 평행사변형의 성질은 평행사변형의 정의로부터 유도할 수 있다.

① 두 쌍의 대변의 길이가 각각 같다.

② 두 쌍의 대각의 크기가 각각 같다.

③ 대각선이 서로 다른 것을 이등분한다.

(3) 이등변삼각형의 정의: 두 변의 길이가 같은 삼각형

이등변삼각형의 성질

① 두 밑각의 크기가 같다.

② 꼭지각의 이등분선은 밑변을 수직이등분한다.

탐구하기 2   057쪽

01 (1) $a^2>b^2$이려면 $a^2-b^2>0$여야 한다.

a^2-b^2을 인수분해하면 $a^2-b^2=(a+b)(a-b)$이

고 $a+b>0$이므로 $a^2-b^2>0$이려면 $a-b>0$, 즉 $a>b$여야 한다.

즉, $a^2>b^2$이 참이 되기 위해서는 $a>b$라는 조건이 필요하다.

(2) $a^2-b^2=(a+b)(a-b)$에서, $a>0$, $b>0$이고 $a>b$이므로 $a+b>0$, $a-b>0$이다.

따라서 $a^2-b^2>0$이므로 $a^2>b^2$이 항상 성립한다.

02

나의 의견	모둠 구성원의 의견
$1+3=4$(짝수) $5+7=12$(짝수) $9+11=20$(짝수) 이와 같이 홀수끼리 더하면 항상 짝수가 나온다.	두 홀수를 $2a+1$, $2b+1$(a, b는 음이 아닌 정수)이라 하면 $(2a+1)+(2b+1)$ $=2a+2b+2$ $=2(a+b+1)$ (짝수) 따라서 두 홀수의 합은 항상 짝수이다.

탐구하기 3 058쪽 ~ 059쪽

01 (1) 자연수 n에 대하여 n이 홀수가 아니면 n^2도 홀수가 아니다.

(2) n이 홀수가 아니면, 즉 n이 짝수이면
$$n=2a\,(a는 자연수)$$
로 나타낼 수 있다.
$n^2=(2a)^2=4a^2=2(2a^2)$에서 $2a^2$은 자연수이므로 n^2은 짝수이다.
즉, n^2은 홀수가 아니다.

(3) 주어진 명제가 참임을 직접적으로 보이기는 어렵지만 (2)에서 주어진 명제의 대우가 참임을 보였고, 명제와 대우는 참, 거짓이 일치하므로 주어진 명제도 참이다.

02 명제가 참인지 확인하기 위해서는 반드시 3이 적힌 카드와 사자가 그려져 있는 카드를 뒤집어 보아야 한다.

이유: 주어진 명제의 대우를 생각하면 '사자가 그려져 있는 카드의 반대 면에는 짝수가 적혀 있다.'이다.
주어진 명제가 참이면 명제의 대우도 참이 된다.

03 (1) n^2이 홀수이면 $n^2=2a-1$(a는 자연수)로 나타

낼 수 있다. 이때 $n=\sqrt{2a-1}$에서 n이 홀수인지 짝수인지 설명하기 어렵다.

(2) n이 홀수가 아니라면 n은 짝수이므로
$$n=2a\,(a는 자연수)$$
로 나타낼 수 있다.
이때 $n^2=(2a)^2=4a^2=2(2a^2)$에서 $2a^2$은 자연수이므로 n^2은 홀수가 아니라 짝수이다.

(3) (1)에서 명제를 직접적으로 증명하는 것이 어렵다는 것을 알 수 있었다.
(2)에서 주어진 명제의 결론을 부정했더니 가정에 모순이 되었다.
모순이 생긴 원인은 결론을 부정했기 때문이다.
따라서 결론은 부정할 수 없고 원래 명제는 참임을 알 수 있다.

04 결론을 부정하여 m 그리고 n이 모두 홀수가 아니라면, m, n은 모두 짝수이므로
$$m=2a,\ n=2b\,(a,\ b는 자연수)$$
로 나타낼 수 있다.
이때 2는 두 자연수의 공약수이므로 이것은 m, n이 서로소라는 가정에 모순이다.
따라서 주어진 명제는 참이다.

탐구하기 4 060쪽 ~ 061쪽

01 (1) 모든 실수 x에 대하여 성립한다.

풀이 x가 실수이면 $x^2\geq0$이므로 부등식 $x^2+3\geq0$은 모든 실수 x에 대하여 성립한다.

(2) 부등식의 좌변을 인수분해하면
$$a^2+2ab+b^2=(a+b)^2$$
이고 $a+b$는 실수이므로 부등식 $a^2+2ab+b^2\geq0$이 항상 성립한다.

02 (1) $a>0$, $b>0$이므로
$$a=(\sqrt{a})^2,\ b=(\sqrt{b})^2이고,\ \sqrt{ab}=\sqrt{a}\sqrt{b}$$
이다. 따라서
$$\frac{a+b}{2}-\sqrt{ab}=\frac{a+b-2\sqrt{ab}}{2}$$
$$=\frac{(\sqrt{a})^2+(\sqrt{b})^2-2\sqrt{a}\sqrt{b}}{2}$$
$$=\frac{(\sqrt{a}-\sqrt{b})^2}{2}\geq0$$
$$\therefore\ \frac{a+b}{2}\geq\sqrt{ab}$$

(2) $a>0$, $b>0$이므로

$$\frac{a+b}{2}>0, \ \sqrt{ab}>0$$

이다. 따라서

$$\left(\frac{a+b}{2}\right)^2-(\sqrt{ab})^2=\frac{a^2+2ab+b^2}{4}-ab$$
$$=\frac{a^2-2ab+b^2}{4}$$
$$=\frac{(a-b)^2}{4}\geq 0$$

에서 $\left(\frac{a+b}{2}\right)^2\geq(\sqrt{ab})^2$이므로 $\frac{a+b}{2}\geq\sqrt{ab}$

(3) $\frac{a+b}{2}\geq\sqrt{ab}$ (단, 등호는 $a=b$일 때 성립한다.)

이 부등식은 모든 양수 a, b에 대하여 항상 성립하므로 절대부등식이다.

03 (1) $(a^2+b^2)(x^2+y^2)-(ax+by)^2$
$$=(a^2x^2+a^2y^2+b^2x^2+b^2y^2)-(a^2x^2+2abxy+b^2y^2)$$
$$=a^2y^2-2abxy+b^2x^2$$
$$=(ay-bx)^2\geq 0$$

이므로 $(a^2+b^2)(x^2+y^2)\geq(ax+by)^2$이다.

(2) $(a^2+b^2)(x^2+y^2)\geq(ax+by)^2$

(단, 등호는 $ay=bx$일 때 성립한다.)

이 부등식은 모든 실수 a, b, x, y에 대하여 항상 성립하므로 절대부등식이다.

개념과 문제의 연결　　064쪽 ~ 069쪽

1 (1) k는 양수이고, $|x-2|<k$이므로
$$-k<x-2<k$$
$$\therefore 2-k<x<2+k$$

(2) $p\longrightarrow q$가 참이므로, 조건 p는 조건 q이기 위한 충분조건이다.

한편, 조건 q는 조건 p이기 위한 필요조건이다.

(3) $p\longrightarrow q$가 참이므로, 진리집합 P, Q 사이에는 $P\subset Q$인 관계가 성립한다.

(4)
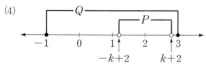

2 조건 p, q의 진리집합을 각각 P, Q라 하면,

$$P=\{x||x-2|<k\}$$
$$=\{x|\boxed{-k+2}<x<\boxed{k+2}\},$$

$Q=\{x|-1\leq x\leq 3\}$

명제 $p\longrightarrow q$가 참이므로 $\boxed{P}\subset\boxed{Q}$여야 한다.

수직선에 집합 P, Q를 나타내면

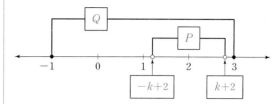

따라서, $-1\leq\boxed{-k+2}$이고 $\boxed{k+2}\leq 3$이어야 한다. 즉, $\boxed{k\leq 3}$이고 $\boxed{k\leq 1}$이다.

이때, 등호가 포함되는 이유는 k가 등호의 값을 갖더라도 두 집합 P, Q 사이에는 $\boxed{P}\subset\boxed{Q}$인 관계가 성립하기 때문이다.

두 조건 $\boxed{k\leq 3}$과 $\boxed{k\leq 1}$을 동시에 만족하는 k의 값의 범위는 $\boxed{k\leq 1}$

그러므로 k의 최댓값은 $\boxed{1}$

3 (1) p가 q이기 위한 필요조건이므로 명제 $q\longrightarrow p$가 참이다.

따라서 참인 명제는 '$x^2+ax+4\neq 0$이면 $x-2\neq 0$'이다.

(2) 명제가 참임을 증명하려고 할 때 진리집합의 포함 관계를 이용해야 하는데 각 조건의 진리집합의 원소가 무한개이기 때문에 포함 관계를 파악하기가 어렵다.

(3) 어떤 명제가 참이면 그 대우도 참이므로 대우 명제로 바꾼다.

(1)에서 만든 명제의 대우는 '$x-2=0$이면 $x^2+ax+4=0$'이다.

(4) 명제와 그 대우의 참, 거짓은 일치한다.

(3)에서 새로 만든 명제는 (1)에서 만든 명제의 대우이므로, (3)에서 만든 명제가 참이면 (1)에서 만든 명제도 참이다.

4 p가 q이기 위한 필요조건이므로 $\boxed{q}\Rightarrow\boxed{p}$

두 조건 p, q의 진리집합을 각각 P, Q라 하면
$$P=\{x|x-2\neq 0\}, \ Q=\{x|x^2+ax+4\neq 0\}$$이고 $\boxed{Q}\subset\boxed{P}$

그런데 집합 P, Q의 원소가 무수히 많기 때문에 $\boxed{Q} \subset \boxed{P}$ 가 성립하도록 하는 상수 a의 값은 생각하기가 어렵다.

이때, 명제 $q \longrightarrow p$의 대우 명제를 생각하면 $\boxed{\sim p} \Rightarrow \boxed{\sim q}$ 가 성립한다.

따라서, $\boxed{P^C} \subset \boxed{Q^C}$ 가 성립하도록 하는 상수 a의 값을 생각해 본다.

$$P^C = \{x \mid x - 2 = 0\} = \{2\},$$
$$Q^C = \{x \mid x^2 + ax + 4 = 0\}$$

이므로 $\boxed{2}$ 는 집합 $\boxed{Q^C}$의 원소가 되어야 한다. 즉, $\boxed{x=2}$ 는 이차방정식 $x^2 + ax + 4 = 0$의 해가 되어야 한다.

$x^2 + ax + 4 = 0$에 $x = 2$를 대입하면

$$4 + 2a + 4 = 0$$

에서 $a = \boxed{-4}$

5 (1) 그림에서 지름의 길이가 $a+b$이고, 선분 OA, OC는 각각 반지름이므로

$$\overline{OA} = \overline{OC} = \frac{a+b}{2}$$

(2) 직각삼각형의 세 변은 선분 OC, CM, MO인데 이 중 $\overline{CM}$의 길이를 구하려면 선분 MO의 길이를 알아야 한다.

$$\overline{MO} = \overline{OA} - \overline{AM} = \frac{a+b}{2} - a = \frac{b-a}{2}$$

(3) 직각삼각형에서는 피타고라스 정리를 이용할 수 있다.

직각삼각형 CMO에서 $\overline{OC}$가 빗변이므로

$$\overline{OC}^2 = \overline{CM}^2 + \overline{MO}^2$$

이 성립한다.

(4) 직각삼각형 CMO에서 $\overline{OC}$가 빗변이므로

$$\overline{OC} > \overline{CM}$$

이 성립한다.

6 (i) $a \neq b$인 경우

그림에서 지름의 길이가 $\boxed{a+b}$ 이고, 선분 OA, OC는 각각 반지름이므로

$$\overline{OA} = \overline{OC} = \boxed{\frac{a+b}{2}}$$

한편, $\overline{MO} = \overline{OA} - \overline{AM} = \boxed{\frac{a+b}{2} - a = \frac{b-a}{2}}$

삼각형 CMO는 직각삼각형이므로 피타고라스 정리에 의하여

$$\overline{CM}^2 = \overline{CO}^2 - \overline{MO}^2$$
$$= \left(\frac{a+b}{2}\right)^2 - \left(\frac{b-a}{2}\right)^2$$
$$= \frac{a^2 + 2ab + b^2}{4} - \frac{b^2 - 2ab + a^2}{4}$$
$$= \boxed{ab}$$

에서 $\overline{CM} = \boxed{\sqrt{ab}}$

그런데 변 OC는 직각삼각형 CMO의 빗변이므로

$$\overline{OC} > \overline{CM}$$

따라서 $\dfrac{a+b}{2} > \sqrt{ab}$

(ii) $a = b$인 경우

이때는 $\overline{OC} = \overline{CM}$이므로 등호가 성립한다.

따라서 부등식 $\dfrac{a+b}{2} \geq \sqrt{ab}$가 항상 성립한다.

중단원 연습문제 070쪽~073쪽

01 명제인 것: ㄴ → 참, ㄷ → 참, ㄹ → 거짓
02 풀이 참조   **03** ㄹ
04 (1) 풀이 참조   (2) 풀이 참조
05 (1) 풀이 참조   (2) 풀이 참조
06 (1) 풀이 참조   (2) 풀이 참조
07 거짓 / 반례는 -1, 0
08 (1) 풀이 참조   (2) 풀이 참조
09 (1) 충분
    (2) 필요충분, 충분, 필요 모두 들어갈 수 있다.
10 (1) ㄱ, ㄹ   (2) ㄱ, ㄴ, ㅁ
11 풀이 참조
12 꽃이 피지 않으면 봄이 온 것이 아니다.
13 풀이 참조   **14** 풀이 참조   **15** 풀이 참조

01 ㄱ. '높다'는 객관적인 기준이 아니므로 명제가 아니다.

ㄴ. 합동인 두 삼각형은 서로 똑같으므로 넓이도 같다. 따라서 참인 명제이다.

ㄷ. 4, 6, 8, 9는 1과 자신 외에 또 다른 수를 약수

로 가지는 수이므로 합성수이다. 따라서 참인 명제이다.

ㄹ. $5=\sqrt{5^2}=\sqrt{25}$이고, $25>24$이므로 $5>\sqrt{24}$이다. 따라서 거짓인 명제이다.

02 명제 '$\varnothing \not\subset \{1\}$'의 부정은 '$\varnothing \subset \{1\}$'이다.
공집합은 모든 집합의 부분집합이므로 명제의 부정은 참이다.

03 ㄱ. 참, 거짓을 명확하게 판단할 수 없으므로 명제가 아니고, 조건도 아니다.

ㄴ. 거짓인 명제이다.

ㄷ. 문장에 x가 있지만 항상 참이므로 참인 명제이다.

ㄹ. x, y 변수의 값에 따라 참, 거짓을 명확하게 판별할 수 있으므로 조건이다.

04 (1) 자연수 a, b에 대하여 a는 짝수가 아니고, b도 짝수가 아니다. (즉, a, b 모두 홀수이다.)
조건 'p 또는 q'의 부정은 '$\sim p$ 그리고 $\sim q$'이다.

(2) 실수 x에 대하여 $(x-1)(x+1) \geq 0$이다.

05 (1) 거짓
이유: $x=1$일 때 $x^2-2x+1=0$이므로 $x^2-2x+1>0$은 거짓이다. 모든 실수 x에 대하여 $x^2-2x+1>0$인 것은 아니므로 거짓이다.

(2) 참
이유: 조건 $x^2-2x+1>0$의 진리집합은 1을 제외한 실수 전체이므로($\varnothing$이 아니므로) 참이다.

06 (1) 명제의 부정: 어떤 마름모는 정사각형이 아니다. / 참
이유: 네 변의 길이는 같지만 내각의 크기가 $90°$가 아닌 사각형이 존재한다.

(2) 명제의 부정: 모든 실수 x에 대하여 $x^2+x+1 \leq 0$이다. / 거짓
이유: 모든 실수 x에 대하여
$$x^2+x+1=\left(x+\frac{1}{2}\right)^2+\frac{3}{4}>0$$

07 $x^2+x-2 \geq 0$에서 $(x+2)(x-1) \geq 0$
$\therefore x \leq -2$ 또는 $x \geq 1$
부등식 $x^2+x-2 \geq 0$을 만족하지 않는 정수 -1,

0이 존재하므로 이 명제는 거짓이고 반례는 -1, 0이다.

08 (1) 거짓
이유: $x=5$는 홀수이지만 $x^2-4x+3 \neq 0$이므로 거짓이다.
진리집합의 포함 관계로 설명하면
$\{1, 3, 5, 7, \cdots\} \not\subset \{1, 3\}$이기 때문에 거짓이다.

(2) 거짓
이유: 1은 3의 약수이지만 2보다 큰 소수가 아니므로 거짓이다.
진리집합의 포함 관계로 설명하면
$\{1, 3\} \not\subset \{3, 5, 7, 11, 13, \cdots\}$이기 때문에 거짓이다.

09 (1) $P \subset Q$이므로 p는 q이기 위한 충분조건이다.

(2) $R^C \subset Q^C$이면 $Q \subset R$이고, $R \subset Q$이므로 $Q=R$이다.
따라서 r는 q이기 위한 필요충분조건이다.
빈칸에는 필요충분, 충분, 필요 모두 들어갈 수 있다.

10 명제 $p \longrightarrow q$가 참일 때 p는 q이기 위한 충분조건이므로 조건 p, q 각각의 진리집합 P, Q에 대하여 $P \subset Q$가 되는 q를 모두 찾으면 된다.
$x+2>0$의 진리집합은 $\{x \,|\, x>-2\}$
$|x|=x$의 진리집합은 $\{x \,|\, x \geq 0\}$
$x=1$의 진리집합은 $\{1\}$
$x^2=1$의 진리집합은 $\{-1, 1\}$
$x(x-5)>0$의 진리집합은 $\{x \,|\, x<0$ 또는 $x>5\}$
$|x|=1$의 진리집합 $\{-1, 1\}$을 포함하는 진리집합을 갖는 조건은 ㄱ, ㄹ이고, $x-6>0$의 진리집합 $\{x \,|\, x>6\}$을 포함하는 진리집합을 갖는 조건은 ㄱ, ㄴ, ㅁ이다.

11 역: 유리수는 정수이다.
대우: 유리수가 아니면 정수가 아니다.

12 명제가 참이면 그 명제의 대우도 참이므로 대우를 쓰면 된다.

13 주어진 명제의 대우는 'x가 짝수이면 x는 소수가 아니다.'이다.

조건 'x가 짝수이다.'의 진리집합은
$\{4, 6, 8, 10, 12, \cdots\}$이고
조건 'x는 소수가 아니다.'의 진리집합은
$\{4, 6, 8, 9, 10, 12, \cdots\}$이다.
모든 짝수는 2를 약수로 가지므로 소수가 아니다.
따라서 대우는 참이다. 주어진 명제의 대우가 참이
므로 주어진 명제도 참이다.

14 n이 홀수라고 가정하면 $n=2k-1$ (k는 자연수)로
나타낼 수 있다.
이때, $n^2=(2k-1)^2=4k^2-4k+1$
$\qquad\qquad =2(2k^2-2k+1)-1$
이고, $2k^2-2k+1$이 자연수이므로 n^2은 홀수이다.
이것은 n^2이 짝수라는 가정에 모순이다.
따라서 n^2이 짝수이면 n도 짝수이다.

15 실수 p의 값에 관계없이 $(x-p)^2 \ge 0$은 항상 성립
하므로 $q \ge 0$이기만 하면 된다.

대단원 연습문제

074쪽~079쪽

01 ⑤	02 집합 $B=\{3, 4, 5\}$	
03 -1, 3	04 ③	05 3
06 ⑤	07 $n(A^c \cap B^c)=3$	
08 $\{3\}$, $\{3, 4\}$, $\{3, 5\}$, $\{3, 4, 5\}$		
09 ⑤	10 ①	
11 최댓값은 28, 최솟값은 2	12 ③	
13 ⑤	14 $P^c \cap Q=\{1, 6\}$	
15 부정: 모든 양의 실수 x에 대하여 $x-a+4 > 0$이다.		
자연수 a의 값: 1, 2, 3, 4		
16 ④	17 ③	18 ㄱ, ㄴ
19 ④	20 5	21 $a=1$, $b=2$
22 ⑤	23 ④	24 풀이 참조
25 2, 3		

02 집합 $A=\{1, 2, 3\}$에서 서로 다른 두 원소 x, y의
합을 구하면 3, 4, 5이다.
따라서 집합 $B=\{3, 4, 5\}$이다.

03 $A \subset B$이므로 $a \in B$여야 한다.

(ⅰ) $a=2a+1$, 즉 $a=-1$일 때,
$A=\{-1, 1\}$, $B=\{-1, 1, 3\}$이므로 조건을
만족시킨다.
(ⅱ) $a=3$일 때,
$A=\{1, 3\}$, $B=\{1, 3, 7\}$이므로 조건을 만족
시킨다.
따라서 정수 a의 값은 -1, 3이다.

04 색칠한 부분은 $(A \cap B)-C$와 같고
$(A \cap B)-C=(A \cap B) \cap C^c$
참고로 각 집합을 벤다이어그램으로 나타내면 다
음과 같다.

① 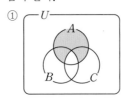 ②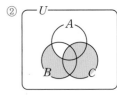
$A-(B \cap C)$ $\qquad\qquad (A^c \cap B) \cup C$

③ 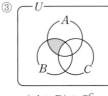 ④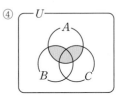
$(A \cap B) \cap C^c$ $\qquad\quad (A \cap B) \cup (A \cap C)$

⑤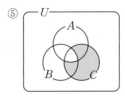
$(A \cap B)^c \cap C$

05 $A \cap B=\varnothing$이므로 집합 B의 원소는 $A \cup B$의 원
소에서 집합 A의 원소를 제외한 것이다. 따라서
$B=\{1, 3\}$이다.
이때, 집합 B의 진부분집합의 개수는 $2^2-1=3$

06 집합 S의 부분집합 중에서 집합 $\{1, 2\}$와 서로소
인 집합은 원소 1, 2를 포함하지 않는 집합이다.
따라서 구하는 집합의 개수는 $2^{5-2}=2^3=8$

07 드모르간의 법칙에서 $A^c \cap B^c=(A \cup B)^c$
$A \cup B=\{2, 4, 5, 7, 8, 9, 10\}$
$(A \cup B)^c=\{1, 3, 6\}$
$n(A^c \cap B^c)=n((A \cup B)^c)=3$

08 $A \cap (A^C \cup B) = (A \cap A^C) \cup (A \cap B) = A \cap B$이
므로

$A \cap B = \{3\}$

이때 $A = \{1, 2, 3\}$이므로 $1 \notin B$, $2 \notin B$, $3 \in B$

즉, B는 집합 $\{1, 2, 3, 4, 5\}$의 부분집합 중에서
원소 1, 2는 포함하지 않고 원소 3은 반드시 포함
해야 한다.

따라서 집합 B가 될 수 있는 것은 $\{3\}$, $\{3, 4\}$,
$\{3, 5\}$, $\{3, 4, 5\}$이다.

09 $A - B = \{2, 4\}$, $B - A = \{7, 9\}$이므로
$A \cup C = B \cup C$를 만족시키려면 집합 C는 네 원소
2, 4, 7, 9를 모두 포함해야 한다.

따라서 집합 C의 개수는 전체집합 U의 부분집합
중 2, 4, 7, 9를 모두 포함하는 부분집합의 개수와
같다. $2^{10-4} = 2^6 = 64$

10 ㄱ. $B \subset A \cup B$이므로 $B \cap (A \cup B) = B$이다. (참)

ㄴ. $A \cap (B \cup C)$에서 분배법칙을 이용하면
$A \cap (B \cup C) = (A \cap B) \cup (A \cap C)$가 성립한
다. (참)

ㄷ. (좌변)과 (우변)을 벤다이어그램으로 나타내면
다음과 같다.

(좌변)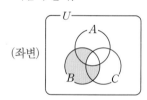

$B - (A \cap C)$

(우변)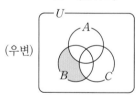

$(B - A) \cap (B - C)$ (거짓)

그러므로 옳은 것은 ㄱ, ㄴ

11 지역 A를 방문한 학생의 집합을 A, 지역 B를 방
문한 학생의 집합을 B라 하자.

지역 A와 지역 B를 모두 방문한 학생의 수
$n(A \cap B)$를 x라 하고 각 영역에 속하는 원소의
개수를 벤다이어그램으로 나타내면 다음과 같다.

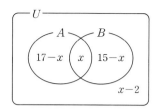

각 영역에 속하는 원소의 개수는 0 이상의 정수이
므로

$x \geq 0$, $x - 2 \geq 0$, $15 - x \geq 0$, $17 - x \geq 0$

따라서 $2 \leq x \leq 15$이다.

한편, $n((A - B) \cup (B - A)) = 32 - 2x$이고
$2 \leq 32 - 2x \leq 28$이므로 최댓값은 28, 최솟값은 2
이다.

12 $A^C \cap B^C = (A \cup B)^C = \{1, 7\}$이므로 조건을 벤다
이어그램으로 나타내면 다음과 같다.

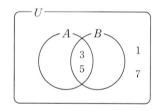

$A \cup B = \{2, 3, 4, 5, 6, 8\}$이므로
$(A - B) \cup (B - A) = \{2, 4, 6, 8\}$이다.
$S(A - B) = 16$이고 $(A - B) \subset \{2, 4, 6, 8\}$이므로
$A - B = \{2, 6, 8\}$이다.
따라서 집합 $B - A = \{4\}$이고 집합 $B = \{3, 4, 5\}$
이므로
$S(B) = 12$

13 ① [반례] $x = -2$이면 $x^2 = 4$이지만 $x \neq 2$이다.

② [반례] 3은 3의 배수이지만 6의 배수는 아니다.

③ 1은 소수가 아니므로 거짓인 명제이다.

④ [반례] $x = 2$, $y = -1$이면 $x + y > 0$이지만
$x > 0$이고 $y < 0$이다.

⑤ x가 실수이면 $x^2 \geq 0$이므로 참인 명제이다.

14 $P = \{2, 3\}$, $Q = \{1, 2, 3, 6\}$
$P^C \cap Q = Q \cap P^C = Q - P = \{1, 6\}$

15 모든 양의 실수 x에 대하여 $x > a - 4$가 참이 되도
록 하는 자연수 a의 값은 1, 2, 3, 4이다.

16 ① $P \not\subset Q$이므로 명제 $p \longrightarrow q$는 거짓이다.

② $P^C \not\subset R$이므로 명제 $\sim p \longrightarrow r$는 거짓이다.

③ $Q \not\subset R$이므로 명제 $q \longrightarrow r$는 거짓이다.

④ $R \subset Q^C$이므로 명제 $r \longrightarrow \sim q$는 참이다.

⑤ $P \not\subset Q^C$이므로 명제 $p \longrightarrow \sim q$는 거짓이다.

17 조건 '$a > 0$ 또는 $b > 0$'의 부정은 '$a \leq 0$이고 $b \leq 0$'이므로 주어진 명제의 대우는 $a \leq 0$이고 $b \leq 0$이면 $a + b \leq 0$이다.

18 세 조건 p, q, r의 진리집합을 각각 P, Q, R라 하면
$P = \{x \mid x < -4 \text{ 또는 } x > 4\}$
$Q = \{x \mid -3 \leq x \leq 3\}$
$R = \{x \mid x \leq 3\}$

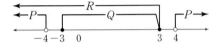

ㄱ. $Q \subset R$이므로 $q \longrightarrow r$는 참이다.

ㄴ. $Q^C = \{x \mid x < -3 \text{ 또는 } x > 3\}$이므로 $P \subset Q^C$
따라서 $p \longrightarrow \sim q$는 참이다.

ㄷ. $P^C = \{x \mid -4 \leq x \leq 4\}$이므로 $R \not\subset P^C$
따라서 $r \longrightarrow \sim p$는 거짓이다.

19 p가 q이기 위한 필요조건이므로 $q \longrightarrow p$가 참이고 $Q \subset P$이다.
① $P \cup Q = P$이므로 거짓이다.
② $P \cap Q = Q$이므로 거짓이다.
③ $P \cap Q^C \neq \varnothing$이므로 거짓이다.
④ $Q - P = \varnothing$이므로 참이다.
⑤ $(P^C \cap Q^C) = (P \cup Q)^C = P^C \neq U$이므로 거짓이다.

20 두 조건 p, q에 대한 진리집합을 각각 P, Q라 하자.
$p \longrightarrow q$가 참이므로 $P \subset Q$여야 한다.
$P = \{x \mid x(x-4) \leq 0\} = \{x \mid 0 \leq x \leq 4\}$
$Q = \{x \mid |x| < a\} = \{x \mid -a < x < a\}$
$\{x \mid 0 \leq x \leq 4\} \subset \{x \mid -a < x < a\}$에서
$-a < 0$이고 $a > 4$여야 하므로 $a > 4$
따라서 자연수 a의 최솟값은 5이다.

21 두 조건 p, q의 진리집합을 각각 P, Q라 하면 p는 q이기 위한 필요충분조건이므로 $P = Q$
$x^2 - 2x - 3 \leq 0$에서
$(x+1)(x-3) \leq 0$, $-1 \leq x \leq 3$
$\therefore P = \{x \mid -1 \leq x \leq 3\}$

$|x - a| \leq b$에서
$-b \leq x - a \leq b$, $a - b \leq x \leq a + b$
$\therefore Q = \{x \mid a - b \leq x \leq a + b\}$
이때 $P = Q$이려면
$a - b = -1$, $a + b = 3$
두 식을 연립하여 풀면 $a = 1$, $b = 2$

22 ㄱ. p: $x^2 + y^2 = 0 \Longleftrightarrow x = 0, y = 0$, q: $x = y$
$x = 1$, $y = 1$이면 $x = y$이지만 $x^2 + y^2 \neq 0$이므로 $q \longrightarrow p$는 거짓이다.
따라서 p는 q이기 위한 충분조건이지만 필요조건은 아니다.

ㄴ. p: $xy < 0 \Longleftrightarrow (x > 0, y < 0)$ 또는
$\qquad (x < 0, y > 0)$
q: $x < 0$ 또는 $y < 0 \Longleftrightarrow (x \geq 0, y < 0)$ 또는
$\qquad (x < 0, y \geq 0)$ 또는
$\qquad (x < 0, y < 0)$
따라서 $p \longrightarrow q$는 참이다.
$x = -1$, $y = -1$이면 $x < 0$ 또는 $y < 0$이지만 $xy > 0$이므로 $q \longrightarrow p$는 거짓이다.
따라서 p는 q이기 위한 충분조건이지만 필요조건은 아니다.

ㄷ. p: $x^3 - y^3 = (x - y)(x^2 + xy + y^2) = 0$에서
$x - y = 0$ 또는 $x^2 + xy + y^2 = 0$
따라서 $x = y$
q: $x^2 - y^2 = (x - y)(x + y) = 0$이므로
$\quad x = y$ 또는 $x = -y$
따라서 $p \longrightarrow q$는 참이다.
$x = 2$, $y = -2$이면 $x^2 - y^2 = 0$이지만 $x^3 - y^3 \neq 0$이므로 $q \longrightarrow p$는 거짓이다.
따라서 p는 q이기 위한 충분조건이지만 필요조건은 아니다.
그러므로 옳은 것은 ㄱ, ㄴ, ㄷ이다.

23 ㄱ. [반례] $a = 1$, $b = -2$이면 $a > b$이지만 $a^2 < b^2$
(거짓)

ㄴ. $a^2 + ab + b^2 = a^2 + ab + \left(\dfrac{b}{2}\right)^2 + \dfrac{3}{4}b^2$
$\qquad = \left(a + \dfrac{b}{2}\right)^2 + \dfrac{3}{4}b^2$
이때 a, b는 실수이므로
$a^2 + ab + b^2 = \left(a + \dfrac{b}{2}\right)^2 + \dfrac{3}{4}b^2 \geq 0$

(등호는 $a=b=0$일 때 성립한다.) (참)

ㄷ. $(\sqrt{a-b})^2-(\sqrt{a}-\sqrt{b})^2$
$\quad=a-b-(a-2\sqrt{ab}+b)$
$\quad=2\sqrt{ab}-2b=2(\sqrt{ab}-b)$
$a\geq b\geq 0$이므로 $2(\sqrt{ab}-b)\geq 0$
따라서 $\sqrt{a-b}\geq\sqrt{a}-\sqrt{b}$
(단, 등호는 $a=b$일 때 성립한다.) (참)

그러므로 옳은 것은 ㄴ, ㄷ

24 주어진 명제의 대우는 'ab가 홀수이면 a^2+b^2은 짝수이다.'

두 자연수 중 어느 하나라도 짝수이면 그 곱이 짝수이므로 ab가 홀수이면 a와 b는 모두 홀수이다.
$a=2m-1$, $b=2n-1$ $(m, n$은 자연수$)$로 나타낼 수 있으므로
$$a^2+b^2=(2m-1)^2+(2n-1)^2$$
$$\quad=(4m^2-4m+1)+(4n^2-4n+1)$$
$$\quad=2(2m^2-2m+2n^2-2n+1)$$
이다. 따라서 a^2+b^2은 짝수이다.
주어진 명제의 대우가 참이므로 주어진 명제도 참이다.

25 명제 '$x^2+2ax+a-4\geq 0$이면 $x^2+3x>0$이다.'가 참이므로 주어진 명제의 대우도 참이다.
명제의 대우 '$x^2+3x\leq 0$이면 $x^2+2ax+a-4<0$이다.'에서 조건 $x^2+3x\leq 0$, $x^2+2ax+a-4<0$을 각각 p, q라 하자. 두 조건 p, q에 대한 진리집합을 각각 P, Q라 하면 $P\subset Q$가 성립한다.
$P=\{x\,|\,x^2+3x\leq 0\}=\{x\,|\,-3\leq x\leq 0\}$
$f(x)=x^2+2ax+a-4$라 하자.
함수 $f(x)$의 그래프에서

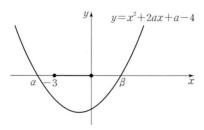

$f(-3)<0$, $f(0)<0$을 만족하면 $P\subset Q$이다.
$\quad f(-3)=5-5a<0$, $\quad f(0)=a-4<0$
$\quad 1<a<4$
따라서 정수 a의 값은 2, 3이다.

V 함수

기억하기 082쪽 ~ 083쪽

1 $y=500x$

(풀이) $x=1$이면 $y=500$, $x=2$이면 $y=1000$, $x=3$이면 $y=1500$, $x=4$이면 $y=2000$, …이므로 x, y에 대한 관계식은 $y=500x$이다.
이들 순서쌍을 좌표평면 위에 나타내면 그림과 같다.

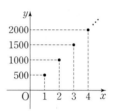

2 $y=3x$

(풀이) 정비례 관계식은 $y=ax\,(a\neq 0)$와 같이 나타낼 수 있다.
$y=ax\,(a\neq 0)$에 $x=5$, $y=15$를 대입하면, $15=5a$에서 $a=3$이므로 관계식은 $y=3x$이다.

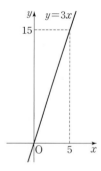

3 $y=-2x+4$

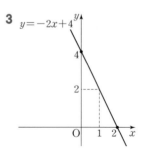

(풀이) x, y절편을 이용하여 일차함수의 그래프 그리기
x절편: $y=0$일 때,
$0=-2x+4$에서 $x=2$이므로 x절편은 2이다.
y절편: $x=0$일 때,
$y=-2\times 0+4=4$이므로 y절편은 4이다.
이 일차함수의 그래프는 좌표평면 위에 두 점 $(2, 0)$, $(0, 4)$를 찍고 그 두 점을 연결한 직선이다.

<다른 풀이> 기울기와 y절편을 이용하여 일차함수의 그래프 그리기

y절편이 4이므로 좌표평면 위에 점 $(0, 4)$를 찍는다. 기울기가 $-2 = \dfrac{-2}{1}$이므로 점 $(0, 4)$에서 x축의 방향으로 1만큼, y축의 방향으로 -2만큼 이동한 점 $(1, 2)$를 찾는다. 이 일차함수의 그래프는 두 점 $(0, 4)$, $(1, 2)$를 연결한 직선이다.

4 (1) 64 L   (2) 25분   (3) 풀이 참조

<풀이> (1) 3분마다 12 L씩 흘러 나가므로 9분 후면 12×3(L)의 물이 흘러 나간다.

따라서 $100 - 12 \times 3 = 64$(L)가 남는다.

<다른 풀이> 3분마다 12 L씩 흘러 나가므로 1분마다 4 L씩 흘러 나가 $100 - 4 \times 9 = 64$(L)가 남는다.

(2) 1분마다 4 L씩 흘러 나가므로 $100 - 4x = 0$이 되는 x의 값을 구하면 $x = 25$(분)이다.

(3) $y = 100 - 4x$ (단, $0 \leq x \leq 25$)

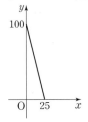

5 $2y - x + 2 = 0$ 또는 $x - 2y - 2 = 0$

<풀이> x 대신 y를, y 대신 x를 대입한다.

6 직선 $2x - y + 2 = 0$을 일차함수로 표현하면 $y = 2x + 2$이고, 직선 $2y - x + 2 = 0$을 일차함수로 표현하면 $y = \dfrac{1}{2}x - 1$이다.

그래프는 그림과 같다.

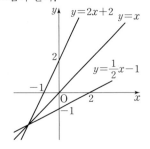

탐구하기 1   084쪽 ~ 085쪽

01 (1)

구분	집합 A	집합 B	규칙
(1)	예 가로의 길이 x $\{x \mid x$는 양의 실수$\}$ 예 $\{x \mid x > 0\}$	예 세로의 길이 y는 모든 실수 또는 0보다 큰 실수	예 가로의 길이가 커지면 세로의 길이는 작아진다. 예 $xy = 100$, $x > 0$ 예 $y = \dfrac{100}{x}$, $x > 0$
(2)	예 $\{x \mid x$는 1보다 큰 실수$\}$ 예 $\{x \mid x > 1\}$	예 양의 실수 또는 모든 실수의 집합	예 반지름의 길이가 길어지면 색칠한 부분의 넓이도 커진다. 예 $y = \pi(x^2 - 1)$, $x > 1$
(3)	예 $\{$민석, 승주, 태윤, 소진, 도윤, 설아, 태민, 유진$\}$	예 $\{$도보, 자전거, 승용차, 버스$\}$	예 학생 이름과 그 학생의 등교 방법을 하나씩 짝 지을 수 있다. 예 모든 학생은 하나의 등교 방법과 짝 지어진다.

02 (1) 두 변수 x, y에 대하여 x의 값이 변함에 따라 y의 값이 하나씩만 정해질 때, y를 x의 함수라 한다.

(2)

함수인 것	(1), (2), (3) 모두
이유	(1) 집합 X의 원소인 0보다 큰 실수 x, 집합 Y의 원소 y에 대하여 $y=\dfrac{100}{x}$ 이라 하면 x의 값이 변함에 따라 y의 값이 하나씩만 정해진다. (2) 집합 X의 원소인 1보다 큰 실수 x, 집합 Y의 원소 y에 대하여 $y=\pi(x^2-1)$이라 하면 x의 값이 변함에 따라 y의 값이 하나씩만 정해진다. (3) 집합 X의 원소와 Y의 원소가 숫자로 표현되지는 않지만, X의 원소 각각에 Y의 원소를 하나씩만 짝 지을 수 있으므로 함수라고 할 수 있다. (또는 값(수)이 아니므로 함수가 아니라고 생각할 수 있다.)

탐구하기 2

01 (1) $Y=\{$김연경, 박경진, 김찬호, 강백호$\}$

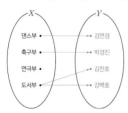

(2) $X=\{$김연경, 박경진, 김찬호, 강백호$\}$

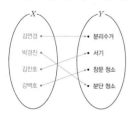

(3), (4) 다양한 방법이 나올 수 있다.

(풀이) (3)과 (4)는 남은 정보를 이용하여 나타낸다. 집합 X, Y를 정하는 방법은 다양할 수 있다.

02 (1)

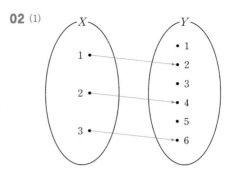

(2)

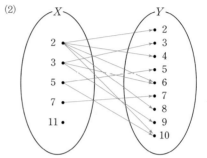

03

구분	함수(○, ×)	이유
(1)	○	모든 x의 값에 y의 값이 하나씩만 정해진다.
(2)	×	하나의 x의 값에 y의 값이 여러 개 정해진다. ($x=2, 3, 5$) 11에 대응되는 y의 값이 없다.

04

구분	함수(○, ×)	이유
(1)	○	X의 원소 도서부에 대응하는 Y의 원소가 2개이고, X의 원소 연극부에 대응하는 Y의 원소가 없다.
(2)	×	모든 x의 값에 y의 값이 하나씩만 정해진다.

탐구하기 3

01 (예) (1) 설치가 불가능하다.

이유: 사과 버튼을 누를 때, 사과주스와 키위주스가 동시에 나오기 때문이다.

(2) 설치가 가능하다.

V-1 함수의 뜻과 그래프

정답 및 풀이 ——— 247

이유: 사과 버튼이 2개이지만 어느 것을 눌러도 사과주스가 나오므로 문제가 되지 않는다.

(3) 설치가 가능하다.

이유: 딸기주스가 나오는 버튼이 없지만 일시적으로 품절되어 버튼에 불이 들어오지 않는 상황을 생각할 수 있다. (다양한 의견이 나올 수 있다.)

(4) 설치가 불가능하다.

이유: 바나나 버튼은 눌러도 나오는 것이 없다.

(5) 설치가 가능하다.

이유: 버튼과 주스가 똑같이 잘 짝 지어져 있다.

02 ⑩ 자판기의 버튼을 눌렀을 때, 그 버튼에 맞는 주스가 나오면 설치가 가능하다.

03 (1) 함수가 아니다.

이유: 집합 X의 원소 '사과'에 대응하는 집합 Y의 원소가 2개(사과주스, 키위주스)이기 때문이다.
함수가 아니므로 정의역, 공역, 치역을 구하지 않는다.

(2) 함수이다.

이유: 집합 X의 각 원소에 집합 Y의 원소가 하나씩만 대응된다.
정의역은 $X=\{$사과1, 사과2, 키위, 딸기$\}$, 공역은 $Y=\{$사과주스, 키위주스, 딸기주스$\}$,
치역은 $\{$사과주스, 키위주스, 딸기주스$\}$이다.

(3) 함수이다.

이유: 집합 X의 각 원소에 집합 Y의 원소가 하나씩만 대응된다.
정의역은 $X=\{$키위, 사과$\}$, 공역은 $Y=\{$사과주스, 키위주스, 딸기주스$\}$,
치역은 $\{$사과주스, 키위주스$\}$이다.

(4) 함수가 아니다.

이유: 집합 X의 원소 '바나나'에 대응하는 집합 Y의 원소가 없기 때문이다.
함수가 아니므로 정의역, 공역, 치역을 구하지 않는다.

(5) 함수이다.

이유: 집합 X의 각 원소에 집합 Y의 원소가 하나씩만 대응된다.
정의역은 $X=\{$딸기, 키위, 사과$\}$, 공역은 $Y=\{$사과주스, 키위주스, 딸기주스$\}$,
치역은 $\{$사과주스, 키위주스, 딸기주스$\}$이다.

01

함수인 것	ㄱ, ㄴ, ㄹ, ㅂ, ㅅ, ㅈ 이유: 집합 X의 각 원소에 집합 Y의 원소가 하나씩만 대응하므로 함수이다. ㄱ, ㅂ, ㅅ과 같이 함수 $y=f(x)$의 정의역이나 공역이 주어지지 않는 경우 함숫값 $f(x)$가 정의되는 실수 x의 값 전체의 집합을 정의역으로 생각하고, 실수 전체의 집합을 공역으로 생각한다.
함수가 아닌 것	ㄷ, ㅁ, ㅇ 이유: ㄷ은 x의 값 1에 대응하는 y의 값이 없고, ㅁ과 ㅇ은 x의 값 하나에 y의 값이 2개 대응하는 경우가 있다.

02 1, 2, 4가 아닌 모든 실수

(풀이) a가 1 또는 2 또는 4가 되면 x 하나에 y가 2개 대응되는 경우가 생기므로 함수가 아니다.

03 (1) 집합 X의 원소 중 집합 Y의 원소가 대응하지 않는 것이 있다면 함숫값이 정의되지 않는 문제점이 생긴다. 즉, 정의역을 제한하지 않고 함수를 정의하면 불필요한 정의역의 원소들을 아무거나 넣어도 된다는 문제가 생긴다. 입력값만 있고 출력값이 없으면 관계가 이루어지지 않는다. (임의성)

(2) 입력값이 하나인데 y의 값이 2개 이상이면 언제 어떤 값이 나올지 판단하기 어렵기 때문이다. 예를 들면, 자판기의 버튼은 하나인데 상품이 2개 이상 나오는 경우, 음식점에서 한 가지 메뉴를 특별한 이유 없이(주인 마음대로) 다른 가격으로 파는 경우 등은 수학적으로 표현하기가 어렵다. (일가성)

01 (1) 서로 같은 함수가 아니다.

이유: f와 g는 정의역과 치역이 같지만 공역은 다르다.
이때 공역이 다른 것을 모두 같은 것으로 본다면 같은 함수가 수없이 생기므로 공역도 같아야만 함수가 같은 것으로 제한할 필요가 있다.

(2) 서로 같은 함수이다.

　이유: f와 g는 정의역, 치역, 공역이 모두 같고 정의역의 각 원소에 대한 함숫값이 각각 같다.

　(연결한 모양만 보고 서로 같은 함수가 아니라고 생각할 수 있다.)

(3) 서로 같은 함수가 아니다.

　이유: 함수식은 같으나 정의역이 서로 다르다.

(4) 서로 같은 함수가 아니다.

　이유: 정의역이 같지만, $f(-1)=-1=g(-1)$, $f(1)=1\neq g(1)=-1$로 함숫값이 다른 경우가 있다. 두 함수를 대응 그림으로 나타내면 각각 다음과 같다.

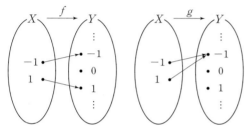

(5) 서로 같은 함수이다.

　이유: $f(-1)=1=g(-1)$, $f(0)=0=g(0)$, $f(1)=1=g(1)$이고 f와 g의 정의역, 공역, 치역이 모두 각각 서로 같다.

　(함수식만 보고 서로 같은 함수가 아니라고 생각할 수 있다.)

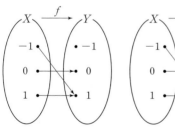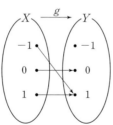

02 여러 가지 함수

탐구하기 1 093쪽 ~ 094쪽

01 (1)

함수인 것	ㄷ, ㄹ, ㅁ, ㅂ 이유: 집합 X의 각 원소에 집합 Y의 원소가 하나씩만 대응한다.
함수가 아닌 것	ㄱ, ㄴ 이유: ㄱ은 집합 X의 원소 2에 대응하는 집합 Y의 원소가 2개이고, ㄴ은 집합 X의 원소 3에 대응하는 집합 Y의 원소가 없다.

(2)

기준	대응 그림 기호
예 집합 Y의 각 원소에 대응하는 집합 X의 원소가 1개 이하이다.	ㄷ, ㄹ, ㅁ
예 공역과 치역이 같다.	ㄹ, ㅁ
예 정의역과 공역이 같다.	ㅁ
예 집합 X의 각 원소에 자기 자신이 대응한다.	ㅁ
예 치역의 원소의 개수가 1이다.	ㅂ

탐구하기 2 094쪽 ~ 096쪽

01 (1) ㄷ, ㄹ, ㅁ

(2) ㄹ, ㅁ

(3) ㅁ

(4) ㅂ

02

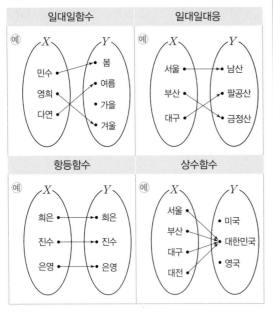

03 예

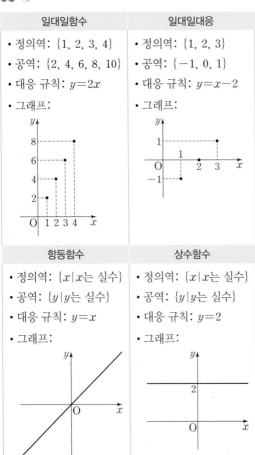

03 합성함수

탐구하기 1 097쪽 ~ 098쪽

01 46등

02 98.3은 1에 대응하고, 95.3은 3에 대응하고, 91.7은 4에 대응하고, 이런 식으로 대응하여 마지막으로 23.1은 100에 대응한다. 이렇게 집합 X의 각 원소에 집합 Y의 원소가 하나씩만 대응하므로 함수이다.

참고로,

• 집합에서 같은 원소를 중복하여 쓰지 않으므로 대응 그림을 그릴 때 동점자가 있어도 같은 점수를 중복해서 쓰지 않는다면 각 점수는 모두 다른 등수에 하나씩 대응하는 일대일함수가 된다.

• 만약 학생을 점수에 대응시킬 때 동점자가 있으면 여러 학생이 같은 점수에 대응하는 경우가 생기므로 이때는 일대일함수가 되지 않는다.

• 동점자가 있으면 대응하지 않는 등수가 있어 공역과 치역이 다르므로, 일대일대응이 아니다.

03 6등급

이유: 100명 중 72등은 누적 비율이 72 %인데, [표 2]의 '내신 등급 비율'에서 6등급의 비율이 60 % 초과 77 % 이하이다.

04 등수 1, 2, 3, 4는 등급 1에 대응하고, 등수 5, 6, 7, …, 11은 등급 2에 대응하고, 등수 12, 13, 14, …, 23은 등급 3에 대응하고, 이런 식으로 비율에 따른 등급에 대응하여 마지막으로 등수 97, 98, 99, 100은 등급 9에 대응한다. 이렇게 집합 Y의 각 원소에 집합 Z의 원소가 하나씩만 대응하므로 함수이다.

참고로,

• 4등까지 1등급이므로 집합 Y의 1, 2, 3, 4는 집합 Z의 1에 대응한다. 따라서 일대일함수가 아니다.

• 일대일함수가 아니므로 일대일대응이 아니다.

• 공역과 치역은 같다.

05 5등급

이유: 수학 성적이 50점인 학생은 100명 중 41등이므로 누적 비율이 41 %이다. [표 2]에서 5등급의 등급 비율이 40 % 초과 60 % 이하에 해당하므로 41등은 5등급이다.

06 문제 **02**와 **04**를 통하여 수학 점수를 알면 이에 대응하는 등급을 찾을 수 있다. 예를 들어, 98.3점은 1등이고 1등은 상위 4 % 이하에 포함되므로 1등급이다. 대응 관계를 보면 집합 X의 원소 98.3은 집합 Y의 원소 1에 대응하고 이는 집합 Z의 원소 1에 대응하므로 결과적으로 X의 원소 98.3은 집합 Z의 원소 1에 대응된다. 문제 **05**에서도 50점은 41등이고 100명 중 41등은 상위 41 %이기에 등급 비율에 따라 5등급을 받는다는 사실을 알 수 있다. 이렇게 집합 X의 각 점수에 대응하는 집합 Y의 등수와 집합 Y의 등수에 대응하는 집합 Z의 등급을 통하여 집합 X에서 집합 Z로의 대응은 함수가 됨을 알 수 있다.

참고로,

• 91.7점이 4등이고, 4등까지 1등급이므로 집합 X의 98.3, 95.3, 91.7은 집합 Z의 1에 대응된다. 따라서 일대일함수가 아니다.

• 일대일함수가 아니므로 일대일대응이 아니다.

• 공역과 치역은 같다.

탐구하기 2
099쪽

01 (1) 13　　　　　(2) -15
　　(3) 27　　　　　(4) -1

(풀이) (1) $(g \circ f)(2) = g(f(2)) = g(6) = 13$
(2) $(f \circ g)(-3) = f(g(-3)) = f(-5) = -15$
(3) $(f \circ f)(3) = f(f(3)) = f(9) = 27$
(4) $(g \circ g)(-1) = g(g(-1)) = g(-1) = -1$

탐구하기 3
100쪽

01

(1) 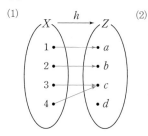　(2)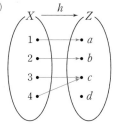

(3) 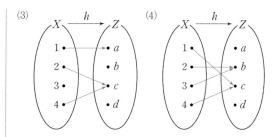　(4)

02 (1), (2), (4)는 함수이고 (3)은 함수가 아니다.

이유: (1), (2), (4)는 집합 X의 각 원소에 대하여 집합 Z의 원소가 하나씩만 대응하므로 함수이고, (3)은 함수 f의 치역의 원소 w가 함수 g의 정의역에 없기 때문에 $x = 3$일 때의 함수 f의 함숫값에 대한 함수 g의 함숫값이 존재하지 않으므로 함수가 아니다.

(3)에서 집합 X의 원소 3에 대응하는 집합 Z의 원소가 없기 때문에 함수가 아니라고 할 수도 있다.

03 함수 f의 치역이 함수 g의 정의역에 포함되어야 한다.

탐구하기 4
101쪽 ~ 102쪽

01

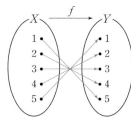 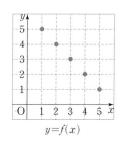

$y = f(x)$

02 (1) $(f \circ f)(x) = f(f(x)) = f(-x+6)$
$\qquad = -(-x+6)+6$
$\qquad = x$

(2)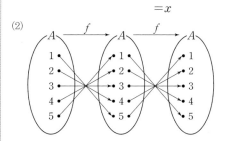

(3) $f(f(1)) = f(5) = 1,\quad f(f(2)) = f(4) = 2,$
$f(f(3)) = f(3) = 3,\quad f(f(4)) = f(2) = 4,$
$f(f(5)) = f(1) = 5$

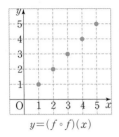

$$y=(f \circ f)(x)$$

03

[예]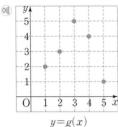

$$y=g(x)$$

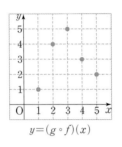

$$y=(g \circ f)(x)$$

(풀이) $y=g(x)$에 따라 $y=(g \circ f)(x)$의 그래프는 다양할 수 있다.

$(g \circ f)(1)=g(f(1))=g(5)=1$,

$(g \circ f)(2)=g(f(2))=g(4)=4$,

$(g \circ f)(3)=g(f(3))=g(3)=5$,

$(g \circ f)(4)=g(f(4))=g(2)=3$,

$(g \circ f)(5)=g(f(5))=g(1)=2$

이므로 그래프는 그림과 같다.

04 (1) $(g \circ f)(1)=g(f(1))=g(5)=1$이고

$(f \circ g)(1)=f(g(1))=f(2)=4$이므로

$(g \circ f)(1) \neq (f \circ g)(1)$

(2) $(g \circ f)(3)=g(f(3))=g(3)=5$이고

$(f \circ g)(3)=f(g(3))=f(5)=1$이므로

$(g \circ f)(3) \neq (f \circ g)(3)$

탐구하기 5　　　　　　　　　103쪽

01 (1) 62000원　　　　(2) 64000원

　　(3) 풀이 참조　　　(4) 풀이 참조

(풀이) (1) $30000 \times 3 \times (1-0.2) - 10000$

　　　　$=72000-10000$

　　　　$=62000(원)$

(2) $(30000 \times 3 - 10000) \times (1-0.2)=80000 \times 0.8$

　　　　　　　　　　　　　$=64000(원)$

(3) A 수영장에 등록하는 것이 2000원 이익이다.

이유: 10000원 할인을 먼저 받으면 20 % 추가 할인이 적용될 때, 할인율이 적용되는 금액이 10000원 줄어들기 때문에 20 % 할인을 먼저 받을 때보다 2000원 적은 금액을 할인받게 된다.

(4) x를 3개월 수강료라고 하면,

$f(x)=x-0.2x=0.8x$, $g(x)=x-10000$이다.

① 이번 달 A 수영장에 3개월을 등록할 때, 지불해야 하는 금액을 계산하는 함수는

$(g \circ f)(x)=g(f(x))=g(0.8x)=0.8x-10000$

② 이번 달 B 수영장에 3개월을 등록할 때, 지불해야 하는 금액을 계산하는 함수는

$(f \circ g)(x)=f(g(x))=f(x-10000)$

$=0.8 \times (x-8000)=0.8x-8000$

이때, 3개월 수강료가 얼마가 되었던 A 수영장에 3개월을 등록하는 것이 2000원 이익임을 알 수 있다.

02 문제 **01**의 (4)에서 두 함수 f, g에 대하여 $(g \circ f)(x)$와 $(f \circ g)(x)$를 구한 결과가 같지 않았다. 또한 |탐구하기 4|의 함숫값에 대한 계산에서도 함수의 합성의 순서를 바꾸어 계산한 결과가 같지 않았다. 이로써 $(g \circ f)(x) \neq (f \circ g)(x)$라는 결론을 내릴 수 있다.

탐구하기 6　　　　　　　　104 ~ 107쪽

01 버튼 Ⓑ: $y=x-1$, 버튼 Ⓒ: $y=x^2$,

버튼 Ⓓ: $y=2x-1$, 버튼 Ⓔ: $y=(x-1)^2$

02 (1) $g(x)=x-1$, $h(x)=x^2$

(2)

y_1 (첫 번째 출력값)		y_2 (두 번째 출력값)
⋮		⋮
-6		-7
-4		-5
-2		-3
0	버튼 Ⓑ	-1
2		1
4		3
6		5
⋮		⋮

(3)

버튼 A	$f(x)=2x$

$\downarrow$

버튼 B	$(g \circ f)(x)=g(f(x))$ $=g(2x)$ $=2x-1$

$\downarrow$

출력 (버튼 D)	$y=(g \circ f)(x)$ $=g(f(x))$ $=2x-1$

(4)

버튼 (D)	$(g \circ f)(x)=2x-1$

$\downarrow$

버튼 C	$(h \circ (g \circ f))(x)=h((g \circ f)(x))$ $=h(2x-1)$ $=(2x-1)^2$

$\downarrow$

출력	$y=(h \circ (g \circ f))(x)$ $=(2x-1)^2$

(5)

y_1(첫 번째 출력값)		y_2(두 번째 출력값)
$\vdots$		$\vdots$
-4		16
-3		9
-2		4
-1	버튼 C	1
0		0
1		1
2		4
$\vdots$		$\vdots$

(6)

버튼 B	$g(x)=x-1$

$\downarrow$

버튼 C	$(h \circ g)(x)=h(g(x))$ $=h(x-1)$ $=(x-1)^2$

$\downarrow$

출력 (버튼 E)	$y=(h \circ g)(x)$ $=(x-1)^2$

(7)

버튼 A	$f(x)=2x$

$\downarrow$

버튼 (E)	$((h \circ g) \circ f)(x)=(h \circ g)(f(x))$ $=(h \circ g)(2x)$ $=(2x-1)^2$

$\downarrow$

출력	$y=((h \circ g) \circ f)(x)$ $=(2x-1)^2$

03 문제 **02**의 (4)와 (7)을 비교해 보면 $(h \circ (g \circ f))$ $(x)=((h \circ g) \circ f)(x)$임을 확인할 수 있다.

3개 함수의 합성에서 합성의 순서가 바뀌어도 일어나는 결과가 같다.

$(h \circ (g \circ f))(x)=((h \circ g) \circ f)(x)$ 모두 입력값을 넣은 후 버튼 A, B, C를 순서대로 누른 것과 같다.

04 다양한 답이 가능하다.

1. 함수의 뜻과 그래프

04 역함수

탐구하기 1 108쪽 ~ 109쪽

01 (1) $y=1000x$를 표나 그래프 등으로 표현할 수 있다.

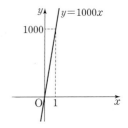

(2) $y=\dfrac{x}{1000}$를 표나 그래프 등으로 표현할 수 있다.

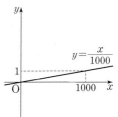

(3) (1)과 (2)는 모두 함수이다.
(1)과 (2)의 관계: (1)은 x 의 값에 1000을 곱해서 y의 값이 나오고, (2)는 x의 값을 1000으로 나누어서 y의 값이 나온다.

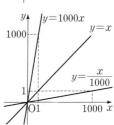

(1)과 (2)의 x와 y가 바뀌었으므로 그래프의 모양이 직선 $y=x$에 대하여 대칭이다.

x, y의 역할이 서로 반대이다. 즉 x와 y를 바꾸면 서로 같은 함수가 된다.

02 (1) (시간)$=\dfrac{(거리)}{(속력)}$이므 로 $y=\dfrac{30}{x}$ 을 표나 그래 프 등으로 표현할 수 있다.

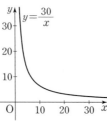

(2) (속력)$=\dfrac{(거리)}{(시간)}$이므로 $y=\dfrac{30}{x}$ 을 표나 그래프 등으로 표현할 수 있다.

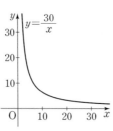

(3) (1)과 (2)는 모두 함수이다.

(1)과 (2)의 관계: x, y의 역할이 서로 바뀌었지만 (1)과 (2) 모두 30을 x로 나누어서 y의 값이 나온다.

x와 y를 바꾸어도 똑같은 식이 나오므로 두 함수의 그래프는 직선 $y=x$에 대하여 대칭이다.

03 (1) 다양한 방법(표, 그래프, 식, 대응 그림 등)을 예상할 수 있다.

(거리)$=$(속력)$\times$(시간)이므로 이동 거리는 $y=4x$ 이다.

x(시간)	1	2	3	4	…
y(km)	4	8	12	16	…

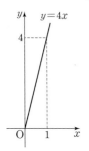

(2) 다양한 방법(표, 그래프, 식, 대응 그림 등)을 예상할 수 있다.

(시간)$=\dfrac{(거리)}{(속력)}$이므로 $y=\dfrac{x}{4}$ 이다.

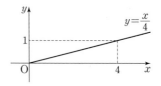

(3) (1)과 (2)는 모두 함수이다.

(1)과 (2)의 관계: x, y의 역할이 서로 바뀌어 (1)은 x의 값에 4를 곱하여 y의 값이 나오고, (2)는 x의 값을 4로 나누어서 y의 값이 나온다. (1)과 (2)의 그래프의 모양이 직선 $y=x$에 대하여 대칭이다.

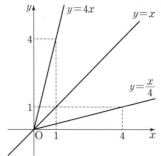

04 함숫값을 알 때 x의 값을 생각할 수 있는 경우, 즉 출력값을 알 때 입력값을 생각할 수 있는 상황을 생각해 본다.

⑩ 1년 동안 1000만 원을 모으려면 한 달에 얼마를 저축해야 할까?

내가 좋아하는 과자가 1500원일 때 10000원으로는 과자를 몇 개 살 수 있을까?

책 200쪽을 10일에 다 읽으려면 하루에 몇 쪽을 읽어야 할까?

편의점에서 하나에 3000원인 과자를 2개 사고 1개를 덤으로 받았다면 (2+1) 나는 과자 1개를 얼마에 산 것일까?

탐구하기 2 110쪽

01

반대 방향으로의 대응이 함수가 되는 것	ㄷ, ㄹ, ㅂ, ㅇ
반대 방향으로의 대응이 함수가 되지 않는 것	ㄱ, ㄴ, ㅁ, ㅅ, ㅈ

02 공역의 모든 원소가 치역이 되어야 하고, 함수 $y=f(x)$는 일대일함수여야 한다.

즉, 반대 방향으로의 대응이 함수가 되려면 함수

$y=f(x)$는 일대일대응이어야 한다.

(참고로 문제 **01**의 함수 중에서 수평선 테스트(일대일 함수를 찾는 방법)를 만족하는 함수가 반대 방향으로의 대응도 함수가 될 수 있다.)

탐구하기 3   111쪽

01 함수 f의 역함수 f^{-1}가 존재하려면 함수 f는 일대일대응이어야 한다.

그러므로 아직 대응이 안 된 5에 6을 대응시키면 함수 f는 일대일대응이 된다.

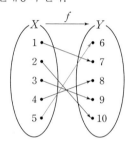

02 (1) 5   (2) 4   (3) 9

풀이 (1) $f^{-1}(6)=5$

(2) $(f^{-1}\circ f)(4)=f^{-1}(f(4))=f^{-1}(8)=4$

(3) $(f\circ f^{-1})(9)=f(f^{-1}(9))=f(3)=9$

03 (1) $(f^{-1}\circ f)(x)=f^{-1}(f(x))=f^{-1}(y)=x$

$(f\circ f^{-1})(y)=f(f^{-1}(y))=f(x)=y$

(2) $(f^{-1}\circ f)(x)=x$, $(f\circ f^{-1})(y)=y$이므로 두 합성함수는 모두 항등함수이다.

그런데 합성함수 $f^{-1}\circ f$의 정의역은 X, 합성함수 $f\circ f^{-1}$의 정의역은 Y이므로 두 합성함수는 서로 같은 함수가 아니다.

즉, 합성함수 $f^{-1}\circ f$는 X에서의 항등함수이고, 합성함수 $f\circ f^{-1}$는 Y에서의 항등함수이다.

탐구하기 4   112쪽

01 (1) $y=x$ (2) $y=x$

(3) 일치한다.   (4) 풀이 참조

풀이 (1) 두 점이 어떤 직선에 대하여 대칭이라면 그 직선은 선분 AB의 수직이등분선과 일치한다. 두 점 A, B의 중점을 M(a, b)라 하면

$$a=\frac{2+4}{2}=3, \quad b=\frac{4+2}{2}=3$$

에서 M$(3, 3)$

직선 AB의 기울기는 $\frac{2-4}{4-2}=-1$이므로 직선 AB에 수직인 직선의 기울기는 1이다.

선분 AB의 수직이등분선은 기울기가 1이고 점 M$(3, 3)$을 지나므로 그 방정식은

$$y-3=1\times(x-3)에서 \quad y=x$$

즉, 두 점 A$(2, 4)$와 B$(4, 2)$는 직선 $y=x$에 대하여 대칭이므로 직선 l의 방정식은 $y=x$이다.

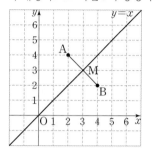

(2) 두 직선 OA와 OB는 모두 원점을 지나고 기울기는 각각 2, $\frac{1}{2}$이므로 그 방정식은 각각 $y=2x$, $y=\frac{1}{2}x$이다.

그림에서 두 직선 $y=2x$, $y=\frac{1}{2}x$는 직선 $y=x$에 대하여 대칭이므로 직선 m의 방정식은 $y=x$이다.

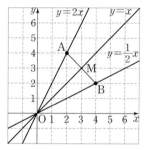

(3) 직선 OA의 방정식 $y=2x$에서 x를 y로 나타내면 $x=\frac{1}{2}y$이다.

여기서 x와 y를 바꾸면 $y=\frac{1}{2}x$가 되는데, 이것은 직선 OB의 방정식과 일치한다.

(4) $x=f^{-1}(y)$는 함수 $y=f(x)$의 x를 y로 나타낸 것인데, 함수 $y=f(x)$의 역함수 $y=f^{-1}(x)$는 $x=f^{-1}(y)$에서 x와 y를 서로 바꾼 것이다. 그러므로 함수 $y=f(x)$의 역함수 $y=f^{-1}(x)$를 구하려면 먼저 함수 $y=f(x)$의 x를 y로 나타내어 $x=f^{-1}(y)$를 구한 다음 x와 y를 서로 바꾸면 $y=f^{-1}(x)$가 된다.

02 (1) $y=\dfrac{1}{3}x-\dfrac{5}{3}$ (2) $y=-2x-8$

(풀이) (1) 함수 $y=3x+5$는 일대일대응이므로 역함수가 존재한다.

함수 $y=3x+5$에서 x를 y로 나타내면 $x=\dfrac{1}{3}y-\dfrac{5}{3}$

x와 y를 서로 바꾸면 구하는 역함수는 $y=\dfrac{1}{3}x-\dfrac{5}{3}$

(2) 함수 $y=-\dfrac{1}{2}x-4$는 일대일대응이므로 역함수가 존재한다.

함수 $y=-\dfrac{1}{2}x-4$에서 x를 y로 나타내면

$x=-2y-8$

x와 y를 서로 바꾸면 구하는 역함수는 $y=-2x-8$

탐구하기 5   113쪽 ~ 114쪽

01 (1)

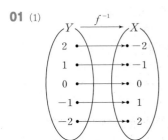

(2) $y=-\dfrac{x}{2}$

(3)

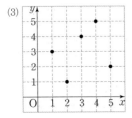

(4)

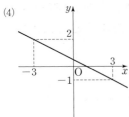

(5) $y=3x-1$

02 $x=ay+b$, $ay=x-b$, $y=\dfrac{x-b}{a}=\dfrac{1}{a}x-\dfrac{b}{a}$

그래프의 기울기가 a인 일차함수의 그래프의 역함수의

기울기는 $\dfrac{1}{a}$이다. 함수 f의 그래프의 x절편, y절편은 각각 함수 f^{-1}의 그래프의 y절편, x절편과 같다. 함수 f와 역함수 f^{-1}의 그래프는 서로 직선 $y=x$에 대하여 대칭이다.

03 (1) (예) $X=\{x|x\geq 2\}$, $X=\{x|x\geq 1\}$,

$X=\{x|x<0\}$

이유: 이차함수는 축을 기준으로 좌우 대칭이기 때문에 정의역이 실수 전체의 집합일 때는 역함수가 존재하지 않는다. 따라서 같은 원소가 존재하지 않도록 정의역을 제한하면 된다.

$y=x^2-2x-4=(x-1)^2-5$이므로 예를 들어 정의역을 $X=\{x|x\geq 2\}$, $X=\{x|x\geq 1\}$,

$X=\{x|x<0\}$과 같이 제한하면 역함수가 존재한다.

(2) 함수 f의 정의역은 역함수 f^{-1}의 공역이 되고, 함수 f의 공역은 역함수 f^{-1}의 정의역이 된다.

함수 f의 그래프와 역함수 f^{-1}의 그래프는 서로 직선 $y=x$에 대하여 대칭이다.

탐구하기 6   115쪽

01 (가) $g\circ f$ (나) f^{-1} (다) g^{-1}

(라) $f^{-1}\circ g^{-1}$ 또는 $(g\circ f)^{-1}$

02 (1) $f(x)=\dfrac{1}{3}x$에서 $y=\dfrac{1}{3}x$라 하면 $x=3y$,

x와 y를 바꾸면 $y=3x$이므로 $f^{-1}(x)=3x$

$f^{-1}(x)=3x$에서 $y=3x$라 하면 $x=\dfrac{1}{3}y$,

x와 y를 바꾸면 $y=\dfrac{1}{3}x$이므로 $(f^{-1})^{-1}(x)=\dfrac{1}{3}x$

따라서 $(f^{-1})^{-1}=f$

(2) $(g\circ f)(x)=\dfrac{1}{3}x-2$, $(g\circ f)^{-1}(x)=3x+6$,

$(f^{-1}\circ g^{-1})(x)=3x+6$, $(g^{-1}\circ f^{-1})(x)=3x+2$

같은 함수: $(g\circ f)^{-1}(x)=(f^{-1}\circ g^{-1})(x)$

(풀이) $(g\circ f)(x)=g(f(x))=f(x)-2=\dfrac{1}{3}x-2$

$(g\circ f)(x)=\dfrac{1}{3}x-2$에서 $y=\dfrac{1}{3}x-2$라 하면

$x=3y+6$

x와 y를 바꾸면 $y=3x+6$이므로

$(g\circ f)^{-1}(x)=3x+6$

$f^{-1}(x)=3x$, $g^{-1}(x)=x+2$이므로

$$(f^{-1} \circ g^{-1})(x) = f^{-1}(g^{-1}(x))$$
$$= 3g^{-1}(x) = 3(x+2)$$
$$= 3x+6$$
$$(g^{-1} \circ f^{-1})(x) = g^{-1}(f^{-1}(x))$$
$$= f^{-1}(x) + 2$$
$$= 3x+2$$

03 ① $(f^{-1})^{-1} = f$ ② $(g \circ f)^{-1} = f^{-1} \circ g^{-1}$

개념과 문제의 연결   118쪽 ~ 123쪽

1 (1) 일대일대응은 다음 2가지 조건을 갖춰야 한다.
  (i) 일대일함수
  (ii) 치역과 공역이 같다.
  (2) $a=0$이면 $f(x)=b$는 상수함수이고, 상수함수는 일대일대응이 될 수 없다.
    $a \neq 0$이면 $f(x)=ax+b$는 일차함수이므로 직선 모양이고, 기울기 a의 부호에 따라 다음과 같이 $a>0$이면 증가하고 $a<0$이면 감소한다.

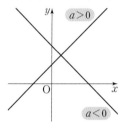

  (3) 제한된 범위에서 일대일대응이 되려면 치역과 공역이 일치해야 하므로 공역의 양 끝과 치역의 양 끝이 일치해야 한다.

2 함수 $f(x)=ax+b$의 그래프의 모양은 직선인데, 이 함수가 일대일대응이려면 일대일함수가 되어야 하므로 기울기의 조건은 $\boxed{a \neq 0}$ 이어야 한다.

따라서 기울기 a는 $\boxed{a>0}$ 또는 $\boxed{a<0}$ 이어야 한다.

한편, 함수 $f(x)=ax+b$가 일대일대응이려면 치역과 공역이 일치해야 하므로 치역이 $\boxed{Y=\{y \mid -2 \leq y \leq 4\}}$ 와 같아야 한다.

따라서 함수 $f(x)=ax+b$의 그래프는 다음과 같이 2가지 경우가 있다.

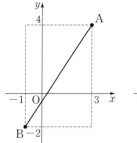 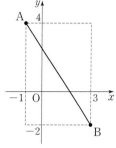

(i) 첫 번째 경우 함수 $f(x)$의 그래프가 두 점 $(-1, -2)$, $(3, 4)$를 지나야 하므로
$$f(-1) = \boxed{-a+b = -2},$$
$$f(3) = \boxed{3a+b = 4}$$

a, b에 대한 연립방정식을 풀면 $a = \boxed{\dfrac{3}{2}}$,

$b = \boxed{-\dfrac{1}{2}}$이므로 $f(x) = \boxed{\dfrac{3}{2}x - \dfrac{1}{2}}$이다.

(ii) 두 번째 경우 함수 $f(x)$의 그래프가 두 점 $(-1, 4)$, $(3, -2)$를 지나야 하므로
$$f(-1) = \boxed{-a+b = 4},$$
$$f(3) = \boxed{3a+b = -2}$$

a, b에 대한 연립방정식을 풀면 $a = \boxed{-\dfrac{3}{2}}$,

$b = \boxed{\dfrac{5}{2}}$이므로 $f(x) = \boxed{-\dfrac{3}{2}x + \dfrac{5}{2}}$이다.

3 (1) 역함수가 존재하려면 함수가 일대일대응이어야 한다.
(2) $x \geq 0$일 때, $f(x)=3x+2$의 그래프는 다음과 같이 증가한다.
(3) $x<0$일 때, $f(x)=ax+2$는 점 $(0, 2)$를 지나고 기울기가 a인 직선이다.
이 직선은 $a<0$이면 감소하고, $a>0$이면 증가한다.
따라서 그래프는 다음과 같다.

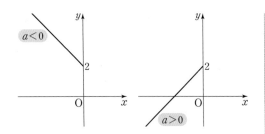

4 $x \geq 0$일 때 함수 $y=f(x)$ 의 그래프의 기울기는 $\boxed{3}$ 이고 y절편은 $\boxed{2}$ 이므로 그래프는 다음과 같다.

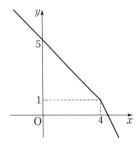

$x<0$일 때 직선 $y=ax+2$는 항상 점 $\boxed{(0,\ 2)}$를 지나고 기울기는 a이다.

함수 $y=f(x)$의 역함수가 존재하려면 이 함수는 $\boxed{\text{일대일대응}}$이어야 한다.

$x \geq 0$일 때 함수 $y=f(x)$의 그래프는 $\boxed{\text{증가}}$하므로 주어진 함수의 역함수가 존재하려면 $x<0$일 때의 직선 $y=ax+2$도 $\boxed{\text{증가}}$해야 한다.

따라서 $\boxed{a>0}$이어야 한다.

5 (1) 그림과 같이 함수 $y=f(x)$는 일대일대응이므로 역함수가 존재한다.

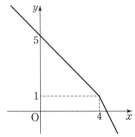

(2) $f^{-1}(6)=a$이므로 $f(a)=6$이다.
$x \geq 4$일 때 $y=f(x) \leq 1$이고, $x<4$일 때 $y=f(x)>1$이므로 $f(a)=6$을 만족하려면 $a<4$ 여야 한다.
$$\therefore -a+5=6에서 \quad a=-1$$
즉, $f^{-1}(6)=-1$이다.

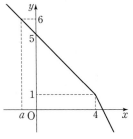

(3) 합성함수는 결합법칙이 성립하고, $f^{-1} \circ f=I$ (항등함수)이므로
$$
\begin{aligned}
(f^{-1} \circ g^{-1}) \circ (g \circ f) &= f^{-1} \circ g^{-1} \circ g \circ f \\
&= f^{-1} \circ (g^{-1} \circ g) \circ f \\
&= f^{-1} \circ I \circ f \\
&= f^{-1} \circ f \\
&= I \text{ (항등함수)}
\end{aligned}
$$

6 함수 $y=f(x)$의 그래프는 다음과 같다.

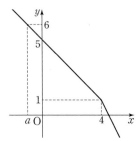

함수 $y=f(x)$는 $\boxed{\text{일대일대응}}$이므로 역함수가 존재한다.

$f^{-1}(6)=a$이므로 $\boxed{f(a)=6}$이다.

$x \geq 4$일 때 $y=f(x) \leq 1$이고, $x<4$일 때 $y=f(x)>1$이므로 $\boxed{f(a)=6}$을 만족하려면 $\boxed{a<4}$ 여야 한다.

$$\therefore -a+5=6에서 \quad a=-1$$
즉, $f^{-1}(6)=-1$이다.

합성함수는 $\boxed{\text{결합}}$법칙이 성립하고, $f^{-1} \circ f=\boxed{I \text{ (항등함수)}}$이므로

$$(f^{-1} \circ g^{-1}) \circ (g \circ f) = \boxed{f^{-1} \circ g^{-1} \circ g \circ f}$$
$$= \boxed{f^{-1} \circ (g^{-1} \circ g) \circ f}$$
$$= \boxed{f^{-1} \circ I \circ f}$$
$$= \boxed{f^{-1} \circ f}$$
$$= \boxed{I \text{ (항등함수)}}$$

따라서 $((f^{-1} \circ g^{-1}) \circ (g \circ f))(6) = \boxed{6}$ 이고,

$f^{-1}(6) + ((f^{-1} \circ g^{-1}) \circ (g \circ f))(6)$

$= \boxed{-1+6=5}$

이다.

중단원 연습문제
124쪽~127쪽

01 ㄱ, ㄹ	**02** 13	**03** $a=0$, $b=4$
04 $a=5$, $b=3$, $c=2$		**05** $a=-1$, $b=2$
06 5	**07** 최댓값 8, 최솟값 -1	
08 $(5, 5)$	**09** $k=-1$	
10 2	**11** $a=-1$, $b=-2$	
12 -1	**13** 8	
14 $f(2)=3$, $h(2)=2$		**15** 18

01 ㄱ. $-1 \to -1$, $0 \to 0$, $1 \to 1$ (함수)

ㄴ. $-1 \to 1$, $0 \to 2$, $1 \to 3$ (3은 Y의 원소가 아니므로 함수가 아님)

ㄷ. $-1 \to -1$, $0 \to 1$, $1 \to 3$ (3은 Y의 원소가 아니므로 함수가 아님)

ㄹ. $-1 \to 0$, $0 \to -1$, $1 \to 0$ (함수)

02 $f(2)=2$, $f(3)=2$, $f(4)=3$, $f(5)=2$, $f(6)=4$
이므로
$$2+2+3+2+4=13$$

03 $f(-1)=g(-1)$에서
$$a-2=-b+2$$
$$a+b=4 \quad \cdots\cdots \text{㉠}$$
$f(2)=g(2)$에서
$$a+10=2b+2$$
$$a-2b=-8 \quad \cdots\cdots \text{㉡}$$

식 ㉠, ㉡을 연립하여 a와 b의 값을 구하면
$$a=0, \ b=4$$

04

	함수	일대일대응	항등함수
ㄱ	○	○	○
ㄴ	×	×	×
ㄷ	○	×	×
ㄹ	○	○	×
ㅁ	○	×	×
ㅂ	○	○	○
개수	5	3	2

05 X에서 X로의 함수
$f(x)=ax+b(a<0)$가 일대일대응이 되기 위해서는 직선 $f(x)=ax+b$가 두 점 $(-2, 4)$와 $(4, -2)$를 지나야 하므로 $4=-2a+b$, $-2=4a+b$에서 $a=-1$, $b=2$이다.

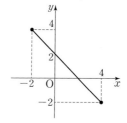

06 $(f \circ g)(2) = f(g(2)) = f(2) = 3$

$(g \circ f)(1) = g(f(1)) = g\left(\dfrac{3}{2}\right) = 2$

$\therefore (f \circ g)(2) + (g \circ f)(1) = 5$

07 $f(x) = (x-4)^2 - 1$

$(f \circ g)(x) = f(g(x)) = f(x-2)$
$$= \{(x-2)-4\}^2 - 1$$
$$= (x-6)^2 - 1$$

$x=3$일 때 최댓값

$(f \circ g)(3) = 8$

$x=6$일 때 최솟값

$(f \circ g)(6) = -1$

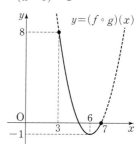

08 함수 $y=2x-5$와 그 역함수의 그래프가 만나는 점은 함수 $y=2x-5$와 $y=x$가 만나는 점이다.

$2x-5=x$에서

$x=5$

교점의 좌표는 $(5, 5)$이다.

09 $(f\circ g^{-1})(k)=f(g^{-1}(k))=3$이므로

$g^{-1}(k)=a$라 하면,

$f(a)=3$에서

$2a+1=3, \quad a=1$

$g^{-1}(k)=1$이므로 $g(1)=k$

$\therefore k=-1$

10 $f^{-1}\circ g=g\circ f^{-1}$이므로

$(f^{-1}\circ g)(1)=(g\circ f^{-1})(1)$이다.

$f^{-1}(g(1))=g(f^{-1}(1))$

$\qquad\qquad\quad =g(2)$

$\qquad\qquad\quad =4$

$f^{-1}(g(1))=4$에서 $f(4)=g(1)$이므로, $g(1)=2$

11 두 함수 f, g가 서로 같기 위해서는 정의역의 모든 원소 x에 대하여 $f(x)=g(x)$여야 한다.

$f(-1)=-2$, $f(1)=0$이므로

$g(-1)=1+a+b=-2$

$g(1)=1-a+b=0$

a, b에 대한 연립방정식을 풀면 $a=-1$, $b=-2$

12 $(f\circ g^{-1})(a)=f(g^{-1}(a))=5$이므로

$g^{-1}(a)=k$라 하면,

$f(k)=5$에서 $2k-3=5, \quad k=4$

$g^{-1}(a)=4$이므로 $g(4)=a$

$\therefore a=-1$

13 함수 f는 일대일대응이고 $f(1)=6$이므로 $f(2)$, $f(4)$는 각각 5, 7, 8 중 하나에 대응된다.

이때, $f(4)-f(2)=2$이므로 $f(4)=7$, $f(2)=5$이다.

함수 f는 일대일대응이므로 $f(3)=8$

14 함수 g는 항등함수이므로 $g(2)=2$이다. 조건 ㉮에 의하여 $f(1)=h(3)=2$이다.

함수 h는 상수함수이므로 $h(1)=h(2)=h(3)=2$이다.

조건 ㉯에서 $h(1)=2$이고 $g(3)=3$이므로 $f(3)=1$이다.

그런데 함수 f는 일대일대응이므로 $f(2)=3$이다.

15 ㉮에서 f는 일대일함수이다.

공역이 $Y=\{3, 4, 5, 6, 7, 8\}$이므로

$f(1)+f(2)+f(3)=15$를 만족시키려면

함숫값의 합이 15여야 하고, 조건 ㉮를 만족시키는 함수 f는 일대일함수이므로

$15=3+4+8=3+5+7=4+5+6$

3가지 경우가 가능하다.

정의역 $X=\{1, 2, 3\}$에서 함숫값으로 대응되는 함수의 개수는 $3\times2\times1=6$(가지)이고, 이러한 경우가 3가지 있으므로

함수 f는 $6\times3=18$(개)

1 (1) $y=100-3x$ (x는 33 이하의 자연수) / 반비례 관계가 아니다.

    (2) $y=\dfrac{30}{x}$ (x는 양의 실수) / 반비례 관계이다.

2 유리수: 0, $-\dfrac{2}{7}$, 100

    무리수: $\dfrac{\sqrt{7}}{2}$, π

3 (1) $(2, -3)$ (2) $(1, 1)$ (3) $(5, -8)$

4 (1) $2x+3y-5=0$

    (2) $(x+2)^2+(y-5)^2=4$

5 x축: $y=-3x+2$

    y축: $y=-3x-2$

    원점: $y=3x+2$

    직선 $y=x$: $y=\dfrac{1}{3}x+\dfrac{2}{3}$

2. 유리함수와 무리함수

01 유리식과 유리함수

01 (1)

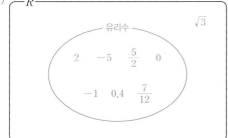

(2) 2, -5, $\dfrac{5}{2}$, 0, -1, 0.4, $\dfrac{7}{12}$

  특징: 유리수는 $\dfrac{b}{a}$ (a, b는 정수, $a\neq0$)의 꼴로 나타낼 수 있다.

(3) $2x$, 0, $-\dfrac{2x}{3x}$, $0.4x^2+1$, $\dfrac{7x}{12}$, $\sqrt{3}x$

02 • 유리수의 곱셈과 나눗셈

1) $\dfrac{2}{9}\times\dfrac{6}{7}=\dfrac{2}{9}\times\dfrac{6}{7}=\dfrac{2}{3\times3}\times\dfrac{3\times2}{7}=\dfrac{4}{21}$

2) $-\dfrac{6}{2}=-3$

3) $\dfrac{2}{3}\div\dfrac{5}{3}=\dfrac{2}{3}\times\dfrac{3}{5}=\dfrac{2}{5}$

• 유리수의 덧셈과 뺄셈

4) $\dfrac{1}{2}+\dfrac{1}{3}=\dfrac{3}{2\times3}+\dfrac{2}{3\times2}=\dfrac{5}{6}$

5) $\dfrac{3}{5}-\dfrac{2}{10}=\dfrac{3\times2}{5\times2}-\dfrac{2}{10}=\dfrac{4}{10}=\dfrac{2}{5}$

• 유리식의 곱셈과 나눗셈

6) $\dfrac{3x}{x^2-4}\times\dfrac{x+2}{x}=\dfrac{3x}{(x-2)(x+2)}\times\dfrac{x+2}{x}=\dfrac{3}{x-2}$

7) $\dfrac{3x+6}{x+2}=\dfrac{3(x+2)}{x+2}=3$

8) $\dfrac{x^2+2x-3}{x^2-5x+4}=\dfrac{(x+3)(x-1)}{(x-4)(x-1)}=\dfrac{x+3}{x-4}$

9) $\dfrac{x^2-4}{x^2-x}\div\dfrac{x-2}{x-1}=\dfrac{x^2-4}{x^2-x}\times\dfrac{x-1}{x-2}$

$=\dfrac{(x-2)(x+2)}{x(x-1)}\times\dfrac{x-1}{x-2}$

$=\dfrac{x+2}{x}$

• 유리식의 덧셈과 뺄셈

10) $\dfrac{1}{x-3}+\dfrac{1}{x}=\dfrac{x}{x(x-3)}+\dfrac{x-3}{x(x-3)}=\dfrac{2x-3}{x(x-3)}$

11) $\dfrac{x}{x-1}-\dfrac{1}{x}=\dfrac{x^2}{x(x-1)}-\dfrac{x-1}{x(x-1)}=\dfrac{x^2-x+1}{x(x-1)}$

(1) 유리식의 곱셈은 유리식의 분모와 분자를 인수분해한 다음, 공통인수는 약분하여 간단히 한다.

  유리식의 나눗셈은 나누는 식의 분자와 분모를 바꾸어 곱한다.

(2) 통분한 다음 계산한다.

01

구분	x, y 사이의 관계식	정의역
(1)	$y=5000-4x$	$\{x\|0<x\leq1250,$ x는 자연수$\}$
(2)	$xy=8$ 또는 $y=\dfrac{8}{x}$	$\{x\|x>0\}$
(3)	$y=100x$	$\{x\|x$는 자연수$\}$ $=\{1, 2, 3, \cdots\}$
(4)	$y=\dfrac{12}{25-x}$	$\{x\|0\leq x\leq13,$ x는 정수$\}$
(5)	$y=360$	$\{x\|x\geq3,$ x는 자연수$\}$

02 ②, ④

함수가 되지 않는 이유: ②는 $x=0$에 대응하는 y의 값이 존재하지 않고, ④는 $x=18$에 대응하는 y의 값이 존재하지 않으므로 정의역이 실수 전체의 집합일 때는 함수가 아니다.

탐구하기 3

01

구분	정의역	이유
(1)	$\{x \mid x$는 실수$\}$	모든 실수 x에 대하여 y의 값이 $1-x$로 하나씩 대응한다.
(2)	$\{x \mid x \neq 0$인 실수$\}$	$x=0$일 때 $\dfrac{1}{x}$의 값이 존재하지 않는다. 그러나 $x \neq 0$인 모든 실수 x에 대하여는 y의 값이 하나씩 대응한다.
(3)	$\{x \mid x$는 실수$\}$	모든 실수 x에 대하여 y의 값이 $\dfrac{x+1}{4}$로 하나씩 대응한다.
(4)	$\{x \mid x \neq 1$인 실수$\}$	$x=1$일 때 분모가 0이 되어 $\dfrac{3x-2}{x-1}$의 값이 존재하지 않는다. 그러나 $x \neq 1$인 모든 실수 x에 대하여는 y의 값이 하나씩 대응한다.
(5)	$\{x \mid x$는 실수$\}$	모든 실수 x에 대하여 y의 값이 $x^2-2x+1=(x-1)^2$으로 하나씩 대응한다.
(6)	$\{x \mid x$는 실수$\}$	모든 실수 x에 대하여 y의 값이 5로 하나씩 대응한다.
(7)	$\{x \mid x \neq 0$인 실수$\}$	$x=0$일 때 $\dfrac{1}{x}$의 값이 존재하지 않는다. 그러나 $x \neq 0$인 모든 실수 x에 대하여는 y의 값이 하나씩 대응한다.

02

다항함수	유리함수
(1), (3), (5), (6)	(1)~(7)

다항함수의 집합은 유리함수의 집합의 부분집합이다.

03 ① 다항함수는 유리함수이다. 그 이유는 다항식 A는 $\dfrac{A}{1}$로 나타낼 수 있으므로 유리식이 되기 때문이다.

② 유리함수 중 다항함수에서 정의역이 주어지지 않았다면 정의역이 실수 전체의 집합이다.

③ 유리함수 중 다항함수가 아닌 유리함수에서 정의역이 주어지지 않았다면 분모가 0이 되는 수를 제외한 실수 전체의 집합이 정의역이다.

04 (1) 정의역: $\{x \mid x \neq 1$인 실수$\}$

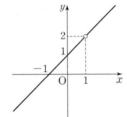

(2) 정의역: $\{x \mid x$는 실수$\}$

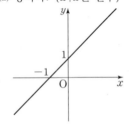

2. 유리함수와 무리함수

02 유리함수의 그래프

탐구하기 1

01 옳지 않다.

⑩ 민석이가 그린 그래프는 점 $(3, 3)$을 지나는데, $y=\dfrac{8}{x}$에서 $3 \neq \dfrac{8}{3}$이다.

⑩ 두 점 $(2, 4)$와 $(4, 2)$ 사이가 직선이면 x의 값의 변화량과 y의 값의 변화량의 비율이 일정해야 하는데(기울기가 존재해야 하는데) 함수 $y=\dfrac{8}{x}$에서 x의

값이 1씩 변할 때 y의 값이 일정하게 변하지 않는다. 즉, 몇 개의 점을 찍고 직선으로 연결하는 것은 옳지 않다.

02 (1)

x	-4	-2	-1	$-\dfrac{1}{2}$	$-\dfrac{1}{4}$	0	$\dfrac{1}{4}$	$\dfrac{1}{2}$	1	2	4
y	$-\dfrac{1}{4}$	$-\dfrac{1}{2}$	-1	-2	-4	$\times$	4	2	1	$\dfrac{1}{2}$	$\dfrac{1}{4}$

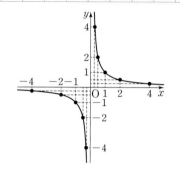

(2)

x	-8	-4	-2	-1	0	1	2	4	8
y	$-\dfrac{1}{2}$	-1	-2	-4	$\times$	4	2	1	$\dfrac{1}{2}$

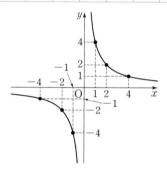

03 ① 분모가 0이 되는 x의 값에 대응하는 y의 값이 존재하지 않는다.

② 그래프가 모두 원점에 대하여 대칭이다. 그러나 문제 **02** (2)의 그래프가 (1)의 그래프보다 원점에서 멀리 떨어져 있다.

③ x의 값이 0에 가까워질수록 y의 절댓값이 급격하게 커진다. x의 절댓값이 커질수록 y의 값은 0에 가까워진다.

04 (1) 정의역: $\{x\,|\,x\neq0$인 실수$\}$

이유: $x=0$에 대응하는 y의 값이 없다.

치역: $\{y\,|\,y\neq0$인 실수$\}$

이유: x의 값의 절댓값이 커질수록 y의 값이 0에 가까워지지만, 0이 되지는 않는다.

(2) 정의역: $\{x\,|\,x\neq0$인 실수$\}$

이유: $x=0$에 대응하는 y의 값이 없다.

치역: $\{y\,|\,y\neq0$인 실수$\}$

이유: x의 값의 절댓값이 커질수록 y의 값이 0에 가까워지지만, 0이 되지는 않는다.

05 $y=0$, $x=0$

(풀이) 문제 **02**의 (1), (2)는 모두 그래프가 x축과 y축에 가까워진다.

따라서 점근선은 x축과 y축이고 점근선의 방정식은 $y=0$, $x=0$이다.

탐구하기 2 137쪽

01

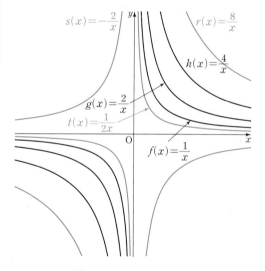

이유: $r(x)=\dfrac{8}{x}$의 값은 같은 x의 값에 대하여

$h(x)=\dfrac{4}{x}$의 값의 2배이므로 원점으로부터 더 먼 위치에 있다.

$t(x)=\dfrac{1}{2x}=\dfrac{\frac{1}{2}}{x}$이므로 $f(x)=\dfrac{1}{x}$보다 원점으로부터 더 가까운 위치에 있다.

$s(x)=-\dfrac{2}{x}=\dfrac{2}{-x}$이므로 $s(x)$의 그래프는 $g(x)=\dfrac{2}{x}$의 그래프를 y축에 대하여 대칭이동한 것이다.

02 k의 절댓값이 커질수록 원점으로부터 멀어진다.

정의역과 치역은 모두 0이 아닌 실수 전체의 집합이다.
$k>0$이면 그래프는 제1, 3사분면에 있고, $k<0$이면
제2, 4사분면에 있다.

원점에 대하여 대칭이다.

점근선은 x축($y=0$)과 y축($x=0$)이다.

탐구하기 3 138쪽 ~ 139쪽

01 (1) 함수 $y=\dfrac{2}{x}$의 점근선의 방정식이 $x=0$, $y=0$
이므로 이 함수의 그래프를 x축으로 평행이동한 그
래프의 점근선의 방정식은 $x=4$, $y=0$이어야 한다.
그런데 다연이는 몇 개의 점만 평행이동하고 점근
선을 고려하지 않았다. 그 결과 그래프가 점근선인
직선 $x=4$와 만나고 있다.

(2) 점근선부터 평행이동하여 그린다.

02 (1)

함수의 관계식	그래프
$y=\dfrac{2}{x-3}$ **점근선의 방정식** $x=3,\ y=0$	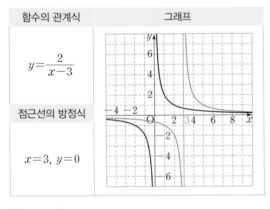

(2)

함수의 관계식	그래프
$y=\dfrac{2}{x}+1$ **점근선의 방정식** $x=0,\ y=1$	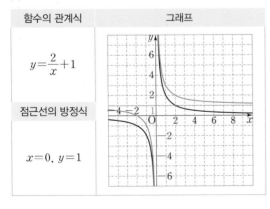

(3)

함수의 관계식	그래프
$y=\dfrac{2}{x-3}+1$ **점근선의 방정식** $x=3,\ y=1$	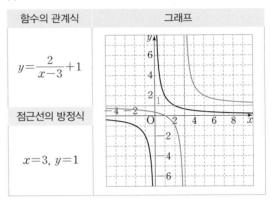

03 함수 $y=\dfrac{k}{x}$의 그래프를 x축의 방향으로 p만큼, y
축의 방향으로 q만큼 평행이동하여 그린다.

이때 함수 $y=\dfrac{k}{x-p}+q$의 그래프의 점근선의 방정식
이 $x=p$, $y=q$임을 이용하여 점근선을 먼저 그린 다
음, 함수의 그래프를 그리는 것이 좋다.

탐구하기 4 140쪽

01 (1) $y=\dfrac{5}{x-2}+2$ (2) $y=\dfrac{2}{x+1}-3$

(풀이) (1) $\begin{array}{r} 2 \\ x-2\ )\overline{\ 2x+1\ } \\ \underline{2x-4} \\ 5 \end{array}$ 이므로 $y=\dfrac{5}{x-2}+2$

(2) $\begin{array}{r} -3 \\ x+1\ )\overline{\ -3x-1\ } \\ \underline{-3x-3} \\ 2 \end{array}$ 이므로 $y=\dfrac{2}{x+1}-3$

(다른 풀이)

(1) $y=\dfrac{2x+1}{x-2}$

$=\dfrac{2(x-2)+5}{x-2}$

$=\dfrac{5}{x-2}+2$

(2) $y=\dfrac{-3x-1}{x+1}$

$=\dfrac{-3(x+1)+2}{x+1}$

$=\dfrac{2}{x+1}-3$

02

함수 $y=\dfrac{2x+1}{x-2}$ 의 그래프	함수 $y=\dfrac{-3x-1}{x+1}$ 의 그래프

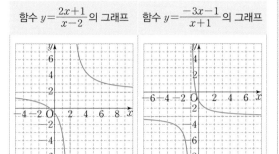

2. 유리함수와 무리함수

03 무리식과 무리함수

탐구하기 1　　　　　141쪽 ~ 142쪽

01

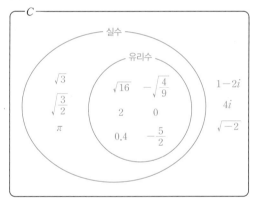

(풀이) 몇 개의 수를 다음과 같이 정리한 후 유리수, 무리수, 실수, 복소수로 분류하여 벤다이어그램으로 나타낼 수 있다.

$\sqrt{16}=\sqrt{4^2}=4$ (자연수)

$-\sqrt{\dfrac{4}{9}}=-\sqrt{\left(\dfrac{2}{3}\right)^2}=-\dfrac{2}{3}$ (유리수)

$\sqrt{\dfrac{2}{3}}=\dfrac{\sqrt{3}}{\sqrt{2}}=\dfrac{\sqrt{3}\times\sqrt{2}}{\sqrt{2}\times\sqrt{2}}=\dfrac{\sqrt{6}}{2}$ (무리수)

$\sqrt{-2}=\sqrt{2\times(-1)}=\sqrt{2}\times\sqrt{-1}=\sqrt{2}\,i$ (순허수)

02 문제 **01**의 수 중에서 근호($\sqrt{\ }$) 안을 정리하여 근호 안의 수가 제곱수인 수는 유리수이고, 근호 안의 수가 음수인 수는 순허수이다.

무리수는 실수 중에서 유리수가 아닌 수로 정의되며,

근호가 포함되어 있는 수 중에서 유리수가 아닌 수와 원주율과 같이 무리수로 알려져 있는 수들이 있다.

따라서 근호가 포함되어 있는 수가 무리수가 되려면 근호 안의 유리수가 제곱수 또는 음수가 아니어야 한다.

03 무리식: $\sqrt{x-5}$, $\sqrt{1-x^2}$, $\dfrac{1}{\sqrt{x+3}}$, $\sqrt{\dfrac{x^2-3x+2}{x-2}}$,

$\sqrt{\dfrac{2x-1}{x+3}}$

무리식이 아닌 식: $\sqrt{x^2-2x+1}$, $\sqrt{\dfrac{x^2+6x+9}{4x^2-4x+1}}$

이유: $\sqrt{x^2-2x+1}$ 은

$\sqrt{x^2-2x+1}=\sqrt{(x-1)^2}=|x-1|$ 이므로 무리식이 아니다.

$\sqrt{\dfrac{x^2+6x+9}{4x^2-4x+1}}$ 는

$\sqrt{\dfrac{x^2+6x+9}{4x^2-4x+1}}=\sqrt{\left(\dfrac{x+3}{2x-1}\right)^2}=\left|\dfrac{x+3}{2x-1}\right|$ 이므로 무리식이 아니다.

한편 $\sqrt{\dfrac{x^2-3x+2}{x-2}}$ 는

$\sqrt{\dfrac{x^2-3x+2}{x-2}}=\sqrt{\dfrac{(x-1)(x-2)}{x-2}}=\sqrt{x-1}\ (x\ne2)$ 이므로 무리식이다.

04 $\sqrt{x-5}$ 의 값이 실수가 되기 위한 x 의 값의 범위는 $x-5\ge0$ 이므로 $x\ge5$ 이다.

$\sqrt{1-x^2}$ 의 값이 실수가 되기 위한 x 의 값의 범위는 $1-x^2\ge0$ 이므로 $-1\le x\le1$ 이다.

$\dfrac{1}{\sqrt{x+3}}$ 의 값이 실수가 되기 위한 x 의 값의 범위는 $x+3>0$ 이므로 $x>-3$ 이다.

$\sqrt{\dfrac{x^2-3x+2}{x-2}}=\sqrt{x-1}$ 의 값이 실수가 되기 위한 x 의 값의 범위는 $x\ne2$ 이고 $x-1\ge0$ 이므로 $1\le x<2$, $x>2$ 이다.

$\sqrt{\dfrac{2x-1}{x+3}}$ 의 값이 실수가 되기 위한 x 의 값의 범위는

$x\ne-3$ 이고 $\dfrac{2x-1}{x+3}\ge0$ 이므로

$\dfrac{2x-1}{x+3}\ge0\Longleftrightarrow(x+3)(2x-1)\ge0$, $x\ne-3$ 이다.

따라서 $x<-3$ 또는 $x\ge\dfrac{1}{2}$ 이다.

05 • 무리수의 덧셈과 뺄셈

1) $\sqrt{2}+3\sqrt{2}=(1+3)\sqrt{2}=4\sqrt{2}$

2) $3\sqrt{3}-2\sqrt{3}=(3-2)\sqrt{3}=\sqrt{3}$

• 무리수의 곱셈과 나눗셈

3) $\sqrt{2}\sqrt{3}=\sqrt{2\times3}=\sqrt{6}$

4) $\sqrt{12}=\sqrt{4\times3}=\sqrt{2^2\times3}=2\sqrt{3}$

5) $\dfrac{\sqrt{5}}{\sqrt{3}}=\dfrac{\sqrt{5}\sqrt{3}}{(\sqrt{3})^2}=\dfrac{\sqrt{15}}{3}$

6) $\dfrac{1}{\sqrt{3}+1}=\dfrac{\sqrt{3}-1}{(\sqrt{3}+1)(\sqrt{3}-1)}=\dfrac{\sqrt{3}-1}{2}$

7) $\dfrac{2}{\sqrt{5}-\sqrt{2}}=\dfrac{2(\sqrt{5}+\sqrt{2})}{(\sqrt{5}-\sqrt{2})(\sqrt{5}+\sqrt{2})}=\dfrac{2(\sqrt{5}+\sqrt{2})}{3}$

• 무리식의 덧셈과 뺄셈

8) $\sqrt{x}+2\sqrt{x}=(1+2)\sqrt{x}=3\sqrt{x}$

9) $3\sqrt{x-1}-\sqrt{x-1}=(3-1)\sqrt{x-1}=2\sqrt{x-1}$

• 무리식의 곱셈과 나눗셈

10) $\sqrt{x}\sqrt{x-2}=\sqrt{x(x-2)}=\sqrt{x^2-2x}$

11) $\sqrt{4x+12}=\sqrt{4(x+3)}=\sqrt{4}\sqrt{x+3}=2\sqrt{x+3}$

12) $\dfrac{\sqrt{x+1}}{\sqrt{x+3}}=\dfrac{\sqrt{x+1}\sqrt{x+3}}{(\sqrt{x+3})^2}=\dfrac{\sqrt{(x+1)(x+3)}}{x+3}$

13) $\dfrac{2}{\sqrt{x+1}-2}=\dfrac{2(\sqrt{x+1}+2)}{(\sqrt{x+1}-2)(\sqrt{x+1}+2)}$
$=\dfrac{2(\sqrt{x+1}+2)}{(x+1)-4}=\dfrac{2(\sqrt{x+1}+2)}{x-3}$

14) $\dfrac{1}{\sqrt{x+3}-\sqrt{x-1}}$
$=\dfrac{\sqrt{x+3}+\sqrt{x-1}}{(\sqrt{x+3}-\sqrt{x-1})(\sqrt{x+3}+\sqrt{x-1})}$
$=\dfrac{\sqrt{x+3}+\sqrt{x-1}}{(x+3)-(x-1)}=\dfrac{\sqrt{x+3}+\sqrt{x-1}}{4}$

(1) 무리수의 덧셈과 뺄셈은, 다항식의 동류항과 같은 개념으로 근호 안의 수가 같을 때 공통인수로 묶어 정리할 수 있으므로 무리식의 덧셈과 뺄셈도 근호 안의 식이 같을 때 그 근호를 하나의 문자로 보고 공통인수로 묶어 계산한다.

(2) 무리수의 곱셈과 나눗셈은

$\sqrt{a}\sqrt{b}=\sqrt{ab}\,(a\geq0,\ b\geq0),\ \dfrac{\sqrt{a}}{\sqrt{b}}=\sqrt{\dfrac{a}{b}}$
$(a\geq0,\ b>0),$

$\sqrt{a^2}=|a|=\begin{cases}a\ (a\geq0)\\-a\ (a<0)\end{cases}$ 및 분모의 유리화 등을 적용하여 간단히 정리하므로 무리식의 곱셈과 나눗셈도 같은 방법으로 간단히 정리한다.

01 $y=\sqrt{\dfrac{x}{\pi}}$

(풀이) $x=\pi y^2 \Longleftrightarrow y^2=\dfrac{x}{\pi}$ 이므로 $y=\pm\sqrt{\dfrac{x}{\pi}}$

y는 원의 반지름의 길이이므로 $y>0$이어야 한다.

따라서 $y=\sqrt{\dfrac{x}{\pi}}$ 이다.

02 ㄱ, ㄴ, ㄹ, ㅂ은 무리함수이다.

정의역: ㄱ. $\{x|x\geq0\}$, ㄴ. $\{x|x\leq3\}$,

ㄹ. $\{x|x\geq3\}$, ㅂ. $\{x|x\leq5\}$($1+\sqrt{2}$가 무리수인 것과 같이 $\sqrt{x}+1$의 형태도 무리식이다.)

무리함수가 아닌 것: ㄷ, ㅁ

이유: ㄷ. $y=\sqrt{(x-1)^2}=|x-1|=\begin{cases}x-1\ (x\geq1)\\1-x\ (x<1)\end{cases}$

ㅁ. 기울기가 -1이고 y절편이 $\sqrt{3}$인 일차함수이다.

2. 유리함수와 무리함수

04 무리함수의 그래프

01

x	$\dfrac{1}{16}$	$\dfrac{1}{4}$	$\dfrac{1}{2}$	$\dfrac{3}{4}$	1	2	$\dfrac{9}{4}$	3	4
$y=\sqrt{x}$	$\dfrac{1}{4}$	$\dfrac{1}{2}$	$\dfrac{\sqrt{2}}{2}$	$\dfrac{\sqrt{3}}{2}$	1	$\sqrt{2}$	$\dfrac{3}{2}$	$\sqrt{3}$	2
$y=-\sqrt{x}$	$-\dfrac{1}{4}$	$-\dfrac{1}{2}$	$-\dfrac{\sqrt{2}}{2}$	$-\dfrac{\sqrt{3}}{2}$	-1	$-\sqrt{2}$	$-\dfrac{3}{2}$	$-\sqrt{3}$	-2

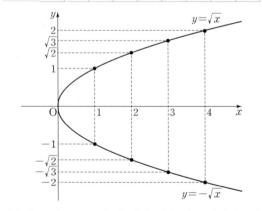

함수의 그래프를 그릴 때 여러 점을 찍어 연결하듯이

$y=\sqrt{x}$와 $y=-\sqrt{x}$ (단, $x\geq0$)의 그래프도 여러 점을 찍어 곡선으로 연결하면 된다.

점의 좌표를 정할 때 근호 안이 제곱수가 되는 경우 또는 $\sqrt{2}$의 근삿값인 1.414와 $\sqrt{3}$의 근삿값인 1.732를 활용하여 점을 찍고 곡선으로 연결한다.

(1) $y=\sqrt{x}$의 그래프 위에 찍은 점들의 좌표는 다음과 같다.

$x=1$일 때 $y=\sqrt{1}=1$이므로 점 $(1, 1)$은 $y=\sqrt{x}$ 위의 점이다.

$x=2$일 때 $y=\sqrt{2}≒1.414$이므로 점 $(2, \sqrt{2})$는 $y=\sqrt{x}$ 위의 점이다. $\left(\sqrt{2}≒1.414<1.5=\dfrac{3}{2}\right)$

$x=3$일 때 $y=\sqrt{3}≒1.732$이므로 점 $(3, \sqrt{3})$은 $y=\sqrt{x}$ 위의 점이다. $\left(\sqrt{3}≒1.732<1.75=\dfrac{7}{4}\right)$

$x=4$일 때 $y=\sqrt{4}=2$이므로 점 $(4, 2)$는 $y=\sqrt{x}$ 위의 점이다.

(2) $y=-\sqrt{x}$의 그래프 위에 찍은 점들의 좌표는 (1)과 같은 방법으로 계산하되 (1)의 y좌표의 음의 값이다.

02 (1)

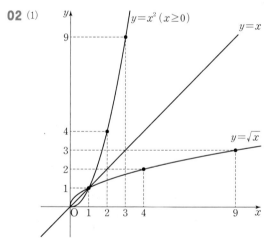

무리함수 $y=\sqrt{x}$의 그래프는 $y=x^2 (x\geq0)$의 그래프와 직선 $y=x$에 대하여 대칭이다.

(2) 함수 $y=\sqrt{x}$는 일대일대응이므로 역함수가 존재한다.

(3) 함수 $y=\sqrt{x} (x\geq0, y\geq0)$를 x에 대하여 정리한다.
$y=\sqrt{x} (x\geq0, y\geq0) \Longleftrightarrow y^2=x$이므로
$$\therefore x=y^2 (x\geq0, y\geq0)$$
x를 y로, y를 x로 바꾼다. (기하적 의미: 직선 $y=x$에 대하여 대칭이동)
$$y=x^2 (y\geq0, x\geq0)$$
따라서 함수 $y=\sqrt{x} (x\geq0, y\geq0)$의 역함수는

$y=x^2 (x\geq0, y\geq0)$이다.

이때 무리함수 $y=\sqrt{x}$의 치역 $\{y|y\geq0\}$이 역함수의 정의역 $\{x|x\geq0\}$이 되고,
무리함수 $y=\sqrt{x}$의 정의역 $\{x|x\geq0\}$이 역함수의 치역 $\{y|y\geq0\}$이 된다.

03 $y=x^2 (x\leq0)$

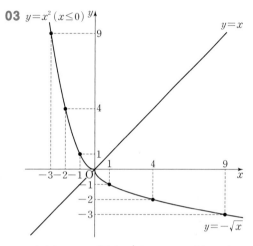

(1) 무리함수 $y=-\sqrt{x}$의 그래프는 $y=x^2 (x\leq0)$의 그래프와 직선 $y=x$에 대하여 대칭이다.

(2) 함수 $y=-\sqrt{x}$는 일대일대응이므로 역함수가 존재한다.

(3) 함수 $y=-\sqrt{x} (x\geq0, y\leq0)$를 x에 대하여 정리한다.
$y=-\sqrt{x} (x\geq0, y\leq0) \Longleftrightarrow y^2=x$이므로
$$\therefore x=y^2 (x\geq0, y\leq0)$$
x를 y로, y를 x로 바꾼다. (기하적 의미: 직선 $y=x$에 대하여 대칭이동)
$$y=x^2 (y\geq0, x\leq0)$$
따라서 함수 $y=-\sqrt{x} (x\geq0, y\leq0)$의 역함수는
$y=x^2 (x\leq0, y\geq0)$이다.

이때 무리함수 $y=-\sqrt{x}$의 치역 $\{y|y\leq0\}$이 역함수의 정의역 $\{x|x\leq0\}$이 되고,
무리함수 $y=-\sqrt{x}$의 정의역 $\{x|x\geq0\}$이 역함수의 치역 $\{y|y\geq0\}$이 된다.

04 문제 **01**: $y=\sqrt{x}$와 $y=x^2 (x\geq0)$은 직선 $y=x$에 대하여 대칭이다.

문제 **02**: $y=-\sqrt{x}$와 $y=x^2 (x\leq0)$은 직선 $y=x$에 대하여 대칭이다.

문제 **03**: $y=\sqrt{x}$와 $y=-\sqrt{x}$는 x축에 대하여 대칭이다. (두 함수식은 y의 부호가 다르므로, x축에 대하여 대칭이다.)

01

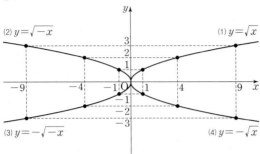

(1) 정의역: $\{x|x\geq0\}$, 치역: $\{y|y\geq0\}$

(2) 정의역: $\{x|x\leq0\}$, 치역: $\{y|y\geq0\}$

(3) 정의역: $\{x|x\leq0\}$, 치역: $\{y|y\leq0\}$

(4) 정의역: $\{x|x\geq0\}$, 치역: $\{y|y\leq0\}$

02 (1) $y=\sqrt{x}$와 (2) $y=\sqrt{-x}$는 x의 부호가 다르므로 y축에 대하여 대칭이다.

(1) $y=\sqrt{x}$와 (4) $y=-\sqrt{x}$는 y의 부호가 다르므로 x축에 대하여 대칭이다.

(1) $y=\sqrt{x}$ 와 (3) $y=-\sqrt{-x}$는 x와 y의 부호가 모두 다르므로 원점에 대하여 대칭이다.

(2) $y=\sqrt{-x}$와 (4) $y=-\sqrt{x}$는 x와 y의 부호가 모두 다르므로 원점에 대하여 대칭이다.

(2) $y=\sqrt{-x}$와 (3) $y=-\sqrt{-x}$는 y의 부호가 다르므로 x축에 대하여 대칭이다.

(3) $y=-\sqrt{-x}$와 (4) $y=-\sqrt{x}$는 x의 부호가 다르므로 y축에 대하여 대칭이다.

01 역함수가 존재하려면 함수가 일대일대응이 되어야 하는데 정의역이 실수 전체의 집합일 때 이차함수는 일대일대응이 되지 않는다. 따라서 일대일대응이 되는 제한된 x의 값의 범위를 찾으면 된다.

⑩ ① 이차함수 $y=(x-1)^2+2$에 대하여 대칭축 $x=1$을 기준으로, $x\geq1$일 때 이차함수가 증가하고 $x\leq1$일 때 이차함수가 감소하므로 $x\geq1$이나 $x\leq1$로 정의역의 범위를 제한하면 일대일대응이 되어 역함수가 존재한다.

② 다음 그림과 같이 이차함수 $y=(x-1)^2+2$의 그래프를 그려서 증가하는 구간과 감소하는 구간을 찾

고 $x\geq1$이나 $x\leq1$로 정의역의 범위를 제한하면 일대일대응이 되므로 역함수가 존재한다.

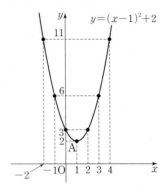

③ 정의역을 꼭 $x\geq1$이나 $x\leq1$로만 제한할 필요는 없다. 예를 들어, $x\geq3$이나 $x<-1$ 등 더 작은 범위에서도 일대일대응이 된다.

02 (i) 이차함수의 정의역이 $\{x|x\geq1\}$일 때

함수 $y=(x-1)^2+2\,(x\geq1,\ y\geq2)$를 x에 대하여 정리한다.

$y=(x-1)^2+2\,(x\geq1,\ y\geq2)\Longleftrightarrow(x-1)^2=y-2$
$\Longleftrightarrow x-1=\sqrt{y-2}\ (\because x\geq1)$
$\qquad\therefore x=\sqrt{y-2}+1\,(x\geq1,\ y\geq2)$

$x,\ y$를 서로 바꾼다. (기하적 의미: 직선 $y=x$에 대하여 대칭이동)

$\qquad y=\sqrt{x-2}+1\,(x\geq2,\ y\geq1)$

따라서 함수 $y=(x-1)^2+2\,(x\geq1,\ y\geq2)$의 역함수는 무리함수

$\qquad y=\sqrt{x-2}+1\,(x\geq2,\ y\geq1)$

(ii) 이차함수의 정의역이 $\{x|x\leq1\}$일 때

함수 $y=(x-1)^2+2\,(x\leq1,\ y\geq2)$를 x에 대하여 정리한다.

$y=(x-1)^2+2\,(x\leq1,\ y\geq2)$
$\Longleftrightarrow(x-1)^2=y-2$
$\Longleftrightarrow x-1=-\sqrt{y-2}\ (\because x\leq1)$
$\qquad\therefore x=-\sqrt{y-2}+1\,(x\leq1,\ y\geq2)$

$x,\ y$를 서로 바꾼다. (기하적 의미: 직선 $y=x$에 대하여 대칭이동)

$\qquad y=-\sqrt{x-2}+1\,(x\geq2,\ y\leq1)$

따라서 함수 $y=(x-1)^2+2\,(x\leq1,\ y\geq2)$의 역함수는 무리함수

$\qquad y=-\sqrt{x-2}+1\,(x\geq2,\ y\leq1)$

03

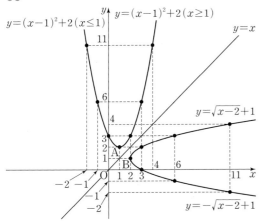

이차함수 $y=(x-1)^2+2$의 그래프는 $y=x^2$의 그래프를 x축의 방향으로 1만큼, y축의 방향으로 2만큼 평행이동한 그래프로, 이차함수 $y=(x-1)^2+2$의 그래프를 직선 $y=x$에 대하여 대칭이동하면 두 무리함수 $y=\sqrt{x-2}+1$과 $y=-\sqrt{x-2}+1$의 그래프를 구할 수 있으며 이 두 무리함수는 각각 $y=\sqrt{x}$와 $y=-\sqrt{x}$의 그래프를 x축의 방향으로 2만큼, y축의 방향으로 1만큼 평행이동한 그래프가 된다.

이차함수 $y=(x-1)^2+2$의 그래프의 꼭짓점 A(1, 2)를 직선 $y=x$에 대하여 대칭이동하면 두 무리함수 $y=\sqrt{x-2}+1$과 $y=-\sqrt{x-2}+1$의 그래프의 시작점인 B(2, 1)이 된다.

04 함수와 그 역함수의 그래프는 직선 $y=x$에 대하여 대칭이므로 함수의 정의역은 역함수의 치역이 되고, 함수의 치역은 역함수의 정의역이 된다.

(i) 이차함수의 정의역이 $\{x\,|\,x\geq1\}$일 때
   이차함수의 정의역 $\{x\,|\,x\geq1\}$이 역함수인 무리함수의 치역 $\{y\,|\,y\geq1\}$이 되고,
   이차함수의 치역 $\{y\,|\,y\geq2\}$가 역함수인 무리함수의 정의역 $\{x\,|\,x\geq2\}$가 된다.

(ii) 이차함수의 정의역이 $\{x\,|\,x\leq1\}$일 때
   이차함수의 정의역 $\{x\,|\,x\leq1\}$이 역함수인 무리함수의 치역 $\{y\,|\,y\leq1\}$이 되고,
   이차함수의 치역 $\{y\,|\,y\geq2\}$가 역함수인 무리함수의 정의역 $\{x\,|\,x\geq2\}$가 된다.

01 (1)

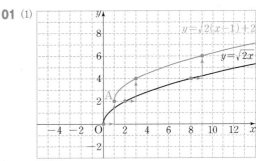

정의역: $\{x\,|\,x\geq1$인 실수$\}$,
치역: $\{y\,|\,y\geq2$인 실수$\}$

(풀이) 무리함수 $y=\sqrt{2(x-1)}+2$의 그래프는 무리함수 $y=\sqrt{2x}$의 그래프를 x축의 방향으로 1만큼, y축의 방향으로 2만큼 평행이동한 그래프이다. 그래프를 그려 보면 무리함수 $y=\sqrt{2x}$의 그래프의 시작점인 원점을 x축의 방향으로 1만큼, y축의 방향으로 2만큼 평행이동한 점 A(1, 2)가 무리함수 $y=\sqrt{2(x-1)}+2$의 그래프의 시작점이 되고, 무리함수 $y=\sqrt{2x}$의 그래프 위의 점 (2, 2)와 (8, 4)를 x축의 방향으로 1만큼, y축의 방향으로 2만큼 평행이동한 점이 각각 (3, 4)와 (9, 6)이므로 이 점들을 이은 곡선을 그리면 무리함수 $y=\sqrt{2x}$의 그래프를 x축의 방향으로 1만큼, y축의 방향으로 2만큼 평행이동한 무리함수 $y=\sqrt{2(x-1)}+2$의 그래프를 그릴 수 있다.

(2) $\sqrt{2(x-1)}$의 값이 실수가 되기 위해서는 근호 안의 식인 $2(x-1)$이 0보다 크거나 같아야 하므로 $x\geq1$이다.

따라서 정의역은 $\{x\,|\,x\geq1$인 실수$\}$이고, $x\geq1$에 대하여 $\sqrt{2(x-1)}\geq0$이므로 $y=\sqrt{2(x-1)}+2\geq2$이고 치역은 $\{y\,|\,y\geq2$인 실수$\}$이다.

02 (1)

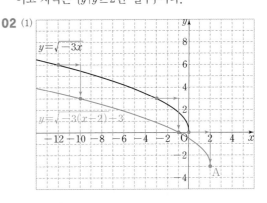

V-2 유리함수와 무리함수

무리함수 $y=\sqrt{-3(x-2)}-3$의 그래프는 무리함수 $y=\sqrt{-3x}$의 그래프를 x축의 방향으로 2만큼, y축의 방향으로 -3만큼 평행이동한 그래프이다. 그래프를 그려 보면 무리함수 $y=\sqrt{-3x}$의 그래프의 시작점인 원점을 x축의 방향으로 2만큼, y축의 방향으로 -3만큼 평행이동한 점 A$(2, -3)$이 무리함수 $y=\sqrt{-3(x-2)}-3$의 그래프의 시작점이 되고, 무리함수 $y=\sqrt{-3x}$의 그래프 위의 점 $(-3, 3)$과 $(-12, 6)$을 x축의 방향으로 2만큼, y축의 방향으로 -3만큼 평행이동한 점이 각각 $(-1, 0)$과 $(-10, 3)$이므로 이 점들을 이은 곡선을 그리면 무리함수 $y=\sqrt{-3x}$의 그래프를 x축의 방향으로 2만큼, y축의 방향으로 -3만큼 평행이동한 무리함수 $y=\sqrt{-3(x-2)}-3$의 그래프를 그릴 수 있다. 이때 정의역은 $\{x|x\leq2$인 실수$\}$이고 치역은 $\{y|y\geq-3$인 실수$\}$이다.

(2) $\sqrt{-3(x-2)}$의 값이 실수가 되기 위해서는 근호 안의 식인 $-3(x-2)$가 0보다 크거나 같아야 하므로 $x\leq2$이다.
따라서 정의역은 $\{x|x\leq2$인 실수$\}$이고, $x\leq2$에 대하여 $\sqrt{-3(x-2)}\geq0$이므로
$y=\sqrt{-3(x-2)}-3\geq-3$이고 치역은 $\{y|y\geq-3$인 실수$\}$이다.

03 (1)

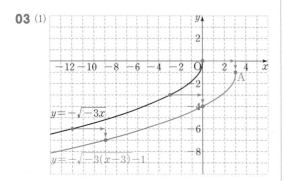

무리함수 $y=-\sqrt{-3(x-3)}-1$의 그래프는 무리함수 $y=-\sqrt{-3x}$의 그래프를 x축의 방향으로 3만큼, y축의 방향으로 -1만큼 평행이동한 그래프이다. 그래프를 그려 보면 무리함수 $y=-\sqrt{-3x}$의 그래프의 시작점인 원점을 x축의 방향으로 3만큼, y축의 방향으로 -1만큼 평행이동한 점 A$(3, -1)$이 무리함수 $y=-\sqrt{-3(x-3)}-1$의 그래프의 시작점이 되고, 무리함수 $y=-\sqrt{-3x}$의 그래프 위의

점 $(-3, -3)$과 $(-12, -6)$을 x축의 방향으로 3만큼, y축의 방향으로 -1만큼 평행이동한 점이 각각 $(0, -4)$와 $(-9, -7)$이므로 이 점들을 이은 곡선을 그리면 무리함수 $y=-\sqrt{-3x}$의 그래프를 x축의 방향으로 3만큼, y축의 방향으로 -1만큼 평행이동한 무리함수 $y=-\sqrt{-3(x-3)}-1$의 그래프를 그릴 수 있다. 이때 정의역은 $\{x|x\leq3$인 실수$\}$이고 치역은 $\{y|y\leq-1$인 실수$\}$이다.

(2) $\sqrt{-3(x-3)}$의 값이 실수가 되기 위해서는 근호 안의 식인 $-3(x-3)$이 0보다 크거나 같아야 하므로 $x\leq3$이다.
따라서 정의역은 $\{x|x\leq3$인 실수$\}$이고, $x\leq3$에 대하여 $-\sqrt{-3(x-3)}\leq0$이므로
$y=-\sqrt{-3(x-3)}-1\leq-1$이고 치역은 $\{y|y\leq-1$인 실수$\}$이다.

04 (1)

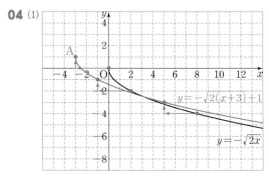

무리함수 $y=-\sqrt{2(x+3)}+1$의 그래프는 무리함수 $y=-\sqrt{2x}$의 그래프를 x축의 방향으로 -3만큼, y축의 방향으로 1만큼 평행이동한 그래프이다. 그래프를 그려 보면 무리함수 $y=-\sqrt{2x}$의 그래프의 시작점인 원점을 x축의 방향으로 -3만큼, y축의 방향으로 1만큼 평행이동한 점 A$(-3, 1)$이 무리함수 $y=-\sqrt{2(x+3)}+1$의 그래프의 시작점이 되고, 무리함수 $y=-\sqrt{2x}$의 그래프 위의 점 $(2, -2)$와 $(8, -4)$를 x축의 방향으로 -3만큼, y축의 방향으로 1만큼 평행이동한 점이 각각 $(-1, -1)$과 $(5, -3)$이므로 이 점들을 이은 곡선을 그리면 무리함수 $y=-\sqrt{2x}$의 그래프를 x축의 방향으로 -3만큼, y축의 방향으로 1만큼 평행이동한 무리함수 $y=-\sqrt{2(x+3)}+1$의 그래프를 그릴 수 있다. 이때 정의역은 $\{x|x\geq-3$인 실수$\}$이고 치역은 $\{y|y\leq1$인 실수$\}$이다.

(2) $\sqrt{2(x+3)}$의 값이 실수가 되기 위해서는 근호 안의

식인 $2(x+3)$이 0보다 크거나 같아야 하므로

$x \geq -3$이다.

따라서 정의역은 $\{x | x \geq -3$인 실수$\}$이고,

$x \geq -3$에 대하여 $-\sqrt{2(x+3)} \leq 0$이므로

$y = -\sqrt{2(x+3)} + 1 \leq 1$이고 치역은

$\{y | y \leq 1$인 실수$\}$이다.

탐구하기 5

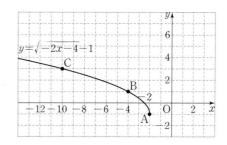

151쪽

01 예 $y = \pm\sqrt{a(x-p)} + q$의 꼴로 식의 변형을 한 다음, 평행이동하여 그리기

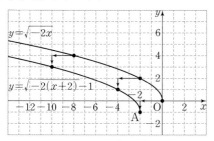

무리함수 $y = \sqrt{-2x-4} - 1$을 $y = \pm\sqrt{a(x-p)} + q$의 꼴로 변형하면 $y = \sqrt{-2(x+2)} - 1$이고, 이 무리함수의 그래프는 무리함수 $y = \sqrt{-2x}$의 그래프를 x축의 방향으로 -2만큼, y축의 방향으로 -1만큼 평행이동한 것이다.

그래프를 그려 보면 무리함수 $y = \sqrt{-2x}$의 그래프의 시작점인 원점을 x축의 방향으로 -2만큼, y축의 방향으로 -1만큼 평행이동한 점 $A(-2, -1)$이 무리함수 $y = \sqrt{-2(x+2)} - 1$의 그래프의 시작점이 되고, 무리함수 $y = \sqrt{-2x}$의 그래프 위의 점 $(-2, 2)$와 $(-8, 4)$를 x축의 방향으로 -2만큼, y축의 방향으로 -1만큼 평행이동한 점이 각각 $(-4, 1)$과 $(-10, 3)$이므로 이 점들을 이은 곡선을 그리면 무리함수 $y = \sqrt{-2x}$의 그래프를 x축의 방향으로 -2만큼, y축의 방향으로 -1만큼 평행이동한 무리함수 $y = \sqrt{-2(x+2)} - 1$의 그래프를 그릴 수 있다. 이때 정의역은 $\{x | x \leq -2$인 실수$\}$이고 치역은 $\{y | y \geq -1$인 실수$\}$이다.

예 $y = \sqrt{-2x-4} - 1$ 위의 점을 직접 찾아 곡선으로 연결하기

무리함수 $y = \sqrt{-2x-4} - 1$에 대하여 시작점을 먼저 찾으면, $\sqrt{-2x-4} = 0$이 되는 x의 값이 -2이고, $\sqrt{-2x-4} = 0$일 때 y의 값이 -1이므로 시작점은 $A(-2, -1)$이다. 무리함수 $y = \sqrt{-2x-4} - 1$의 그래프 위에 있는 격자점 $B(-4, 1)$, $C(-10, 3)$을 찾아 점 A, B, C를 잇는 곡선을 그리면 무리함수 $y = \sqrt{-2x-4} - 1$의 그래프가 된다.

02 $\sqrt{-2x-4}$의 값이 실수가 되기 위해서는 근호 안의 식 $-2x-4$가 0보다 크거나 같아야 하므로

$x \leq -2$이다.

따라서 정의역은 $\{x | x \leq -2$인 실수$\}$이고,

$x \leq -2$에 대하여 $\sqrt{-2x-4} \geq 0$이므로

$y = \sqrt{-2x-4} - 1 \geq -1$이고 치역은

$\{y | y \geq -1$인 실수$\}$이다.

개념과 문제의 연결

154쪽 ~ 159쪽

1 (1) 유리함수 $f(x) = \dfrac{x}{x+a}$의 그래프의 성질을 조사하기 위하여 함수식을 $f(x) = \dfrac{k}{x-p} + q$의 꼴로 고치면

$$f(x) = \frac{x}{x+a} = \frac{x+a-a}{x+a} = \frac{-a}{x+a} + 1$$

이므로, $f(x) = \dfrac{x}{x+a}$의 그래프는 함수

$f(x) = \dfrac{-a}{x}$의 그래프를 x축의 방향으로 $-a$만큼, y축의 방향으로 1만큼 평행이동한 것이다.

따라서 함수 $f(x) = \dfrac{x}{x+a}$의 정의역은

$\{x | x \neq -a$인 실수$\}$이고, 치역은

$\{y | y \neq 1$인 실수$\}$이다.

(2) $(f \circ f)(x) = x$에서 $f^{-1}(x) = f(x)$이므로 이를 만족하는 함수의 그래프는 직선 $y = x$에 대하여 대칭인 특징을 갖는다.

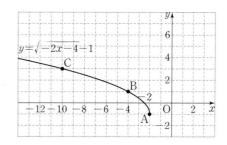

유리함수가 직선 $y=x$에 대하여 대칭이 되기 위해서는 점근선의 교점이 직선 $y=x$ 위에 있어야 한다.

(3) $x=-a$, $y=1$

(풀이) 점근선을 구하기 위하여

$$f(x)=\frac{x}{x+a}=\frac{x+a-a}{x+a}=\frac{-a}{x+a}+1$$

의 꼴로 나타내면 점근선의 방정식은 $x=-a$, $y=1$이다.

2 정의역의 모든 원소 x에 대하여 $(f \circ f)(x)=x$이면

$$\boxed{f^{-1}(x)=f(x)}$$

즉, 함수와 그 $\boxed{역함수}$가 같으므로 함수 $y=f(x)$의 그래프는 직선 $\boxed{y=x}$에 대하여 대칭인 곡선이다.

유리함수 $f(x)=\frac{x}{x+a}$의 그래프가 직선 $\boxed{y=x}$에 대하여 대칭인 곡선이면 이 유리함수의 그래프의 점근선의 교점이 대칭축 $\boxed{y=x}$ 위에 있게 된다.

유리함수 $f(x)=\frac{x}{x+a}$의 그래프의 점근선을 구하기 위하여 함수식을 변형하면

$$f(x)=\frac{x}{x+a}=\frac{x+a-a}{x+a}=\boxed{\frac{-a}{x+a}+1}$$

에서 점근선의 방정식은 $\boxed{x=-a}$, $\boxed{y=1}$이다.

따라서 점근선의 교점은 ($\boxed{-a}$, $\boxed{1}$)이고 이 점이 직선 $\boxed{y=x}$ 위에 있으므로

$$a=\boxed{-1}$$

3 (1)

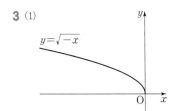

(2)

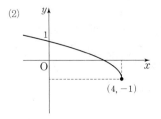

(3) 알 수 없다.　　　(4) $(-4, -2)$

(풀이) (1) 무리함수 $y=\sqrt{-x}$의 정의역은 $-x \geq 0$에서 $x \leq 0$인 실수 전체의 집합이고 치역은 $y \geq 0$인 실수 전체의 집합이므로 무리함수 $y=\sqrt{-x}$의 그래프는 좌표평면의 제2사분면에 위와 같이 그려진다.

(2) $y=\sqrt{-x+4}-1=\sqrt{-(x-4)}-1$이므로 무리함수 $y=\sqrt{-x+4}-1$의 그래프는 $y=\sqrt{-x}$의 그래프를 x축의 방향으로 4만큼, y축의 방향으로 -1만큼 평행이동한 것이다. 따라서 그래프는 위와 같이 그려진다.

(3) 직선 $y=mx+4m-2$의 기울기가 m, y절편이 $4m-2$인데 기울기와 y절편의 값이 정해지지 않은 미지수이므로 몇 사분면을 지나는지 알 수 없다.

(4) 직선의 방정식 $y=mx+4m-2$를 m에 관하여 정리하면

$$(x+4)m-(y+2)=0$$

이 식을 m에 관한 항등식으로 보면 항등식의 성질에 의하여

$$x+4=0,\ y+2=0에서\quad x=-4,\ y=-2$$

이므로 직선 $y=mx+4m-2$는 m이 어떤 값을 갖더라도 항상 점 $(-4, -2)$를 지난다.

4 $y=\sqrt{-x+4}-1=\boxed{\sqrt{-(x-4)}-1}$이므로 무리함수 $y=\sqrt{-x+4}-1$의 그래프는 $\boxed{y=\sqrt{-x}}$의 그래프를 x축의 방향으로 $\boxed{4}$만큼, y축의 방향으로 $\boxed{-1}$만큼 평행이동한 것이다.

직선의 방정식 $y=mx+4m-2$를 m에 관하여 정리하면

$$\boxed{(x+4)m-(y+2)=0}$$

이 식을 m에 관한 항등식으로 보면 항등식의 성질에 의하여

$$x+4=0,\ y+2=0에서\ \boxed{x=-4},\ \boxed{y=-2}$$

이므로 직선 $y=mx+4m-2$는 m이 어떤 값을 갖더라도 항상 점 ($\boxed{-4}$, $\boxed{-2}$)를 지난다.

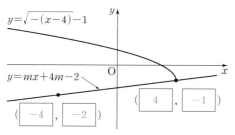

$y=\sqrt{-(x-4)}-1$

$y=mx+4m-2$

(4 , -1)

(-4 , -2)

m이 직선의 기울기이므로 두 도형이 한 점에서 만나도록 하는 양수 m의 값이 최소인 순간은 직선이 점 (4 , -1)을 지날 때이고, 그때 m의 값은

$$-1=4m+4m-2$$

에서 $m=\dfrac{1}{8}$ 이다.

따라서 구하는 양수 m의 최솟값은 $\dfrac{1}{8}$ 이다.

5 (1) $y=3\sqrt{x-a}$ (2) 서로 접할 수 없다.

(3) 접한다.

(풀이) (2) $a<0$이면 다음 그림과 같이 함수 $y=f(x)$와 그 역함수 $y=f^{-1}(x)$의 그래프는 서로 접할 수 없다.

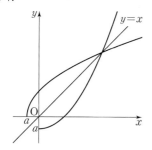

(3) 두 그래프가 접하려면 (2)에서 $a>0$이어야 하고, 이때 함수 $y=f(x)$의 그래프는 다음 그림에서와 같이 제1사분면에서 직선 $y=x$와 접한다.

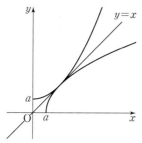

6 무리함수 $y=3\sqrt{x}$의 그래프를 x축의 방향으로 a만큼 평행이동한 그래프의 식은

$$y=3\sqrt{x-a}$$

이므로 $f(x)=3\sqrt{x-a}$ 이다.

만일 $a<0$이면 함수 $y=f(x)$의 그래프와 그 역함수 $y=f^{-1}(x)$의 그래프는 서로 접할 수 없으므로 $a>0$이다.

함수 $y=f(x)$의 그래프와 그 역함수 $y=f^{-1}(x)$의 그래프가 서로 접한다면 그림과 같이 접하는 위치는 제1사분면이고 $y=f(x)$의 그래프는 직선 $y=x$ 와도 접한다.

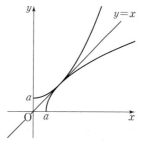

접하는 두 도형의 방정식 $y=3\sqrt{x-a}$ 와 $y=x$ 를 연립하면

$$3\sqrt{x-a}=x$$

양변을 제곱하면

$$9(x-a)=x^2$$에서 $x^2-9x+9a=0$

이 이차방정식의 판별식을 D라 하면

$$D=81-36a=0$$에서 $a=\dfrac{9}{4}$

01 $a=4$, $b=-3$, $c=7$, $d=1$

02 $a=2$, $b=3$ **03** 풀이 참조 **04** 풀이 참조

05 (1) 풀이 참조 (2) $x=2$, $y=3$

    (3) 점 $(2, 3)$, 직선 $y=x+1$과 직선 $y=-x+5$

    (4) 풀이 참조 (5) 풀이 참조

06 (1) $x≥3$ (2) $\{y \,|\, y≥1\}$

07 정의역: $\left\{x \,\middle|\, x≤\dfrac{3}{2}\right\}$, 치역: $\{y \,|\, y≥-4\}$

08 정의역은 $a>0$일 때 $\{x \,|\, x≥0\}$,

    $a<0$일 때 $\{x \,|\, x≤0\}$이고 치역은 $\{y \,|\, y≥b\}$이다.

09 $a=-1$, $b=3$, $c=4$

10 $a=2$, $M=1$, $m=-1$

11 $a=-5$, $b=3$, $c=-6$ **12** 풀이 참조

13 4 **14** $a=\dfrac{1}{3}$ **15** $\dfrac{3}{8}≤a≤3$

---

01 $\dfrac{2x+2}{x-1}-\dfrac{2x-1}{x+1}$

$=\dfrac{2(x-1)+4}{x-1}-\dfrac{2(x+1)-3}{x+1}$

$=\left(2+\dfrac{4}{x-1}\right)-\left(2+\dfrac{-3}{x+1}\right)$

$=\dfrac{4}{x-1}+\dfrac{3}{x+1}$

$=\dfrac{4(x+1)}{(x-1)(x+1)}+\dfrac{3(x-1)}{(x-1)(x+1)}$

$=\dfrac{7x+1}{(x-1)(x+1)}$

따라서 $a=4$, $b=-3$, $c=7$, $d=1$

02 함수 $y=\dfrac{2}{x}$의 그래프를 x축의 방향으로 a만큼, y축의 방향으로 b만큼 평행이동한 그래프를 나타내는 함수는 $y=\dfrac{2}{x-a}+b$이다.

함수 $y=\dfrac{3x-4}{x-2}$를 $y=\dfrac{2}{x-a}+b$의 꼴로 변형하면

$y=\dfrac{3x-4}{x-2}=\dfrac{3(x-2)+2}{x-2}=\dfrac{2}{x-2}+3$

따라서 $a=2$, $b=3$

03 ㄱ, ㅁ

이유: ㅁ. $y=\dfrac{x+6}{x+5}=\dfrac{(x+5)+1}{x+5}=\dfrac{1}{x+5}+1$이

므로 ㄱ. $y=\dfrac{1}{x}$을 x축 방향으로 -5만큼, y축 방향으로 1만큼 평행이동하면 같은 그래프가 된다.

ㄴ, ㄷ, ㄹ, ㅂ

이유: ㄴ. $y=\dfrac{x+2}{x}=\dfrac{2}{x}+1$이므로 ㅂ. $y=\dfrac{2}{x}$를 y축 방향으로 1만큼 평행이동한 것과 같다.

    ㄷ. $y=\dfrac{2}{x-1}$는 ㅂ. $y=\dfrac{2}{x}$의 그래프를 x축 방향으로 1만큼 평행이동한 것과 같다.

    ㄹ. $y=\dfrac{3x-1}{x-1}=\dfrac{3(x-1)+2}{x-1}=\dfrac{2}{x-1}+3$

이므로 ㅂ. $y=\dfrac{2}{x}$의 그래프를 x축 방향으로 1만큼, y축 방향으로 3만큼 평행이동한 것과 같다.

04 p의 값의 부호에 따라 3가지 경우로 나누어 생각할 수 있다.

(i) $p=0$일 때, 유리함수는 $y=\dfrac{k}{x}$이기 때문에 점근선의 방정식은 $x=0$, $y=0$이고 그래프는 제1사분면과 제3사분면을 지난다.

(ii) $p>0$일 때, 유리함수 $y=\dfrac{k}{x-p}$의 점근선의 방정식은 $x=p$, $y=0$이고, 그래프는 제1, 3, 4사분면을 지난다.

(iii) $p<0$일 때, 유리함수 $y=\dfrac{k}{x-p}$의 점근선의 방정식은 $x=p$, $y=0$이고, 그래프는 제1, 2, 3사분면을 지난다.

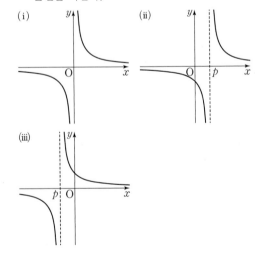

05 (1) 정의역: $\{x\,|\,x\neq2$인 실수$\}$

치역: $\{y\,|\,y\neq3$인 실수$\}$

(3) 함수 $y=\dfrac{k}{x-2}+3\,(k\neq0)$의 그래프는 함수

$y=\dfrac{k}{x}\,(k\neq0)$의 그래프를 x축 방향으로 2만큼,

y축 방향으로 3만큼 평행이동한 것이다.

함수 $y=\dfrac{k}{x}\,(k\neq0)$의 그래프는 원점 및 두 직

선 $y=x$와 $y=-x$에 대칭이므로 원점 및 두 직

선 $y=x$와 $y=-x$를 x축 방향으로 2만큼, y축

방향으로 3만큼 평행이동하면 함수

$y=\dfrac{k}{x-2}+3\,(k\neq0)$의 그래프는 점 $(2,\ 3)$ 및

직선 $y=x+1$과 직선 $y=-x+5$에 대칭이다.

(4) $|k|$의 값이 커질수록 함수

$y=\dfrac{k}{x-2}+3\,(k\neq0)$의 그래프는 대칭점

$(2,\ 3)$에서 점점 멀어지며, $|k|$의 값이 작아질

수록 함수 $y=\dfrac{k}{x-2}+3\,(k\neq0)$의 그래프는 대

칭점 $(2,\ 3)$에 점점 가까워진다.

(5) $k>0$일 경우 x의 값이 증가하면 y의 값이 감소

하고, $k<0$일 경우 x의 값이 증가하면 y의 값

도 증가한다.

06 (1) 무리식 $\dfrac{\sqrt{x-2}}{\sqrt{x-2}+\sqrt{x-3}}+\dfrac{\sqrt{x-3}}{\sqrt{x-2}-\sqrt{x-3}}$의 값

이 실수가 되기 위해서는 $\sqrt{x-2}$와 $\sqrt{x-3}$의 값

이 실수가 되어야 하므로 $x-2\geq0$이고

$x-3\geq0$이다.

따라서, $x\geq3$이다.

이때 $x\geq3$에서 무리식의 분모가 0이 아니므로

실수가 되기 위한 x의 범위는 $x\geq3$이다.

(2) $y=\dfrac{\sqrt{x-2}}{\sqrt{x-2}+\sqrt{x-3}}+\dfrac{\sqrt{x-3}}{\sqrt{x-2}-\sqrt{x-3}}$

$=\dfrac{\sqrt{x-2}(\sqrt{x-2}-\sqrt{x-3})+\sqrt{x-3}(\sqrt{x-2}+\sqrt{x-3})}{(\sqrt{x-2}+\sqrt{x-3})(\sqrt{x-2}-\sqrt{x-3})}$

$=\dfrac{(x-2)-\sqrt{x-2}\sqrt{x-3}+\sqrt{x-2}\sqrt{x-3}+(x-3)}{(x-2)-(x-3)}$

$=2x-5\geq1\ (\because x\geq3)$

따라서 치역은 $\{y\,|\,y\geq1\}$

07 무리함수 $y=\sqrt{-2x+3}+a$의 정의역은

$\sqrt{-2x+3}$의 값이 실수여야 하므로 $-2x+3\geq0$

에서 $x\leq\dfrac{3}{2}$

무리함수 $y=\sqrt{-2x+3}+a$가 점 $(-3,\ -1)$을 지

나므로 점 $(-3,\ -1)$을 $y=\sqrt{-2x+3}+a$에 대입

하면 $-1=\sqrt{-2\times(-3)+3}+a$이다.

따라서 $a=-4$이다.

무리함수 $y=\sqrt{-2x+3}-4$에서 $\sqrt{-2x+3}\geq0$이

므로 $y=\sqrt{-2x+3}-4\geq-4$이다.

따라서 치역은 $\{y\,|\,y\geq-4\}$이다.

08 $y=\sqrt{ax+b}$가 무리함수이기 때문에 $a\neq0$이다.

그러므로 무리함수 $y=\sqrt{ax+b}$의 정의역은 a의 부

호에 따라 다르다.

(i) $a>0$일 때 $ax\geq0$에서 정의역은 $\{x\,|\,x\geq0\}$

(ii) $a<0$일 때 $ax\geq0$에서 정의역은 $\{x\,|\,x\leq0\}$

a의 부호에 관계없이 항상 $\sqrt{ax}\geq0$이기 때문에 치

역은 $\{y\,|\,y\geq b\}$이다.

09 $y=\sqrt{-x}$의 그래프를 x축의 방향으로 b만큼, y축

의 방향으로 c만큼 평행이동한 그래프를 나타내는

함수는

$y=\sqrt{-(x-b)}+c$

$y=\sqrt{-(x-b)}+c=\sqrt{-x+b}+c$이므로

$\sqrt{ax+3}+4=\sqrt{-x+b}+c$에서

$a=-1,\ b=3,\ c=4$

10 무리함수 $f(x)=-\sqrt{x+3}+a$는 x의 값이 증가할

때 y의 값이 감소하므로 $x=-2$에서 최댓값 M을

갖는다.

$f(-2)=M\Longleftrightarrow-1+a=M\qquad\therefore M=a-1$

$x=6$에서 최솟값 m을 가지므로

$f(6)=m\Longleftrightarrow-3+a=m\qquad\therefore m=a-3$

$Mm=-1\Longleftrightarrow(a-1)(a-3)=-1$

$a^2-4a+4=0$에서 $(a-2)^2=0$이므로 $a=2$

$\qquad\therefore M=1,\ m=-1$

11 유리함수의 그래프에서 점근선이 두 직선 $x=5$,

$y=3$이므로 이를 식으로 나타내면 $y=\dfrac{k}{x-5}+3$

또한 이 그래프가 점 $(2,\ 0)$을 지나므로 식에 대입

하면

$0=\dfrac{k}{2-5}+3$에서 $k=9$

$\dfrac{9}{x-5}+3=\dfrac{3x-6}{x-5}$이므로 $a=-5,\ b=3,\ c=-6$

12 지은이의 주장은 타당하다.

이유: 유리함수 $y=\dfrac{k}{x-p}+q$의 그래프는 $y=\dfrac{k}{x}$의 그래프를 x축의 방향으로 p만큼, y축의 방향으로 q만큼 평행이동한 것이고, 유리함수 $y=\dfrac{k}{x}$의 그래프는 원점에 대하여 대칭이기 때문에 유리함수 $y=\dfrac{k}{x-p}+q$의 그래프의 대칭의 중심도 원점을 x축의 방향으로 p만큼, y축의 방향으로 q만큼 평행이동한 점 $(p,\,q)$가 되기 때문이다.

13 함수 $y=\sqrt{2x-k}+1$은 증가함수이므로 $x=2$일 때 최솟값을 가진다.

$$\sqrt{4-k}+1=2$$
$$\sqrt{4-k}=1$$
$$4-k=1$$
$$k=3$$

한편, 함수 $y=\sqrt{2x-3}+1$은 $x=6$일 때 최댓값을 갖는다.

따라서 구하는 최댓값은

$$\sqrt{2\times6-3}+1=4$$

14 $\triangle\text{AOB}=3$이고 $\overline{\text{OB}}=6$이므로 점 A의 y좌표는 1이다.

$y=1$을 $y=\sqrt{6-x}$에 대입하면

$$x=5$$

따라서 A$(5,\,1)$이고, 점 A는 $y=\sqrt{a(x-2)}$의 그래프 위의 점이므로

$$1=\sqrt{a(5-2)}\text{에서} \quad a=\frac{1}{3}$$

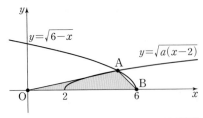

15 $y=\dfrac{-2x+4}{x-1}=\dfrac{-2(x-1)+2}{x-1}=\dfrac{2}{x-1}-2$이므로 $2\le x\le5$에서 정의된 함수 $y=\dfrac{-2x+4}{x-1}$의 그래프는 그림과 같다.

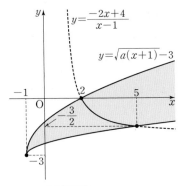

그림에서 $y=\sqrt{a(x+1)}-3$의 그래프가 점 $(2,\,0)$과 점 $\left(5,\,-\dfrac{3}{2}\right)$ 사이의 실선을 지나야 한다.

점 $(2,\,0)$을 지날 때 a의 값이 최대이므로

$$0=\sqrt{a(2+1)}-3\Longleftrightarrow\sqrt{3a}=3 \qquad \therefore a=3$$

점 $\left(5,\,-\dfrac{3}{2}\right)$을 지날 때 a의 값이 최소이므로

$$-\frac{3}{2}=\sqrt{a(5+1)}-3\Longleftrightarrow\sqrt{6a}=\frac{3}{2}$$
$$\Longleftrightarrow 6a=\frac{9}{4}$$
$$\therefore a=\frac{3}{8}$$

따라서 a의 값의 범위는 $\dfrac{3}{8}\le a\le3$

대단원 연습문제   164쪽~171쪽

01 ②, ③	02 풀이 참조	03 4
04 14	05 6	06 3
07 7	08 2	09 7
10 3	11 10	12 4
13 $a=-2,\,b=-3$		14 $\dfrac{1}{3},\,1$
15 $a=3,\,b=-1$		
16 $p=-8,\,q=-4$		17 1
18 4	19 3	20 15
21 $a=-1,\,b=3$		22 $\dfrac{3}{8}$
23 $a=4,\,b=3$		24 3
25 $\dfrac{117}{2}$		

01 ① $x=-1$이면 $y=0$인데, 집합 Y에 0이 없으므로

함수가 아니다.

② 집합 X의 각 원소에 집합 Y의 원소가 하나씩 대응하므로 함수이다.

③ 집합 X의 각 원소에 집합 Y의 원소가 하나씩 대응하므로 함수이다.

④ $x=0$이면 $y=0$인데, 집합 Y에 0이 없으므로 함수가 아니다.

02 이 함수는 일대일대응이 아니다.

이유: 공역과 치역은 일치하지만 정의역의 원소 1, 3, 5에 대응하는 공역의 원소가 모두 3으로 서로 다르지 않기 때문에 일대일대응이 아니다.

03 $(f \circ g)^{-1}(3)=(g^{-1} \circ f^{-1})(3)$
$\qquad\qquad\quad =g^{-1}(f^{-1}(3))$

$f(3)=3$에서 $f^{-1}(3)=3$이므로
$g^{-1}(f^{-1}(3))=g^{-1}(3)$
$g(4)=3$에서 $g^{-1}(3)=4$이므로
$(f \circ g)^{-1}(3)=4$이다.

$\boxed{\text{다른 풀이}}$ $(f \circ g)^{-1}(3)=a$라 하면
$\qquad 3=(f \circ g)(a)$
$\qquad\quad =f(g(a))$
$f(3)=3$에서 $g(a)=3$이므로
$\qquad a=4$

04 $f^{-1}(3)=5$이므로 $f(5)=3$이다.
$(g \circ f)(5)=g(f(5))=g(3)$이고,
$(g \circ f)(5)=3 \times 5-1=14$이므로
$g(3)=14$

05 $(g \circ f)(-1)=g(f(-1))=g(0)=3$
$(f \circ g)^{-1}(3)=(g^{-1} \circ f^{-1})(3)$
$\qquad\qquad\qquad =g^{-1}(f^{-1}(3))$
$\qquad\qquad\qquad =g^{-1}(0)$
$\qquad\qquad\qquad =3$
따라서 $(g \circ f)(-1)+(f \circ g)^{-1}(3)=3+3=6$

06 $(g \circ f)(1)=g(f(1))$
$\qquad\qquad\quad =g(a)=1$
$(g \circ f)(2)=g(f(2))$
$\qquad\qquad\quad =g(c)=2$
$(g \circ f)(3)=g(f(3))$
$\qquad\qquad\quad =g(d)=3$

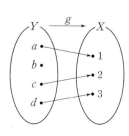

이므로 $g(b)$의 값만 정해지면 된다.

그런데 $g(b)$의 값은 X의 원소 중 어느 것이어도 g가 함수가 되므로
$\qquad g(b)=1$ 또는 $g(b)=2$ 또는 $g(b)=3$
이 될 수 있다.

따라서 구하는 함수 g의 개수는 3이다.

07 $g(5)=3$이므로 $g^{-1}(3)=5$
$(g \circ f)(4)=g(f(4))=g(7)=2$
$\therefore g^{-1}(3)+(g \circ f)(4)=7$

08 $(f \circ g^{-1})^{-1}(3)+(g \circ (f \circ g)^{-1})(-1)$
$\quad =(g \circ f^{-1})(3)+(g \circ (g^{-1} \circ f^{-1}))(-1)$
$\quad =(g \circ f^{-1})(3)+((g \circ g^{-1}) \circ f^{-1})(-1)$
$\quad =(g \circ f^{-1})(3)+f^{-1}(-1)$
$(g \circ f^{-1})(3)=g(f^{-1}(3))$에서 $f^{-1}(3)=a$라 하면
$f(a)=3$이므로 $2a-3=3$, $a=3$
$\qquad \therefore g(f^{-1}(3))=g(3)=1 \qquad \cdots\cdots \text{㉠}$
$f^{-1}(-1)=b$라 하면, $f(b)=-1$이므로
$\qquad 2b-3=-1$, $b=1$
$\qquad \therefore f^{-1}(-1)=1 \qquad\qquad \cdots\cdots \text{㉡}$
㉠과 ㉡에 의하여
$\qquad (f \circ g^{-1})^{-1}(3)+(g \circ (f \circ g)^{-1})(-1)=2$

09 $g^{-1}(1)=3$이므로 $g(3)=1$
$\qquad (g \circ f)(2)=g(f(2))=g(1)=2$
$g(2)=3$이고 함수 g의 역함수가 존재하므로,
$g(4)=4$이다.
따라서 $g^{-1}(4)+(f \circ g)(2)=4+f(g(2))$
$\qquad\qquad\qquad\qquad\qquad\quad =4+f(3)$
$\qquad\qquad\qquad\qquad\qquad\quad =4+3=7$

10 (i) $x \geq 1$일 때,
$\qquad f(x)=(a+2)x+x-1=(a+3)x-1$
(ii) $x < 1$일 때,
$\qquad f(x)=(a+2)x+1-x=(a+1)x+1$
$y=f(x)$의 역함수가 존재하지 않으려면 (i), (ii)에서
$\qquad (a+3)(a+1) \leq 0$
$\qquad -3 \leq a \leq -1$
$\qquad \therefore M=-1$, $m=-3$이고 $Mm=3$

11 (i) $(f \circ g)(2)=f(g(2))=1$에서 $g(2)=5$이다.

(ii) $(g \circ f)^{-1}(1) = k$라 하면,

$(g \circ f)(k) = g(f(k)) = 1$

$(f \circ g)(1) = 2$이므로, $f(g(1)) = 2$, $g(1) = 1$

즉, $f(k) = 1$이므로 $k = 5$

(i), (ii)에 의하여 $g(2) + (g \circ f)^{-1}(1) = 5 + 5 = 10$

12 $f(n) = (n$을 3으로 나눈 나머지$)$이므로,

$f(1) = 1$, $f(2) = 2$, $f(3) = 0$, $f(4) = 1$, $f(5) = 2$

이다.

함수 $f(n)$의 역함수가 존재하고 치역의 원소의 개수는 3이므로 정의역의 원소의 개수도 3이어야 한다.

(i) $n = 1$, 4일 때 $f(n) = 1$

(ii) $n = 2$, 5일 때 $f(n) = 2$

(iii) $n = 3$일 때 $f(n) = 0$

이므로 함수 $f(n)$의 역함수가 존재하기 위한 집합 S의 부분집합 X의 원소에는 1, 4 중 1개(2가지), 2, 5 중 1개(2가지), 3은 반드시 포함되어야 한다.

따라서 구하는 집합 X의 개수는 $2 \times 2 \times 1 = 4$이다.

13 함수 $y = \dfrac{ax-1}{x+3}$을 변형하면

$y = \dfrac{ax-1}{x+3} = \dfrac{a(x+3)-1-3a}{x+3} = \dfrac{-1-3a}{x+3} + a$이

므로 이 함수의 그래프의 점근선의 방정식은

$x = -3$, $y = a$

따라서 $a = -2$, $b = -3$

14 함수 $y = mx+1$과 함수 $y = nx+1$의 그래프는 m, n의 값에 관계없이 항상 점 $(0, 1)$을 지난다.

$2 \le x \le 3$에서 함수 $y = \dfrac{x+1}{x-1}$의 그래프는 그림과 같다.

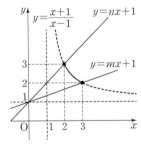

직선 $y = mx+1$이 점 $(3, 2)$를 지날 때 m의 값이 최대가 되고 직선 $y = nx+1$이 점 $(2, 3)$을 지날 때 n의 값이 최소가 된다.

따라서 m의 최댓값은 $\dfrac{1}{3}$이고 n의 최솟값은 1이다.

15 $f(2) = \dfrac{2a-2}{2+b} = 4$에서 $2a-2 = 8 + 4b$이므로

$a = 2b + 5$ ······ ㉠

$f(x) = \dfrac{ax-2}{x+b} = \dfrac{a(x+b)-2-ab}{x+b}$

$= \dfrac{-ab-2}{x+b} + a$

이므로 점근선은 두 직선 $x = -b$, $y = a$이다.

따라서 두 점근선의 교점의 좌표는 $(-b, a)$이다.

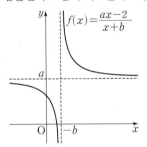

직선 $y = x+2$가 곡선 $y = f(x)$의 두 점근선의 교점인 $(-b, a)$를 지나므로

$a = -b + 2$ ······ ㉡

㉠과 ㉡를 연립하면 $a = 3$, $b = -1$이다.

16 $y = \dfrac{x+p}{x+q} = \dfrac{p-q}{x+q} + 1$이고

직선 $x = 4$가 그래프의 점근선이므로

$-q = 4$에서 $q = -4$

$y = \dfrac{x+p}{x-4}$의 그래프가 점 $(0, 2)$를 지나므로

$2 = \dfrac{p}{-4}$에서 $p = -8$

$\therefore p = -8$, $q = -4$

17 $y = \dfrac{2x+a}{x-2} = \dfrac{a+4}{x-2} + 2$로 나타낼 수 있으므로 점근선은 두 직선 $x = 2$, $y = 2$이다. 따라서 이 유리함수의 그래프가 모든 사분면을 지나려면 $a+4 > 0$이고, $f(0) < 0$이어야 한다.

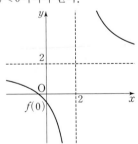

$f(0) < 0$에서 $\dfrac{a}{-2} < 0$

$a > 0$이므로 정수 a의 최솟값은 1이다.

18 직선 l과 함수 $y=\dfrac{2}{x}$의 두 교점 P, Q는 원점에 대하여 대칭이고 함수 $y=\dfrac{2}{x}$ 위의 점이므로

$P\left(a, \dfrac{2}{a}\right)$라 하면 $Q\left(-a, -\dfrac{2}{a}\right)$이다. 이때 점 R의 좌표는 $\left(a, -\dfrac{2}{a}\right)$이므로

$$\overline{QR}=a-(-a)=2a$$
$$\overline{PR}=\dfrac{2}{a}-\left(-\dfrac{2}{a}\right)=\dfrac{4}{a}$$

따라서 삼각형 PQR의 넓이는 $\dfrac{1}{2}\times 2a\times\dfrac{4}{a}=4$

19 $(g^{-1}\circ f)(-1)=g^{-1}(f(-1))$에서

$$f(-1)=\dfrac{3\times(-1)-1}{(-1)+2}=-4$$

따라서
$(g^{-1}\circ f)(-1)=g^{-1}(f(-1))=g^{-1}(-4)$이다.
$g^{-1}(-4)=k$라 하면 역함수의 성질에 의하여
$g(k)=-4$에서

$$-\sqrt{2k+3}-1=-4$$
$$\sqrt{2k+3}=3$$
$$2k+3=9$$
$$k=3$$

따라서 $(g^{-1}\circ f)(-1)=3$

20 함수 $y=\sqrt{x+4}+3$의 그래프는 함수 $y=\sqrt{x+4}$의 그래프를 y축의 방향으로 3만큼 평행이동한 것이다. 그림에서 어두운 부분의 넓이가 같으므로 두 곡선과 두 직선 $x=0$, $x=5$로 둘러싸인 도형의 넓이는 직사각형 ABCD의 넓이와 같다.

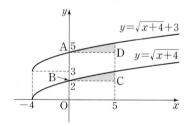

따라서 구하는 넓이는 $3\times 5=15$

21 함수 $y=\sqrt{x+a}+b$의 그래프가 점 $(5, 5)$를 지나므로

$$5=\sqrt{5+a}+b, \text{ 즉 } \sqrt{5+a}=5-b \quad\cdots\cdots\text{㉠}$$

또, 이 함수의 역함수의 그래프가 점 $(4, 2)$를 지나므로 함수 $y=\sqrt{x+a}+b$의 그래프는 점 $(2, 4)$를 지난다. 그러므로

$$4=\sqrt{2+a}+b, \text{ 즉 } \sqrt{2+a}=4-b \quad\cdots\cdots\text{㉡}$$

㉠의 양변을 제곱하면
$$5+a=25-10b+b^2 \quad\cdots\cdots\text{㉢}$$

㉡의 양변을 제곱하면
$$2+a=16-8b+b^2 \quad\cdots\cdots\text{㉣}$$

㉢, ㉣을 변끼리 빼면 $3=9-2b$
$$b=3$$

이것을 ㉡에 대입하면 $\sqrt{2+a}=1$에서 $a=-1$

22 함수 $y=f(x)$와 함수 $y=g(x)$의 그래프의 교점은 $y=f(x)$의 그래프와 직선 $y=x$의 교점과 같다.

$$\dfrac{1}{4}x^2+2a=x$$
$$x^2-4x+8a=0$$

함수 $y=f(x)$와 함수 $y=g(x)$의 그래프의 두 교점은 직선 $y=x$ 위의 점이므로 $A(\alpha, \alpha)$, $B(\beta, \beta)$라 둘 수 있다. 두 교점 사이의 거리가 $2\sqrt{2}$이므로
$$\overline{AB}^2=(\beta-\alpha)^2+(\beta-\alpha)^2=8\text{에서 } (\beta-\alpha)^2=4$$

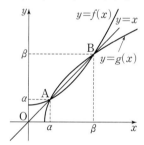

α, β는 이차방정식 $x^2-4x+8a=0$의 두 근이므로 $\alpha+\beta=4$, $\alpha\beta=8a$이다.

$$(\beta-\alpha)^2=(\alpha+\beta)^2-4\alpha\beta=16-32a=4$$

$32a=12$이므로 $a=\dfrac{3}{8}$이다.

23 $f(2)=1$에서 $\sqrt{-4+a}+1=1$이므로
$$a=4$$

따라서 $f(x)=\sqrt{-2x+4}+1$
역함수의 성질에 의하여 $g(b)=0$에서 $f(0)=b$이므로

$$b=\sqrt{4}+1=3$$

따라서 $a=4$, $b=3$

24 무리함수 $y=\sqrt{16-4x}$에서 역함수를 구하기 위하여 x, y를 서로 바꾸면 $y=-\dfrac{1}{4}x^2+4\,(x\geq 0)$이다.

무리함수 $y=\sqrt{16-4x}$의 그래프와 그 역함수를 좌표평면에 나타낸다.

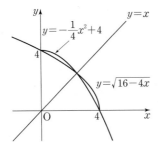

직접 그려서 교점을 확인해 보면 직선 $y=x$ 위에서의 교점과 두 점 $(0, 4)$, $(4, 0)$까지 총 3개이다.

25 두 함수 $y=\sqrt{4x}$의 그래프는 $y=\sqrt{-4x}$의 그래프를 y축에 대하여 대칭이동한 것이므로 함수 $y=\dfrac{1}{4}x^2 \, (x\geq0)$의 그래프는 함수 $y=\sqrt{-4x} \, (x\leq0)$의 그래프를 y축에 대하여 대칭이동한 다음, 다시 직선 $y=x$에 대하여 대칭이동한 그래프와 일치한다. 이때 점 B는 대칭이동 후 점 A와 일치한다.

그림과 같이 S_1과 S_2의 넓이가 서로 같으므로 두 함수 $y=\dfrac{1}{4}x^2 \, (x\geq0)$, $y=\sqrt{-4x} \, (x\leq0)$와 직선 AB로 둘러싸인 부분의 넓이는 삼각형 OAB의 넓이와 같다.

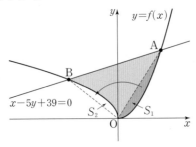

직선 OA의 기울기가 $\dfrac{3}{2}$이고, 직선 OB의 기울기가 $-\dfrac{2}{3}$이므로

(직선 OA의 기울기)$\times$(직선 OB의 기울기)$=-1$이다.

$\therefore \angle AOB = 90°$

$\overline{OA}=\overline{OB}=3\sqrt{13}$이므로 삼각형 OAB는 직각이등변삼각형이다.

따라서 삼각형 OAB의 넓이는

$\dfrac{1}{2}\times(3\sqrt{13})^2=\dfrac{117}{2}$

VI 경우의 수

기억하기   174쪽 ~ 175쪽

1 3

(풀이) 9의 약수는 1, 3, 9이므로 9의 약수가 적힌 카드가 나오는 경우의 수는 3이다.

2 $(2, 1)$, $(2, 3)$, $(2, 5)$, $(4, 1)$, $(4, 3)$, $(4, 5)$, $(6, 1)$, $(6, 3)$, $(6, 5)$

(풀이) 두 번 던져서 나오는 눈의 수를 순서쌍으로 나열하면 다음과 같이 9가지가 있다.

$(2, 1)$, $(2, 3)$, $(2, 5)$, $(4, 1)$, $(4, 3)$, $(4, 5)$, $(6, 1)$, $(6, 3)$, $(6, 5)$

3 9

(풀이) 두 주사위에서 나오는 눈의 수를 순서쌍으로 나타낼 때 눈의 수의 합이 4인 경우는 $(1, 3)$, $(2, 2)$, $(3, 1)$의 3가지이고, 합이 7인 경우는 $(1, 6)$, $(2, 5)$, $(3, 4)$, $(4, 3)$, $(5, 2)$, $(6, 1)$의 6가지이다.

두 주사위의 눈의 수의 합이 4이면서 동시에 7인 경우는 없으므로 구하는 경우의 수는 $3+6=9$이다.

4 6

(풀이) 수소차 한 대를 선택하는 경우의 수는 2, 전기차 한 대를 선택하는 경우의 수는 4이다. 이 두 사건은 동시에 일어나지 않으므로 수소차 또는 전기차 한 대를 선택하는 경우의 수는 $2+4=6$이다.

5 9

(풀이) 서현이가 카페에서 음료를 하나 고르는 경우의 수는 5, 케이크를 하나 고르는 경우의 수는 4이다. 이 두 사건은 동시에 일어나지 않으므로 서현이가 음료와 케이크 중 하나를 택하는 경우의 수는 $5+4=9$이다.

6 12

(풀이) 십의 자리의 수는 1, 2, 3, 4의 4가지이고, 그 각각에 대하여 일의 자리의 수는 십의 자리의 수를 제외한 3가지이다.

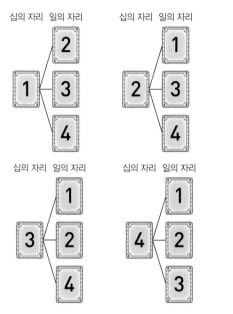

십의 자리 일의 자리

따라서 만들 수 있는 두 자리 자연수의 개수는
$4 \times 3 = 12$이다.

7 9

(풀이) 가위바위보 게임에서 견우가 낼 수 있는 경우는
가위, 바위, 보 3가지, 직녀가 낼 수 있는 경우 또한 가
위, 바위, 보 3가지이다.
이 두 사건은 동시에 일어나므로 견우와 직녀가 가위
바위보 게임을 한 번 할 때 일어날 수 있는 모든 경우
의 수는 $3 \times 3 = 9$이다.

1. 나열하기

01 나열하기

탐구하기 1   176쪽

01 (1) 16번째

(풀이) 백의 자리의 숫자가 1인 경우: 123, 124,
132, 134, 142, 143 (6가지)
백의 자리의 숫자가 2인 경우: 213, 214, 231,
234, 241, 243 (6가지)
백의 자리의 숫자가 3인 경우: 312, 314, 321,
324, 341, 342 (6가지)
백의 자리의 숫자가 4인 경우: 412, 413, 421,
423, 431, 432 (6가지)
324는 백의 자리의 숫자가 3인 수 중 4번째이므로

$6 + 6 + 4 = 16$(번째) 수이다.

(2) 학생마다 순서는 다양하게 나올 수 있다.
첫 문자가 A인 경우: ABCD ABDC ACBD
ACDB ADBC ADCB
첫 문자가 B인 경우: BACD BADC BCAD
BCDA BDAC BDCA
첫 문자가 C인 경우: CABD CADB CBAD
CBDA CDAB CDBA
첫 문자가 D인 경우: DABC DACB DBAC
DBCA DCAB DCBA (총 24가지)

(3) 모둠에서 생각 나누기: 수는 작은 수부터 1, 2, 3의
순서로 차례로 나열하는 것이 빠짐없이 중복되지
않게 나열하는 방법이다.
문자는 알파벳순으로 A, B, C의 순서로 사전식으
로 나열하는 것이 빠짐없이 중복되지 않게 나열하
는 방법이다.

02 가장 작은 수가 1, 가장 큰 수가 7인 경우 → 1, 2,
3, 7 / 1, 2, 4, 7 / 1, 2, 5, 7 / 1, 2, 6, 7 / 1, 3, 4, 7
/ 1, 3, 5, 7 / 1, 3, 6, 7 / 1, 4, 5, 7 / 1, 4, 6, 7
/ 1, 5, 6, 7
가장 작은 수가 2, 가장 큰 수가 6인 경우 → 2, 3, 4, 6
/ 2, 3, 5, 6 / 2, 4, 5, 6
가장 작은 수가 3, 가장 큰 수가 5인 경우 → 없음

탐구하기 2   177쪽

01 (1)

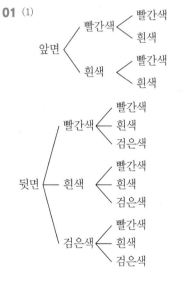

(2) ⑩ 앞서 정해진 경우에 따라 다음 경우가 정해지므로 앞의 경우를 따라가는 모양으로 정리한다.

　⑩ 그림으로 표현해 본다.

　⑩ 동전의 결과에 따라 주머니에서 공을 꺼내는 경우를 나누어 본다.

(3) [문제] ⑩ 조건이 동일할 때 주머니 속에서 공 2개를 동시에 꺼내는 모든 경우의 수를 나열하시오.

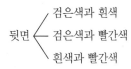

앞면 —— 빨간색과 흰색

뒷면 〈 검은색과 흰색
　　　　검은색과 빨간색
　　　　흰색과 빨간색

1. 나열하기

02 합의 법칙과 곱의 법칙

탐구하기 1
178쪽

01 (1) 2　　　　(2) 3　　　　(3) 5

(풀이) (1) 첨성대와 석굴암 등 2가지가 있다.

(2) 하회탈, 에밀레종, 상평통보 등 3가지가 있다.

(3) 건축물을 증정하는 경우가 2가지, 문화 예술품을 증정하는 경우가 3가지이고, 두 사건은 동시에 일어나지 않으므로 전체 경우의 수는 2+3=5이다.

2 짝수는 일의 자리의 숫자가 0 또는 2 또는 4이고, 0은 맨 앞에 올 수 없으므로

　(i) 일의 자리의 숫자가 0인 경우: 120, 130, 140, 210, 230, 240, 310, 320, 340, 410, 420, 430 → 12가지

　(ii) 일의 자리의 숫자가 2인 경우: 102, 132, 142, 302, 312, 342, 402, 412, 432 → 9가지

　(iii) 일의 자리의 숫자가 4인 경우: 104, 124, 134, 204, 214, 234, 304, 314, 324 → 9가지

(i), (ii), (iii)은 동시에 일어나지 않으므로 구하는 경우의 수는 12+9+9=30이다.

3 두 사건 A, B가 동시에 일어나지 않기 때문에 사건 A가 일어나면 사건 B가 일어나지 않고, 사건 B가 일어나면 사건 A가 일어나지 않는다.

따라서 사건 A 또는 사건 B가 일어나는 경우의 수는 각각의 경우의 수의 합, 즉 $m+n$과 같다.

4 10

(풀이) 지현이와 하연이가 받는 상품의 개수를 각각 x, y라 하면, 다음과 같이 경우를 나누어 생각할 수 있다.

　(i) $x=0$인 경우: $y=0$, 1, 2, 3 → 4가지

　(ii) $x=1$인 경우: $y=0$, 1, 2 → 3가지

　(iii) $x=2$인 경우: $y=0$, 1 → 2가지

　(iv) $x=3$인 경우: $y=0$ → 1가지

(i)~(iv)는 동시에 일어나지 않으므로 구하는 경우의 수는

　　4+3+2+1=10

탐구하기 2
179쪽

01

첨성대 〈 하회탈
　　　　에밀레종
　　　　상평통보

석굴암 〈 하회탈
　　　　에밀레종
　　　　상평통보

경우의 수: 6

(풀이) 건축물인 첨성대와 석굴암 각각에 대하여 문화 예술품을 3가지씩 받을 수 있으므로 이를 수형도로 나타내면 위와 같고, 구하는 경우의 수는 2×3=6이다.

02

불국사 〈 포석정 —— 월정교
　　　　월정교 —— 포석정

포석정 〈 불국사 —— 월정교
　　　　월정교 —— 불국사

월정교 〈 포석정 —— 불국사
　　　　불국사 —— 포석정

경우의 수: 6

(풀이) 여행 코스를 불국사부터 순서대로 모두 나열하면 위와 같다.

처음 선택할 수 있는 장소는 3가지, 그다음 선택할 수 있는 장소는 처음 선택한 장소를 제외한 2가지, 마지막은 남은 1가지로 구성할 수 있으므로 가능한 모든 경우의 수는

　　3×2×1=6

03 사건 A의 m가지 각각에 대하여 사건 B가 n가지씩 일어나므로 두 사건 A, B가 동시에(잇달아) 일어나는 경우의 수는

$$\underbrace{n+n+n+\cdots+n}_{(n \text{이 } m \text{개})}=m\times n$$

04 80

(풀이) 백의 자리의 수는 2, 4, 6, 8의 4가지, 그 각각에 대하여 십의 자리의 수는 2, 3, 5, 7의 4가지, 이들 각각에 대하여 일의 자리의 수는 1, 3, 5, 7, 9의 5가지가 있으므로 구하는 경우의 수는
$$4\times4\times5=80$$

탐구하기 3
180쪽 ~ 181쪽

01 (1) 18   (2) 18   (3) 9

    (4) 3가지 이외에 또 다른 경우는 없다.

    (5) 45

(풀이) (1) 마법의 나라 놀이 기구 2개 중에서 1개를 선택하는 경우는 2가지, 이들 각각에 대하여 환상의 나라 놀이 기구 3개 중에서 1개를 선택하는 경우는 3가지, 이들 각각에 대하여 모험의 나라 놀이 기구 3개 중에서 2개를 선택하는 경우는 3가지가 있다. 따라서 (1, 1, 2)인 경우의 수는
$$2\times3\times3=18$$
참고로 a, b, c 3개 중에서 2개를 선택하는 경우의 수는 ab, ac, bc의 3가지이다.

(2) 마법의 나라 놀이 기구 2개 중에서 1개를 선택하는 경우는 2가지, 이들 각각에 대하여 환상의 나라 놀이 기구 3개 중에서 2개를 선택하는 경우는 3가지, 이들 각각에 대하여 모험의 나라 놀이 기구 3개 중에서 1개를 선택하는 경우는 3가지가 있다. 따라서 (1, 2, 1)인 경우의 수는
$$2\times3\times3=18$$

(3) 마법의 나라 놀이 기구 2개 중에서 2개를 선택하는 경우는 1가지, 이들 각각에 대하여 환상의 나라 놀이 기구 3개 중에서 1개를 선택하는 경우는 3가지, 이들 각각에 대하여 모험의 나라 놀이 기구 3개 중에서 1개를 선택하는 경우는 3가지가 있다. 따라서 (2, 1, 1)인 경우의 수는
$$1\times3\times3=9$$

(4) 마법의 나라에서 1개를 선택하고 나머지 3개를 다른 두 테마에서 선택하는 경우는 1+2 또는 2+1만 가능하다.
이는 각각 (1), (2)의 경우이다.

마법의 나라에서 2개를 선택하고 나머지 2개를 다른 두 테마에서 선택하는 경우는 1+1만 가능하다. 이는 (3)의 경우이다.
마법의 나라 놀이 기구는 2개밖에 없으므로 마법의 나라에서 3개를 선택하는 경우는 없다. 따라서 모든 경우를 다 구한 것으로 볼 수 있다.

(5) (1), (2), (3)은 동시에 일어나지 않으므로 구하는 모든 경우의 수는
$$18+18+9=45$$

02 (1) 12   (2) 24

    (3) 2가지 이외에 또 다른 경우는 없다.

    (4) 36

(풀이) (1) 앞줄을 1, 2번, 뒷줄을 3, 4, 5번이라고 하자. 어머니와 막내가 앞줄 1, 2번 의자에 앉는 경우의 수는 순서쌍 (어머니, 막내)로 나타내면 (1, 2), (2, 1)의 2가지 경우가 있고, 이들 각각에 대하여 아버지와 누나, 수찬이가 뒷줄 3, 4, 5번 의자에 앉는 경우의 수는 $3\times2\times1=6$이다.
이들은 동시에 일어나므로 구하는 경우의 수는 $2\times6=12$이다.

(2) 어머니와 막내가 뒷줄 의자 3개 중에서 2개를 선택하는 경우는 (3, 4), (4, 5)의 2가지이고, 이들 각각에 대하여 어머니와 막내가 의자에 앉는 경우는 2가지이다. 또 이들 각각에 대하여 남은 세 의자에 아버지와 누나, 수찬이가 앉는 경우의 수는 $3\times2\times1=6$이며, 이들은 모두 동시에 일어나므로 구하는 경우의 수는 $2\times2\times6=24$이다.

(3) 어머니와 막내는 앞줄 또는 뒷줄에 앉을 수 있고, 이 외 다른 경우는 어머니와 막내가 떨어져야 하므로 모든 경우를 다 구한 것으로 볼 수 있다.

(4) (1), (2)는 동시에 일어나지 않으므로 구하는 모든 경우의 수는
$$12+24=36$$

개념과 문제의 연결
182쪽 ~ 187쪽

1 (1) 4   (2) 4

    (3) 풀이 참조   (4) 11

(풀이) (1) 1번 수험생은 1번 수험표를 받지 못하므로 1번 수험생이 받을 수 있는 수험표는 2, 3, 4,

5번의 4가지이다.

(2) 1번 수험생이 2번 수험표를 받으면 2번 수험생은 남은 1, 3, 4, 5번 4장 중에서 아무거나 받을 수 있다.

(3) 수험생을 ①, ②, ③, ④, ⑤라 하고 각 수험생의 수험표를 ⬛1, ⬛2, ⬛3, ⬛4, ⬛5라 하면 수형도는 다음과 같다.

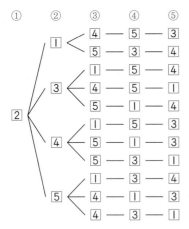

(4) 1번 수험생이 2, 3, 4, 5번 수험표를 받을 가능성은 똑같다. (3)에서 1번 수험생이 2번 수험표를 받을 때 나머지 수험생이 수험표를 받을 수 있는 경우의 수가 11이므로 1번 수험생이 3번 수험표를 받을 때 나머지 수험생이 수험표를 받을 수 있는 경우의 수도 11이다.

2 1번 수험생이 받을 수 있는 수험표는 ⬛4 가지이다.

수험생을 ①, ②, ③, ④, ⑤라 하고 각 수험생의 수험표를 ⬛1, ⬛2, ⬛3, ⬛4, ⬛5라 하여 수형도를 그려 보면

(i) 1번 수험생이 2번 수험표를 받을 때,

　(i-1) 2번 수험생이 1번 수험표를 받는 경우

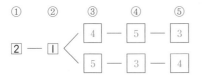

　(i-2) 2번 수험생이 3번 수험표를 받는 경우

2번 수험생이 4번이나 5번 수험표를 받을 수 있는 가능성도 (i-2)와 똑같으므로 2번 수험생이 3, 4, 5번 수험표를 받는 경우의 수는

$$\boxed{3} \times \boxed{3} = \boxed{9}$$

이상에서 1번 수험생이 2번 수험표를 받을 수 있는 경우의 수는 $\boxed{2} + \boxed{9} = \boxed{11}$ 이다.

(ii) 1번 수험생이 3, 4, 5번 수험표를 받을 수 있는 경우도 (i)과 똑같으므로 각각 $\boxed{11}$ 가지씩이다.

이상에서 구하는 경우의 수는

$$\boxed{11} \times \boxed{4} = \boxed{44}$$

3 (1) 약수이다. 　(2) $a=2$, $b=5$

　(3) 가질 수 없다. 　(4) 약수가 아니다.

(풀이) (1) $800 \div 160 = 5$에서 800은 160으로 나누어떨어지므로 160은 800의 약수이다.

(2) $800 = 2^5 \times 5^2$이고 $a < b$이므로 $a=2$, $b=5$이다.

(3) 어떤 수 A를 소인수분해했을 때 a, b 이외의 소인수 c가 있다면, $800 = a^m \times b^n$에는 소인수 c가 없기 때문에 800은 A로 나누어떨어지지 않는다. 즉, 800은 A의 배수가 아니므로 A는 800의 약수가 될 수 없다.

(4) $800 = a^m \times b^n$은 a^{m+1}로 나누어떨어지지 않으므로 a^{m+1}은 800의 약수가 아니다.

마찬가지로 b^{n+2}도 800의 약수가 아니다.

4 800을 소인수분해하면 $800 = \boxed{2^5 \times 5^2}$이므로 800은 $\boxed{2}$ 또는 $\boxed{5}$ 이외의 소인수를 가진 수로 나누어떨어지지 않는다. 그러므로 800의 약수는 반드시 $\boxed{2}$ 또는 $\boxed{5}$ 만을 소인수로 가진다.

어떤 수가 $2^p \times 5^q$라 할 때 $p \geq \boxed{6}$이면 800은 이 수로 나누어떨어지지 않으므로 $p \geq \boxed{6}$인 $\boxed{2}^p \times \boxed{5}^q$은 800의 약수가 아니다. 마찬가지로 $q \geq \boxed{3}$인 $\boxed{2}^p \times \boxed{5}^q$도 800의 약수가 아니다. 그러므로 $0 \leq p \leq \boxed{5}$, $0 \leq q \leq \boxed{2}$이고 가능한 정수 p의 개수는 $\boxed{6}$, 정수 q의 개수는 $\boxed{3}$이다.

따라서 800의 약수의 개수는 곱의 법칙에 의하여

$$6 \times 3 = 18$$

이고, 모든 약수는 다음과 같이 표를 이용하여 구할 수 있다.

	1	2	2^2	2^3	2^4	2^5
1	1×1	2×1	$2^2 \times 1$	$2^3 \times 1$	$2^4 \times 1$	$2^5 \times 1$
5	1×5	2×5	$2^2 \times 5$	$2^3 \times 5$	$2^4 \times 5$	$2^5 \times 5$
5^2	1×5^2	2×5^2	$2^2 \times 5^2$	$2^3 \times 5^2$	$2^4 \times 5^2$	$2^5 \times 5^2$

5 (1) 영역의 수보다 색의 수가 적으므로 1가지 색을 2개 이상의 영역에 칠하는 경우가 존재한다.

그러나 4가지 색을 적어도 한 번씩은 사용해야 하므로 1가지 색을 3개 이상의 영역에 칠하는 경우는 없다.

(2) 4

(풀이) 영역 1에는 4가지 색 중에서 어느 것도 칠할 수 있다.

영역 1은 다른 네 영역과 모두 인접하므로 영역 1에 칠한 색은 다른 영역에 칠할 수 없다.

(3) 영역 1에 칠하는 색 하나를 제외하면 남은 네 영역을 칠할 수 있는 색은 3가지이다.

3가지 색으로 네 영역을 칠해야 하므로 같은 색을 두 영역에 칠하는 경우가 존재하는데 인접한 영역에는 칠할 수 없으므로 (2, 4) 또는 (3, 5)에 같은 색을 칠할 수 있다.

(4) 같은 색을 세 영역에 칠하면 남은 영역이 둘뿐이어서 칠하지 못하는 색이 있을 수 있다.

또한 인접하지 않게 같은 색을 세 영역에 칠할 수도 없다.

(5) 영역 2, 4에 같은 색을 칠하고 남은 색 2개로 영역 3과 5를 칠하는 경우의 수는 $2 \times 1 = 2$이다.

영역 3, 5에 같은 색을 칠하고 남은 색 2개로 영역 2와 4를 칠하는 경우의 수도 $2 \times 1 = 2$이다.

6 영역의 수는 5이고 색의 수는 4이므로 1가지 색을 2개 이상의 영역에 칠하는 경우가 반드시 존재한다.

그런데 1가지 색을 세 영역에 칠하면 남은 두 영역에 칠해야 하는 색이 3가지이므로 칠할 수 없는 색이 존재한다.

그러므로 1가지 색을 세 영역에 칠하는 경우는 없다.

(i) 영역 1에 칠할 수 있는 경우의 수는 $\boxed{4}$ 이다.

영역 1에 칠한 색을 A라 하면 A는 다른 영역에 칠할 수 없다.

(ii) 남은 네 영역 2, 3, 4, 5를 3가지 색 B, C, D로 칠할 때 두 영역에 칠하는 색을 고르는 경우의 수는 $\boxed{3}$ 이다.

(iii) 두 영역에 칠하는 색을 B라 하면 B는 영역 $\boxed{2}$, $\boxed{4}$ 또는 영역 $\boxed{3}$, $\boxed{5}$ 에 칠하는 $\boxed{2}$ 가지 경우가 있다.

(iv) B를 영역 $\boxed{2}$, $\boxed{4}$ 에 칠할 경우 남은 색 C, D로 3과 5를 칠하는 경우의 수는 $2 \times 1 = 2$이다.

B를 영역 $\boxed{3}$, $\boxed{5}$ 에 칠하는 경우도 마찬가지로 $\boxed{2}$ 가지이다.

이상에서 (i) 각각에 대하여 (ii)의 경우가 일어나고, (i)~(ii) 각각에 대하여 (iii)의 경우가 일어나고, (i)~(iii) 각각에 대하여 (iv)의 경우가 일어나므로 (i)~(iv)가 동시에 일어나는 경우의 수는 $\boxed{곱}$ 의 법칙에 의하여

$$4 \times 3 \times 2 \times 2 = 48$$

중단원 연습문제 188쪽~191쪽

01 42	02 풀이 참조	03 10
04 8	05 (1) 729	(2) 504
06 48	07 60	08 15
09 36	10 풀이 참조	11 63
12 $a=41$, $b=35$		13 11
14 9	15 307	

01 A___ 꼴의 문자열의 개수는 B, C, D, E 중 2개를 나열하는 방법의 수와 같으므로 $4 \times 3 = 12$

마찬가지로 B___ 꼴의 문자열의 개수도 12,

C___ 꼴의 문자열의 개수도 12이고

$12 + 12 + 12 = 36$이므로 D로 시작하는 문자열은 37번째에 처음으로 나온다. 37번째 문자열은 DAB, 38번째는 DAC, 39번째 DAE, 40번째 DBA, 41번째 DBC이므로 DBE는 42번째에 나온다.

02 3의 배수는 각 자리의 수의 합이 3의 배수이므로 이를 만족하는 서로 다른 3개의 숫자는 0, 1, 2 또는 0, 2, 4 또는 1, 2, 3 또는 2, 3, 4이다.

(i) 0, 1, 2인 경우: 102, 120, 201, 210

(ii) 0, 2, 4인 경우: 204, 240, 402, 420

(iii) 1, 2, 3인 경우: 123, 132, 213, 231, 312, 321

(iv) 2, 3, 4인 경우: 234, 243, 324, 342, 423, 432

참고로 3의 배수의 개수는 20이다.

03 10 이하의 4의 배수는 4와 8이므로

(i) $a+b=4$인 경우 (a, b)는 $(1, 3)$, $(2, 2)$, $(3, 1)$의 3가지

(ii) $a+b=8$인 경우 (a, b)는 $(1, 7)$, $(2, 6)$, $(3, 5)$, $(4, 4)$, $(5, 3)$, $(6, 2)$, $(7, 1)$의 7가지

(i), (ii)는 동시에 일어나지 않으므로 $a+b$가 10 이하의 4의 배수가 되는 (a, b)의 개수는 합의 법칙에 의하여 $3+7=10$

04 상의 중 하나를 선택하는 경우의 수는 4, 그 각각에 대하여 하의 중 하나를 선택하는 경우의 수는 2이다.

따라서 상의와 하의를 각각 하나씩 선택하는 경우의 수는 곱의 법칙에 의하여

$4 \times 2 = 8$

05 (1) 꺼낸 공을 다시 넣으므로 백의 자리, 십의 자리, 일의 자리에 나올 수 있는 수는 각각 9가지이다.

따라서 세 자리 자연수의 개수는 곱의 법칙에 의하여

$9 \times 9 \times 9 = 729$

(2) 꺼낸 공을 다시 넣지 않으므로 백의 자리에 나올 수 있는 수는 9가지, 십의 자리에 나올 수 있는 수는 8가지, 일의 자리에 나올 수 있는 수는 7가지이다.

따라서 세 자리 자연수의 개수는 곱의 법칙에 의하여

$9 \times 8 \times 7 = 504$

06 일의 자리의 수와 백의 자리의 수가 모두 3의 배수인 경우는 다음 2가지이다.

□□□3□6, □□□6□3

이때, 나머지 네 자리에 1, 2, 4, 5를 배열하는 방법의 수는 각각

$4 \times 3 \times 2 \times 1 = 24$

따라서 구하는 자연수의 개수는 모두 $2 \times 24 = 48$

07 1학년 학생 5명, 2학년 학생 3명, 3학년 학생 4명이므로 학년별로 1명씩 뽑는 방법은 각각 5가지, 3가지, 4가지이고, 구하는 방법의 수는

$5 \times 3 \times 4 = 60$이다.

08 버스가 정거장 A에서 정거장 D로 가는 방법은 다음과 같다.

(i) A → B → C → D로 가는 경우: $3 \times 2 \times 2 = 12$(가지)

(ii) A → B → D로 가는 경우: $3 \times 1 = 3$(가지)

(i), (ii)에서 구하는 모든 경우의 수는 $12 + 3 = 15$이다.

09 (i) 제목이 궁서체, 굴림체, 바탕체 중 하나인 경우: 머리말 3가지, 제목 2가지, 이름 3가지에서 18가지

(ii) 제목이 돋움체, 신명조, 견고딕 중 하나인 경우: 머리말 3가지, 제목 3가지, 이름 2가지에서 18가지

(i), (ii)에서 구하는 모든 경우의 수는 $18 + 18 = 36$

10 (i) 비밀번호에 0을 두 번 사용한 경우: 0037, 0073, 0307, 0370, 0703, 0730, 3007, 3070, 3700, 7003, 7030, 7300

(ii) 비밀번호에 3을 두 번 사용한 경우: 0337, 0373, 0733, 3037, 3073, 3307, 3370, 3703, 3730, 7033, 7303, 7330

(iii) 비밀번호에 7을 두 번 사용한 경우: 0377, 0737, 0773, 3077, 3707, 3770, 7037, 7073, 7307, 7370, 7703, 7730

네 자리 비밀번호 설정에 사용된 수가 0, 3, 7로 3개이기 때문에 이 중 어느 한 숫자는 두 번 사용해야 네 자리가 완성된다. 따라서 0, 3, 7 각각에 대하여 두 번 사용한 경우로 나눈 다음 수의 크기 순서대로 나열했다.

11 각각의 점은 튀어나오거나 그렇지 않거나 2가지 경우이고, 6개의 점으로 구성되므로 가능한 문자의 개수는

$2 \times 2 \times 2 \times 2 \times 2 \times 2 = 2^6$

그런데 모든 점이 튀어나오지 않는 경우는 제외되므로 구하는 문자의 개수는 $2^6-1=63$이다.

12 (i) 지불할 수 있는 방법의 수

500원짜리 동전으로 지불할 수 있는 방법은 0개, 1개의 2가지

100원짜리 동전으로 지불할 수 있는 방법은 0개, 1개, 2개, $\cdots$, 6개의 7가지

10원짜리 동전으로 지불할 수 있는 방법은 0개, 1개, 2개의 3가지

이때 0원을 지불하는 경우는 제외해야 하므로 구하는 방법의 수는 $2\times7\times3-1=41$

(ii) 지불할 수 있는 금액의 수

500원짜리 동전 1개로 지불할 수 있는 금액과 100원짜리 동전 5개로 지불할 수 있는 금액이 같으므로 500원짜리 동전 1개를 100원짜리 동전 5개로 바꾸면 지불할 수 있는 금액은 100원짜리 동전 11개, 10원짜리 동전 2개로 지불할 수 있는 금액과 같고, 0원을 지불하는 경우는 제외해야 하므로 구하는 금액의 수는

$12\times3-1=35$

(i), (ii)에서 $a=41$, $b=35$

13 학생이 국어, 수학, 영어를 선택하는 시간을 순서쌍 (국어, 수학, 영어)로 모두 나열하면

(i) 1교시가 국어인 경우: $(1, 3, 2)$, $(1, 3, 4)$, $(1, 4, 2)$, $(1, 4, 3)$

(ii) 2교시가 국어인 경우: $(2, 1, 3)$, $(2, 1, 4)$, $(2, 3, 4)$, $(2, 4, 3)$

(iii) 3교시가 국어인 경우: $(3, 1, 2)$, $(3, 1, 4)$, $(3, 4, 2)$

(i), (ii), (iii)에서 구하는 모든 방법의 수는 $4+4+3=11$이다.

14 (i) $z=1$인 경우 $x+2y=12$

순서쌍 (x, y)는 $(2, 5)$, $(4, 4)$, $(6, 3)$의 3가지

(ii) $z=2$인 경우 $x+2y=9$

순서쌍 (x, y)는 $(1, 4)$, $(3, 3)$, $(5, 2)$의 3가지

(iii) $z=3$인 경우 $x+2y=6$

순서쌍 (x, y)는 $(2, 2)$, $(4, 1)$의 2가지

(iv) $z=4$인 경우 $x+2y=3$

순서쌍 (x, y)는 $(1, 1)$의 1가지

(i), (ii), (iii), (iv)에서 구하는 모든 순서쌍 (x, y, z)의 개수는

$3+3+2+1=9$

15 백의 자리 수가 1인 자연수($1\square\triangle$)의 개수가 $9\times8=72$,

백의 자리 수가 2인 자연수($2\square\triangle$)의 개수가 $9\times8=72$

모두 144개이므로 150번째 수는 백의 자리 수가 3이고, 작은 수부터 나열하면

301, 302, 304, 305, 306, 307

에서 6번째 수인 307이다.

1 두 눈의 수의 합이 10 이상인 경우를 나열하면

$(4, 6), (5, 5), (5, 6), (6, 4), (6, 5), (6, 6)$

의 6가지이다.

2 가은이와 나은이가 가위바위보 게임을 할 때 한 번에 승부가 가려지는 경우 그 결과를 순서쌍으로 나열하면 (가위, 바위), (가위, 보), (바위, 가위), (바위, 보), (보, 가위), (보, 바위)이고, 그 경우의 수는 6이다.

3 6

(풀이) 주사위 한 개를 두 번 던졌을 때 나오는 두 눈의 수의 곱이 소수인 경우는 다음 2가지이다.

(i) 첫 번째 1, 두 번째 소수가 나오는 경우 3가지

(ii) 첫 번째 소수, 두 번째 1이 나오는 경우 3가지

(i), (ii)는 동시에 일어나지 않으므로 구하는 모든 경우의 수는 합의 법칙에 의하여

$3+3=6$

4 5

(풀이) x, y가 자연수이므로 $3 \leq x+y \leq 4$인 $x+y$의 값은 3, 4이다. 각 경우의 순서쌍 (x, y)는

(i) $x+y=3$인 경우: $(1, 2), (2, 1)$의 2개

(ii) $x+y=4$인 경우: $(1, 3), (2, 2), (3, 1)$의 3개

(i), (ii)에서 구하는 순서쌍 (x, y)의 개수는 합의 법칙에 의하여 $2+3=5$

5 6

(풀이) (i) 4의 배수가 적힌 공이 나오는 경우: 4, 8, 12의 3가지

(ii) 5의 배수가 적힌 공이 나오는 경우: 5, 10, 15의 3가지

(i), (ii)에서 구하는 경우의 수는 합의 법칙에 의하여

$3+3=6$

6 6

(풀이) 만두 한 개를 선택하는 방법이 3가지, 이 각각에 대하여 찐빵 한 개를 선택하는 방법이 2가지이다.

따라서 만두 한 개와 찐빵 한 개를 선택하는 방법의 수는 곱의 법칙에 의하여 $3 \times 2 = 6$이다.

7 12

(풀이) 108을 소인수분해하면 $108 = 2^2 \times 3^3$

2^2의 약수는 1, 2, 2^2의 3개, 3^3의 약수는 1, 3, 3^2, 3^3의 4개

이 중에서 각각 하나씩 택하여 곱한 수는 모두 108의 약수가 된다.

따라서 구하는 양의 약수의 개수는 곱의 법칙에 의하여 $3 \times 4 = 12$

8 36

(풀이) 집에서 A 지점까지 가는 방법이 3가지, A 지점에서 학교까지 가는 방법이 2가지이므로 집에서 학교까지 가는 방법의 수는 $3 \times 2 = 6$이다.

마찬가지로 수현이가 학교에서 집까지 가는 방법의 수도 $2 \times 3 = 6$이므로 집에서 학교까지 왕복하는 방법의 수는 $6 \times 6 = 36$이다.

2. 순열과 조합

01 순열과 조합 구분하기

탐구하기 1 194쪽

01 (1) 네 곳 중에서 순서 없이 두 곳을 선택하여 만든 순서쌍을 나열하면

$(1, 2), (1, 3), (1, 4), (2, 3), (2, 4), (3, 4)$

따라서 만들 수 있는 최대 모둠의 수는 6이다.

(2) 12

(풀이1) 네 곳 중에서 순서를 고려하여 두 곳을 선택한 순서쌍을 나열하면

$(1, 2), (1, 3), (1, 4), (2, 1), (2, 3), (2, 4)$

$(3, 1), (3, 2), (3, 4), (4, 1), (4, 2), (4, 3)$

따라서 만들 수 있는 최대 모둠의 수는 12이다.

(풀이2) (1)에서 처음 나열했던 $(1, 2)$를 방문하는 순서를 정하여 나열하면 다음과 같이 2가지가 나온다.

$(1, 2), (2, 1)$

마찬가지로 (1)에서 나열한 각각의 경우에 대하여 순서를 정하면 2가지씩 만들어진다.

따라서 만들 수 있는 최대 모둠의 수는 $6 \times 2 = 12$이다.

(풀이3) 첫 번째 갈 곳을 정할 수 있는 4가지 각각에 대하여 두 번째 갈 곳을 정하는 방법이 3가지씩이므로 동시에 두 곳을 정하는 방법의 수는 곱의 법칙에 의하여 $4 \times 3 = 12$이다.

02 (1) 문제 **01**의 (2)에서 만든 모둠

이유: (2)는 첫 번째 선택 각각에 대하여 두 번째 선택이 똑같은 수이기 때문에 곱의 법칙을 적용할 수 있다. (1)은 순서가 없고, 첫 번째 선택에 대한 두 번째 선택의 수가 모두 다르므로 곱할 수 없다.

(2) (1)에서는 두 곳을 선택하기만 하면 되지만, (2)에서는 선택한 두 곳의 순서까지 정해야 한다. 이에 (1)의 1가지 경우가 (2)에서는 2가지 다른 경우가 된다. 즉, (1)의 경우의 수 6에 두 곳의 순서를 정하는 방법의 수 2를 곱하면 (2)의 경우의 수 12가 된다. 다시 말해, (2)에서 순서는 다르나 선택한 두 곳이 같은 경우를 각각 2가지씩 묶을 수 있기 때문에 12가지를 2로 나누면 (1)의 경우의 수는 6가지가 된다.

탐구하기 2

195쪽

01 (1) 모둠원 10명 중에서 2명을 뽑아 모둠장과 서기를 정해야 하므로 모둠장-서기를 일렬로 나열하는 것과 같다. 따라서 10명 중에서 2명을 택하는 순열이고, 기호는 $_{10}P_2$이다.

모둠원 10명 중에서 모둠장을 정하는 경우는 10가지이고, 이들 각각에 대하여 나머지 9명 중에서 서기를 정하는 경우가 9가지씩이므로 둘을 동시에 정하는 경우의 수는 곱의 법칙에 의하여 $10 \times 9 = 90$이다.

(2) 모둠원 10명 중에서 발표자 2명을 뽑기만 하면 되는 것이므로 일렬로 나열할 필요는 없다. 예를 들어 a와 b를 뽑는 경우와 b와 a를 뽑는 경우는 같은 경우이다. 따라서 10명 중에서 2명을 택하는 조합이고, 기호는 $_{10}C_2$이다.

경우의 수는 (1)에 같은 경우가 각각 2가지씩 있으므로 $\dfrac{10 \times 9}{2} = 45$이다.

(3) (풀이) 5명의 모둠장을 a, b, c, d, e라고 할 때, a와 b가 악수하는 것과 b와 a가 악수하는 것은 같은 경우이므로 악수하는 사람 2명을 정하면 일렬로 나열할 필요가 없다. 따라서 5명 중에서 2명을 택하는 조합이고, 기호는 $_5C_2$이다.

악수하는 사람을 모두 나열하면

(a, b), (a, c), (a, d), (a, e), (b, c), (b, d), (b, e), (c, d), (c, e), (d, e)로 경우의 수는 10이다.

(다른 풀이) 5명 중 1명을 먼저 뽑는 경우 5가지에 대하여 각각 나머지 1명을 뽑는 경우가 4가지씩이므로 곱의 법칙에 의하여

$5 \times 4 = 20$이고, 이 중에서 중복되는 경우가 2가지씩이므로 악수의 수는 $20 \div 2 = 10$이다.

(4) (예) 어떤 결과의 경우의 수를 묻는 것인지 명확하지 않으므로 다양한 반응이 나올 수 있다.

① 바둑알이 똑같이 생겼기 때문에 서로 다른 5개의 바둑알 중에서 1개를 택하는 조합 $_5C_1$이나 순열 $_5P_1$로 표현할 수는 없다. 꺼내는 경우는 흰색과 검은색 둘뿐이므로 경우의 수는 2이다.

② 바둑알이 5개이지만 똑같이 생겼으므로 꺼낸 바둑알의 색의 경우를 생각하면 흰색과 검은색의 서로 다른 2가지 색 중에서 1개를 택하는 조합이고, 기호는 $_2C_1$이다. 또 꺼낸 바둑알의 개수가 1이므로 꺼낸 다음 나열하는 것으로 생각할 수도 있다. 즉, 서로 다른 2개의 색 중에서 1개를 택하는 순열이고, 기호는 $_2P_1$이다. 경우의 수는 흰색과 검은색의 경우로 2이다.

③ 꺼낸 바둑알의 색에 초점을 두지 않고, 똑같이 생겼지만 바둑알 하나하나를 다른 개체로 보면, 서로 다른 5개 중에서 1개를 택하는 조합이고, 기호는 $_5C_1$이다. 또 꺼낸 바둑알의 개수가 1이므로 꺼낸 후 나열하는 것으로 볼 수도 있다. 즉, 서로 다른 5개 중에서 1개를 택하는 순열이고, 기호는 $_5P_1$이다. 경우의 수는 흰 바둑알을 a, b 검은 바둑알을 c, d, e라 할 때, 바둑알을 하나 꺼낸 경우를 모두 나열하면 a, b, c, d, e로 5이다.

02 (예) 다양한 상황의 문제를 만들 수 있다.

[문제] 두 집합 $X = \{1, 2, 3\}$, $Y = \{1, 2, 3, 4\}$에 대하여 X에서 Y로의 함수 f 중에서 다음을 구하시오.

① 일대일함수의 개수

② $f(1) < f(2) < f(3)$을 만족시키는 함수의 개수

(풀이) ① X의 원소가 다르면 그 함숫값도 달라야 하므로 Y의 원소 4개 중에서 3개를 골라 $f(1)$, $f(2)$, $f(3)$으로 나열하는 순열이고, 기호는 $_4P_3$이다. 경우의 수는 곱의 법칙에 의하여 $4 \times 3 \times 2 = 24$이다.

② $f(1)$, $f(2)$, $f(3)$의 대소 관계가 이미 정해져 있으므로 Y의 원소 4개 중에서 3개를 고르면 작은 수부

터 차례로 $f(1)$, $f(2)$, $f(3)$에 대응시킬 수 있다. 즉, 서로 다른 4개 중에서 3개를 택하는 조합이고, 기호는 $_4C_3$이다. 모든 경우를 나열하면 $(1, 2, 3)$, $(1, 2, 4)$, $(1, 3, 4)$, $(2, 3, 4)$로 경우의 수는 4이다.

02 순열과 조합의 수 구하기

탐구하기 1 196쪽 ~ 197쪽

01 첫 번째 자리에 둘 수 있는 숫자는 5가지이다. 두 번째 자리에 둘 수 있는 숫자는 첫 번째 자리에 둔 수를 제외한 4가지이다. 예를 들어 1을 첫 번째 자리에 두면, 두 번째 자리에 둘 수 있는 숫자는 2, 3, 4, 5로 4가지이다. 이런 방식으로 만들 수 있는 다섯 자리 암호의 수는 $5 \times 4 \times 3 \times 2 \times 1$이다. 이는 5!이다.

02 (1) 상황: 5명의 선수가 승부차기 순서를 정하는 경우의 수

값: $5! = 120$

(2) 상황: 6점의 그림을 일렬로 배열하는 경우의 수

값: $6! = 120 \times 6 = 720$

(3) 상황: 7명의 학생이 일렬로 서는 경우의 수

값: $7! = 720 \times 7 = 5040$

(4) 상황: 1명을 일렬로 배열하는 경우의 수

값: $1! = 1$

03 (1) $8!$ (2) $\dfrac{8!}{8} = 7!$

04 (1) 거짓   (2) 거짓   (3) 참

     (4) 거짓   (5) 거짓   (6) 참

(1) $3! = 3 \times 2 \times 1$이므로

$3! \times 3! = 3 \times 2 \times 1 \times 3 \times 2 \times 1$이다.

9!의 값과는 전혀 다르다.

(2) $\dfrac{6!}{3!} = \dfrac{6 \times 5 \times 4 \times 3 \times 2 \times 1}{3 \times 2 \times 1}$이므로, $\dfrac{6!}{3!} = 6 \times 5 \times 4$이다.

(3) $n!$은 1부터 n까지 자연수를 차례로 곱한 것이다.

$n! = n(n-1)(n-2) \times \cdots \times 3 \times 2 \times 1$에 $n+1$을 곱하면 $(n+1)n(n-1)(n-2) \times \cdots \times 3 \times 2 \times 1$이므로 값은 $(n+1)!$이 된다

(4) $n! = n(n-1)(n-2) \times \cdots \times 3 \times 2 \times 1$이고

$(n-1)! = (n-1)(n-2) \times \cdots \times 3 \times 2 \times 1$이므로

$\dfrac{n!}{n} = (n-1)!$이 된다.

(5) $10 \times 9 \times 8 \times 7 = \dfrac{10 \times 9 \times \cdots \times 2 \times 1}{6 \times 5 \times \cdots \times 2 \times 1}$이라고 할 수 있

다. 따라서 $10 \times 9 \times 8 \times 7 = \dfrac{10!}{6!}$이라고 하는 것이

옳다.

(6) $\dfrac{n!}{m!} = \dfrac{n(n-1) \times \cdots \times (m+1)m(m-1) \times \cdots \times 2 \times 1}{m(m-1) \times \cdots \times 2 \times 1}$

이므로

$\dfrac{n!}{m!} = n \times (n-1) \times (n-2) \times \cdots \times (m+1)$이다.

05 ① 문장으로 설명하기: 두 경우의 수는 같다. 예를 들어 네 자리 암호 2453을 만들었다고 하자. 그러면 1이 적힌 카드만 남는다.

따라서 비밀번호 2453을 만드는 것이나 24531을 만드는 것이나 경우의 수는 같다.

② 계산으로 설명하기: 네 자리 암호를 만드는 경우의 수는 $5 \times 4 \times 3 \times 2$이고 다섯 자리 암호를 만드는 경우의 수는 $5 \times 4 \times 3 \times 2 \times 1$이다.

따라서 둘은 5!로 같다.

탐구하기 2 198쪽 ~ 200쪽

01 (1) $5 \times 4 \times 3$ (2) $\dfrac{5!}{2!}$

     (3) $\dfrac{5 \times 4 \times 3}{3 \times 2 \times 1}$ (4) $\dfrac{5!}{2!3!}$

풀이 (1) 가은이가 고를 수 있는 마카롱은 5가지이고, 이 각각에 대하여 나은이가 고를 수 있는 마카롱은 4가지이다. 이들 각각에 대하여 다은이가 고를 수 있는 마카롱은 3가지이므로 구하는 경우의 수는 곱의 법칙에 의하여

$$5 \times 4 \times 3$$

(2) $5! = 5 \times 4 \times 3 \times 2 \times 1$이므로

$$5 \times 4 \times 3 = \dfrac{5!}{2 \times 1} = \dfrac{5!}{2!}$$

(3) 마카롱을 3개 고르는 것은 (1)에서와 마찬가지이지만 3명이 따로따로 고르는 것이 아니기 때문에 이때는 순서가 필요 없다. 예를 들어, 고른 마카롱 3개가 a, b, c라면 (1)에서는 a, b, c를 순서대로 나열하는 $3 \times 2 \times 1$(가지)의 방법이 더 계산된 것이므

로 나은이가 3개의 마카롱을 산 경우가 (1)에서는 $3 \times 2 \times 1$만큼씩 중복되어 있다. 따라서 구하는 경우의 수는

$$\frac{5 \times 4 \times 3}{3 \times 2 \times 1}$$

(4) (2)에서 $5 \times 4 \times 3 = \dfrac{5!}{2!}$이고, $3 \times 2 \times 1 = 3!$이므로

$$\frac{5 \times 4 \times 3}{3 \times 2 \times 1} = \frac{5!}{2!3!}$$

02 (1) $\dfrac{31!}{27!}$ (2) $\dfrac{31!}{27!4!}$

(풀이) (1) $31 \times 30 \times 29 \times 28$이다.

31을 포함하여 1씩 작아지도록 총 4개의 숫자를 곱하면 된다.

또는 $31 \times 30 \times 29 \times 28$은 $31!$에서 $27 \times 26 \times 25 \cdots$를 곱하지 않은 값이므로 $\dfrac{31!}{27!}$이라고 할 수 있다.

(2) (1)은 학생 4명의 순서가 있는 것이고 (2)는 4가지를 선택만 한 것이다. (순서를 고려하지 않는다.) 서로 다른 4가지의 순서를 고려한 경우의 수는 4!이므로 (1)의 값을 4!로 나누어 준다.

$\dfrac{((1)의 값)}{4!}$이므로 $\dfrac{31!}{27!4!}$이다.

03 (1) $\dfrac{10!}{6!}$ (2) $\dfrac{n!}{(n-r)!}$

(3) 풀이 참조 (4) $\dfrac{n!}{r!(n-r)!}$

(1) $_{10}P_4$는 서로 다른 10개에서 4개를 뽑아 줄을 세우는 경우의 수이다. 첫 번째 뽑는 경우의 수 10 각각에 대하여 두 번째 뽑는 경우의 수는 9이고, 이들 각각에 대하여 세 번째 뽑는 경우의 수는 8, 이들 각각에 대하여 네 번째 뽑는 경우의 수는 7이다.

따라서 구하는 경우의 수는 곱의 법칙에 의하여

$$_{10}P_4 = 10 \times 9 \times 8 \times 7$$

그런데 $10! = 10 \times 9 \times 8 \times 7 \times \cdots \times 1$이고, $6 \times 5 \times 4 \times \cdots \times 1 = 6!$이므로

$$_{10}P_4 = 10 \times 9 \times 8 \times 7 = \frac{10 \times 9 \times 8 \times 7 \times \cdots \times 1}{6 \times 5 \times 4 \times \cdots \times 1}$$
$$= \frac{10!}{6!}$$

(2) 순열의 수 $_{n}P_r$는

$n \times (n-1) \times (n-2) \times \cdots \times (n-r+1)$이다. 왜냐하면 n부터 r개를 차례로 곱해야 하기 때문이다. 첫 번째 곱해지는 값은 n이고, 두 번째는 $n-1$, 세

번째는 $n-2$인데, 이와 같은 규칙으로 r번째에는 $n-r+1$이 곱해지게 된다.

그리고 $n \times (n-1) \times (n-2) \times \cdots \times (n-r+1)$은 $\dfrac{n!}{(n-r)!}$로 표현된다. 따라서 $_{n}P_r = \dfrac{n!}{(n-r)!}$이다.

(3) 조합은 서로 다른 n개에서 r개를 택하는 것이고, 그 택한 것을 나열까지 하는 것을 순열이라고 할 수 있다.

(4) (3)에서 r개를 나열하는 경우의 수는 $r!$이므로 이를 식으로 나타내면 $_{n}C_r \times r! = _{n}P_r$이다.

즉, 순열 $_{n}P_r$는 조합 $_{n}C_r$에 $r!$을 곱한 값이 된다.

$_{n}P_r = \dfrac{n!}{(n-r)!}$이므로,

$_{n}C_r = _{n}P_r \times \dfrac{1}{r!} = \dfrac{_{n}P_r}{r!} = \dfrac{n!}{r!(n-r)!}$로 나타낼 수 있다.

04 (1) 20 (2) 1 (3) 120

(4) 없다 (5) 1 (6) 1

(풀이) (1) 서로 다른 5개에서 2개를 뽑아 나열하는 경우의 수이므로 $5 \times 4 = 20$

(다른 풀이) 공식 $\dfrac{n!}{(n-r)!}$에 의하여 $\dfrac{5!}{3!} = 20$

(2) 서로 다른 5개에서 0개를 뽑아 나열하는 경우의 수, 즉 아무것도 뽑지 않는 경우의 수이므로 1이다.

(다른 풀이) 공식 $\dfrac{n!}{(n-r)!}$에 의하여 $\dfrac{5!}{5!} = 1$이므로 경우의 수는 1이다.

(3) 서로 다른 5개에서 5개를 뽑아 나열하는 경우의 수이므로 $5! = 5 \times 4 \times 3 \times 2 \times 1 = 120$이다.

(다른 풀이) 공식 $\dfrac{n!}{(n-r)!}$에 의하여 $\dfrac{5!}{0!}$이 된다.

(4) 서로 다른 2개에서 5개를 뽑을 수 없으므로 $_{2}C_5$는 틀린 표현이다.

(다른 풀이) 공식 $\dfrac{n!}{r!(n-r)!}$에 의하여 $\dfrac{2!}{(-3)!5!}$이 되는데, 이는 구할 수 없다.

(5) 서로 다른 5개에서 0개를 뽑는 경우의 수, 즉 아무것도 뽑지 않는 경우의 수이므로 1이다.

(다른 풀이) 공식 $\dfrac{n!}{r!(n-r)!}$에 의하여 $\dfrac{5!}{0!5!} = 1$

(6) 서로 다른 5개에서 5개를 모두 뽑는 경우의 수이므로 1이다.

(다른 풀이) 공식 $\dfrac{n!}{r!(n-r)!}$에 의하여 $\dfrac{5!}{5!0!} = 1$

01 (1) 45   (2) 45

   (3) 풀이 참조   (4) 풀이 참조

(풀이) (1) 10팀 중에서 2팀을 택하는 조합이므로

$$_{10}C_2=\frac{10!}{2!\,8!}=45$$

(2) 10팀 중에서 8팀을 택하는 조합이므로

$$_{10}C_8=\frac{10!}{8!\,2!}=45$$

(3) 10팀 중에서 8팀이 탈락하면 남은 2팀은 합격이므로 (1), (2)의 경우의 수는 동일하다.

실제 계산해 보면 $_{10}C_8=_{10}C_2$로 같다.

(4) n개 중에서 r개를 택하면 $(n-r)$개가 남으므로 n개 중에서 r개를 택하는 경우의 수는 n개 중에서 $(n-r)$개를 택하는 경우의 수와 같다.

즉, $_nC_r=_nC_{n-r}$이다.

식으로 살펴보면

$$_nC_r=\frac{n!}{r!\,(n-r)!}=\frac{n!}{(n-r)!\,r!}=_nC_{n-r}$$가 된다.

02 (1) 21   (2) 35   (3) 풀이 참조

(1) 정호가 대표에 반드시 선발되는 경우는 정호를 제외한 7명 중에서 2명이 대표로 선발되는 경우이고, 선발되는 순서는 무관하므로 $_7C_2$와 같다. 따라서 경우의 수는 $_7C_2=\frac{7!}{2!\,5!}=21$이다.

(2) 정호가 대표에 선발되지 못하는 경우는 정호를 제외한 7명 중에서 3명이 대표로 선발되는 경우이고, 선발되는 순서는 무관하므로 $_7C_3$과 같다. 따라서 경우의 수는 $_7C_3=\frac{7!}{3!\,4!}=35$이다.

(3) 8명 중에서 3명의 대표를 선발하는 경우는 특정한 1명을 기준으로 생각하면 다음 2가지로 나눌 수 있다.

    (i) 특정한 1명이 대표에 반드시 선발되는 경우

    (ii) 특정한 1명이 대표에 선발되지 못하는 경우

(i), (ii)는 동시에 일어나지 않으므로 8명 중에서 3명의 대표를 선발하는 경우의 수 $_8C_3$은 합의 법칙에 의하여

$$_8C_3=_7C_2+_7C_3$$

실제로 $_8C_3=\frac{8!}{5!\,3!}=56$, $_7C_2=\frac{7!}{2!\,5!}=21$,

$_7C_3=\frac{7!}{4!\,3!}=35$이므로 등식이 성립함을 확인할 수 있다.

03 문제 **02** (3)의 방법에서 유추할 수 있다.

20명 중에서 13명의 대표를 선발하는 경우의 수 $_{20}C_{13}$에서 (i) 희원이가 반드시 선발되는 경우의 수는 나머지 19명 중에서 12명을 선발하는 상황이므로 $_{19}C_{12}$가 되고, (ii) 희원이가 선발되지 않는 경우의 수는 희원이를 제외한 나머지 19명 중에서 13명을 선발하는 상황이므로 $_{19}C_{13}$이 된다. (i)과 (ii)는 서로 동시에 일어날 수 없는 사건이므로 합의 법칙으로 설명된다.

따라서 $_{20}C_{13}=_{19}C_{12}+_{19}C_{13}$의 관계가 성립하며, 20명 중에서 13명의 대표를 선발하는 전체 경우의 수는 희원이가 선발되는 경우의 수와 희원이가 선발되지 않는 경우의 수의 합과 같다.

04 • 상황을 이용한 증명

서로 다른 n개에서 r개를 택하는 조합의 수 $_nC_r$는 특정한 1개를 택하는 경우의 수와 그 특정한 1개를 제외한 경우의 수의 합과 같다. 즉, 특정한 1개를 제외한 나머지 $n-1$개에서 $r-1$개를 택하는 조합의 수 $_{n-1}C_{r-1}$과 그 특정한 1개를 제외한 나머지 $n-1$개에서 r개를 택하는 조합의 수 $_{n-1}C_r$의 합과 같다.

따라서 $_nC_r=_{n-1}C_{r-1}+_{n-1}C_r$가 성립한다.

• 계산을 이용한 증명

$$_{n-1}C_{r-1}+_{n-1}C_r$$
$$=\frac{(n-1)!}{(r-1)!\,(n-1-r+1)!}+\frac{(n-1)!}{r!\,(n-1-r)!}$$
$$=\frac{(n-1)!}{(r-1)!\,(n-r)!}+\frac{(n-1)!}{r!\,(n-r-1)!}$$
$$=\frac{(n-1)!\times r+(n-1)!\times(n-r)}{r!\,(n-r)!}$$
$$=\frac{(n-1)!\,(r+n-r)}{r!\,(n-r)!}$$
$$=\frac{n!}{r!\,(n-r)!}=_nC_r$$

개념과 문제의 연결   **204쪽 ~ 209쪽**

1 (1) 풀이 참조   (2) 66   (3) 1

(풀이) (1) 우선 12개의 점으로 만들 수 있는 직선 전체의 개수를 구한 다음, 일직선 위에 3개 이상의 점으로 만들어지는 직선의 개수만큼 뺀다. 그리고

이들 직선의 개수를 더해 준다.

(2) 서로 다른 두 점을 지나는 직선은 하나이고 이 직선은 두 점을 택하는 순서에 무관하므로 조합이다. 따라서 12개의 점으로 만들 수 있는 직선의 개수는

$$_{12}C_2 = \frac{12!}{10!2!} = \frac{12 \times 11}{2 \times 1} = 66$$

(3) 서로 다른 4개의 점에서 2개의 점을 택하는 경우의 수는

$$_4C_2 = \frac{4!}{2!2!} = \frac{4 \times 3}{2 \times 1} = 6$$

하지만 4개의 점이 일직선 위에 있으므로 중복되는 직선을 제외하면 하나의 직선만이 남는다.

2 서로 다른 두 점을 지나는 직선은 하나이고 이 직선은 두 점을 택하는 순서에 무관하므로 조합이다. 따라서 12개의 점으로 만들 수 있는 직선의 개수는

$$_{12}C_2 = \frac{12!}{10!2!} = \frac{12 \times 11}{2 \times 1} = 66 \qquad \cdots\cdots \ \unicode{x24B6}$$

그런데 3개 이상의 점이 일직선 위에 있으면 이들 점에 의하여 만들어지는 직선은 하나뿐이므로 일직선 위에 3개 이상의 점으로 만들어지는 직선의 개수를 모두 구해야 한다.

3개 이상의 점이 일직선 위에 있는 경우는 가로, 세로, 대각선 방향의 3가지이고, 각각에서 ⓐ에 포함된 직선의 개수는 다음과 같다.

(i) 가로 방향으로 일직선 위에 있는 4개의 점에서 2개의 점을 택하는 경우의 수는

$$_4C_2 = \frac{4!}{2!2!} = \frac{4 \times 3}{2 \times 1} = 6$$

이고, 가로 방향의 직선이 3개이므로

$$\boxed{6} \times \boxed{3} = \boxed{18} \text{(개)가 있다.}$$

(ii) 세로 방향으로 일직선 위에 있는 3개의 점에서 2개의 점을 택하는 경우의 수는

$$_3C_2 = \frac{3!}{1!2!} = \frac{3 \times 2}{2 \times 1} = 3$$

이고, 세로 방향의 직선이 4개이므로

$$\boxed{3} \times \boxed{4} = \boxed{12} \text{(개)가 있다.}$$

(iii) 대각선 방향으로 일직선 위에 있는 3개의 점에서 2개의 점을 택하는 경우의 수는

$$_3C_2 = \frac{3!}{1!2!} = \frac{3 \times 2}{2 \times 1} = 3$$

이고, 대각선 방향의 직선이 4개이므로

$$\boxed{3} \times \boxed{4} = \boxed{12} \text{(개)가 있다.}$$

그런데 (i), (ii), (iii)의 경우 직선이 하나씩은 만들어지므로 구하는 직선의 개수는

$$\boxed{66 - (18 + 12 + 12) + (3 + 4 + 4) = 35}$$

3 (1) 풀이 참조　　　　(2) 풀이 참조
　　(3) 6　　　　　　　　(4) 15

(풀이) (1) 평행사변형은 두 쌍의 대변이 모두 평행한 사각형이다.

(2) 4개의 가로 평행선 중에서 2개, 6개의 세로 평행선 중에서 2개를 각각 택하면 된다.

(3) 4개의 평행선 중에서 2개를 택하는 경우의 수는

$$_4C_2 = \frac{4!}{2!2!} = 6$$

(4) 6개의 평행선 중에서 2개를 택하는 경우의 수는

$$_6C_2 = \frac{6!}{4!2!} = 15$$

4 평행사변형은 $\boxed{\text{두 쌍의 대변이 모두 평행}}$ 한 사각형이다.

그러므로 4개의 가로 평행선 중에서 $\boxed{2}$ 개, 6개의 세로 평행선 중에서 $\boxed{2}$ 개를 각각 택하여 평행사변형을 만들어야 한다.

(i) 4개의 가로 평행선 중에서 $\boxed{2}$ 개를 택하는 경우의 수는

$$\boxed{_4C_2 = \frac{4!}{2!2!} = 6}$$

(ii) 6개의 세로 평행선 중에서 $\boxed{2}$ 개를 택하는 경우의 수는

$$\boxed{_6C_2 = \frac{6!}{4!2!} = 15}$$

(i), (ii)를 동시에 택할 때 평행사변형이 만들어지므로 구하는 개수는 $\boxed{\text{곱}}$ 의 법칙에 의하여

$$\boxed{6 \times 15 = 90}$$

5 (1) 풀이 참조　　　　(2) 720
　　(3) 240　　　　　　　(4) 192

(풀이) (1) 1과 2 사이에 다른 숫자가 2개 이상 있는

경우는 2개, 3개, 4개일 때의 3가지가 있다. 1개 이하 있는 경우는 1과 2 사이에 다른 숫자가 하나도 없을 때와 1개일 때의 2가지가 있다.

2개 이상인 경우를 조사하는 것보다 1개 이하인 경우를 조사하는 것이 더 간편하다.

(2) 여섯 자리의 자연수의 개수는 1, 2, 3, 4, 5, 6을 일렬로 배열하는 방법의 수와 같으므로
$$_6P_6 = 6! = 6 \times 5 \times 4 \times 3 \times 2 \times 1 = 720$$

(3) 1과 2가 이웃하는 경우이므로 (1, 2)를 하나로 묶어 생각한다. (1, 2), 3, 4, 5, 6의 5개를 일렬로 배열하고, 동시에 괄호 안에서 1, 2의 순서를 서로 바꾸는 경우를 고려하면 이 경우의 수는
$$_5P_5 \times 2! = 5! \times 2!$$
$$= (5 \times 4 \times 3 \times 2 \times 1) \times (2 \times 1)$$
$$= 240$$

(4) (1, □, 2)를 하나로 묶어 생각한다. (1, □, 2), △, ○, ☆의 4개를 일렬로 배열하고, 괄호 안의 □에 들어갈 수 하나를 선택하는 동시에 괄호 안에서 1, 2의 순서를 서로 바꾸는 경우를 고려하면 이 경우의 수는
$$_4P_4 \times {}_4C_1 \times 2!$$
$$= 4! \times \frac{4!}{3!1!} \times 2!$$
$$= (4 \times 3 \times 2 \times 1) \times 4 \times (2 \times 1)$$
$$= 192$$

6 1과 2 사이에 다른 숫자가 2개 이상 있는 경우는 2개, 3개, 4개일 때로 나누어 생각해야 하므로 1과 2 사이에 다른 숫자가 하나도 없는 경우와 1개 있는 경우를 구해서 전체 경우의 수에서 빼는 방법을 생각한다.

여섯 자리의 자연수의 개수는 1, 2, 3, 4, 5, 6을 일렬로 배열하는 방법의 수와 같으므로
$$\boxed{_6P_6} = \boxed{6!} = 6 \times 5 \times 4 \times 3 \times 2 \times 1 = 720$$

(i) 1과 2 사이에 다른 숫자가 하나도 없는 경우
1과 2가 이웃하는 경우이므로 (1, 2)를 하나로 묶어 생각한다. (1, 2), 3, 4, 5, 6의 5개를 일렬로 배열하고, 동시에 괄호 안에서 1, 2의 순서를 서로 바꾸는 경우를 고려하면 이 경우의 수는
$$\boxed{_5P_5} \times \boxed{2!}$$
$$= \boxed{5! \times 2! = (5 \times 4 \times 3 \times 2 \times 1) \times (2 \times 1) = 240}$$

(ii) 1과 2 사이에 3, 4, 5, 6 중에서 1개의 숫자가 있는 경우
(1, □, 2)를 하나로 묶어 생각한다. (1, □, 2), △, ○, ☆의 4개를 일렬로 배열하고, 괄호 안의 □에 들어갈 수 하나를 선택하는 동시에 괄호 안에서 1, 2의 순서를 서로 바꾸는 경우를 고려하면 이 경우의 수는
$$\boxed{_4P_4} \times \boxed{_4C_1} \times \boxed{2!}$$
$$= \boxed{4! \times \frac{4!}{3!1!} \times 2! = (4 \times 3 \times 2 \times 1) \times 4 \times (2 \times 1) = 192}$$

따라서 구하는 자연수의 개수는
$$\boxed{720} - \boxed{240} - \boxed{192} = \boxed{288}$$

중단원 연습문제　　210쪽 ~ 213쪽

01 24　　**02** 20　　**03** 35

04 (1) $n = 4$　(2) $r = 3$　　**05** 16

06 560　　**07** 56

08 (1) 256　(2) 24　　**09** 30

10 20　　**11** 72

12 (1) 12　(2) 2　　**13** 35

14 풀이 참조　　**15** 10

01 $4! = 4 \times 3 \times 2 \times 1 = 24$

02 6개 학급 중에서 첫 번째 경기를 치르는 3학급을 선택하는 경우의 수는 $_6C_3 = \dfrac{6 \times 5 \times 4}{3 \times 2 \times 1} = 20$이다.

두 번째 경기를 치르는 남은 3개 학급을 선택하는 경우의 수는
$_3C_3 = 1$이므로 구하는 경우의 수는 $20 \times 1 = 20$이다.

03 꺼낸 공에 1, 2가 적힌 공이 모두 포함되지 않는 경우의 수는 1, 2를 제외한 나머지 7개 중에서 4개의 공을 꺼내는 경우의 수와 같다. 따라서 구하는 경우의 수는
$$_7C_4 = \frac{7!}{3!4!} = \frac{7 \times 6 \times 5}{3!} = 35$$

04 (1) $_{n+2}C_n = \dfrac{(n+2)!}{2!\,n!} = \dfrac{(n+2)(n+1)}{2} = 15$이므로 $(n+2)(n+1) = 30$을 만족하는 자연수 n의 값은 $n = 4$

(2) $_5P_r = \dfrac{5!}{(5-r)!} = 60$에서 $5 \times 4 \times 3 = \dfrac{5!}{2!} = 60$이므로 $5 - r = 2$에서 $r = 3$

05 택한 두 수의 합이 짝수가 되는 경우는 둘 다 홀수이거나 둘 다 짝수인 경우이다.

(i) 둘 다 홀수인 경우의 수는
$$_5C_2 = \frac{5 \times 4}{2 \times 1} = 10$$

(ii) 둘 다 짝수인 경우의 수는
$$_4C_2 = \frac{4 \times 3}{2 \times 1} = 6$$

(i), (ii)는 동시에 일어나지 않으므로 구하는 경우의 수는 합의 법칙에 의하여
$$10 + 6 = 16$$

06 남학생 8명 중에서 3명을 선발하는 경우의 수는 $_8C_3$이고, 여학생 5명 중에서 2명을 선발하는 경우의 수는 $_5C_2$이다.

따라서 구하는 경우의 수는 곱의 법칙에 의하여
$$_8C_3 \times _5C_2 = \frac{8 \times 7 \times 6}{3 \times 2 \times 1} \times \frac{5 \times 4}{2 \times 1} = 56 \times 10 = 560$$

07 8개의 꼭짓점 중에서 3개의 꼭짓점을 선택하면 삼각형이 되므로
$$_8C_3 = \frac{8!}{3!\,5!} = \frac{8 \times 7 \times 6}{3!} = 56$$

08 (1) 집합 A에서 집합 B로의 함수의 개수는 집합 A의 원소 하나에 집합 B의 원소 4개 중에서 하나가 대응하면 된다.
$$4 \times 4 \times 4 \times 4 = 4^4 = 256$$

(2) 일대일대응의 개수는 집합 B의 4개의 원소에서 서로 다른 4개를 뽑아 일렬로 배열하는 방법의 수와 같다.
$$_4P_4 = 4! = 24$$

09 2명의 학생이 빈 의자 7개 중에서 서로 다른 의자에 앉는 경우의 수
$$_7P_2 = 42$$

2명의 학생 사이에 빈 의자가 없도록 이웃하여 앉는 경우의 수는

$$6 \times 2 = 12$$

2명 사이에 적어도 하나의 빈 의자가 있도록 앉는 경우의 수는
$$42 - 12 = 30$$

(다른 풀이) 의자를 1, 2, 3, 4, 5, 6, 7이라 한다.
2명의 학생이 앉을 수 있는 의자를 선택하는 경우를 나열하면 다음과 같이 15가지이다.

(1, 3), (1, 4), (1, 5), (1, 6), (1, 7), (2, 4), (2, 5), (2, 6), (2, 7), (3, 5), (3, 6), (3, 7), (4, 6), (4, 7), (5, 7)

이들 각각에 대하여 두 학생의 자리를 바꾸는 방법은 2가지이므로 구하는 경우의 수는 곱의 법칙에 의하여
$$15 \times 2 = 30$$

10 학생회 모임에 참가한 모든 회원 수를 n이라 할 때, 7명 중에서 순서 없이 2명을 뽑으면 악수한 총 횟수와 같다. 악수한 총 횟수가 190이므로
$$_nC_2 = 190$$
$$\frac{n(n-1)}{2} = 190$$
$$n^2 - n - 380 = 0$$
$$(n-20)(n+19) = 0$$

따라서 학생회 모임에 참가한 회원 수는 20

11 A, B가 앉는 줄을 선택하는 경우의 수는 2, 한 줄에 놓인 3개의 좌석에서 2개의 좌석을 택하여 앉는 경우의 수는
$$_3P_2 = 3 \times 2 = 6$$

그러므로 A, B가 같은 줄의 좌석에 앉는 경우의 수는 $2 \times 6 = 12$

나머지 3명이 맞은편 줄의 좌석에 앉는 경우의 수는
$$_3P_3 = 3 \times 2 \times 1 = 6$$

따라서 구하는 경우의 수는 $12 \times 6 = 72$

12 (1) A와 C를 한 사람으로 생각하면 모두 3명이고, 3명이 한 줄로 앉는 경우의 수는 $3!$이다. 이때 각 경우에 대하여 A와 C의 자리를 바꾸는 경우의 수는 $2!$이다.

따라서 구하는 경우의 수는 곱의 법칙에 의하여
$$3! \times 2! = 12$$

(2) 선수 B가 봅슬레이의 맨 앞, 선수 D가 봅슬레이의 맨 뒤에 앉는 경우의 수는 한 가지로, 정해

진 것이다. 나머지 두 선수에 대하여 가운데 두 자리에 앉는 경우의 수는 2!이다.

따라서 구하는 경우의 수는 곱의 법칙에 의하여

$1 \times 2! = 2$

13 (i) 선택한 세 곳이 모두 A 지역인 경우는 1가지

(ii) 선택한 세 곳이 모두 B 지역인 경우는 B 지역의 네 곳 중 세 곳을 선택한 경우와 같다.

$_4C_3 = 4$(가지)

(iii) 위와 같은 방법으로 선택한 세 곳이 모두 C 지역인 경우는

$_5C_3 = 10$(가지)

(iv) 위와 같은 방법으로 선택한 세 곳이 모두 D 지역인 경우는

$_6C_3 = 20$(가지)

(i)~(iv)에서 선택한 관광지 세 곳이 모두 같은 지역인 경우의 수는 합의 법칙에 의하여

$1 + 4 + 10 + 20 = 35$

14 $n \times {}_{n-1}P_{r-1} = n \times \dfrac{(n-1)!}{\{(n-1)-(r-1)\}!}$

$\qquad = \dfrac{n!}{(n-r)!} = {}_nP_r$

따라서 $_nP_r = n \times {}_{n-1}P_{r-1}$이 성립한다.

다른 풀이 $_nP_r$는 서로 다른 n개에서 r개를 택하여 일렬로 나열하는 경우의 수이다. n개에서 한 개를 택하는 경우는 n가지이고, 그 각각에 대하여 남은 $(n-1)$개에서 $(r-1)$개를 택하여 일렬로 나열하는 경우의 수는 $_{n-1}P_{r-1}$이다. 따라서 곱의 법칙에 의하여

$_nP_r = n \times {}_{n-1}P_{r-1}$이 성립한다.

15 조건에 의하여 C_1과 C_2 사이에는 1개 이상의 포트가, C_2와 C_3 사이에는 2개 이상의 포트가 비어 있어야 한다.

포트를 왼쪽부터 1, 2, 3, …, 8이라 할 때, 세 컴퓨터와 연결된 포트의 수형도는 다음과 같다.

$$
\begin{array}{ccc}
C_1 & C_2 & C_3 \\
\end{array}
$$

```
C₁     C₂     C₃

                6
          3  <  7
                8
   1            7
          4  <  8
          5  —  8

                7
   2  <   4  <  8
          5  —  8
   3  —  5  —  8
```

다른 풀이 C_1과 C_2 사이 1개, C_2와 C_3 사이 2개의 포트를 미리 빼고 생각하면, 5개의 포트에 3개의 컴퓨터를 순서대로 연결하는 경우의 수와 같다. 그러므로 구하는 경우의 수는

$_5C_3 = 10$

대단원 연습문제 214쪽 ~ 219쪽

01 36	02 12	03 1296
04 24	05 12	06 18
07 32415	08 36	

09 123, 124, 125, 126 / 132, 134, 135, 136 / 142, 143, 145, 146 / 213, 214, 215, 216 / 231, 234, 235, 236 / 241, 243, 245, 246

경우의 수: 24

10 16	11 9	12 25
13 7	14 $n=3$ 또는 $n=4$	
15 $r=6$ 또는 $r=8$		16 30
17 70	18 126	19 20
20 60	21 144	22 12
23 18	24 32	25 15

01 5의 배수는 일의 자리의 수가 0 또는 5여야 한다.

(i) 일의 자리의 수가 0인 경우

백의 자리에 올 수 있는 수 5가지 각각에 대하여 십의 자리에 올 수 있는 수는 4가지씩이므로

$5 \times 4 = 20$(개)

(ii) 일의 자리의 수가 5인 경우

0은 백의 자리에 올 수 없다. 백의 자리에 올 수 있는 수 4가지 각각에 대하여 십의 자리에 올 수 있는 수는 4가지씩이므로

$$4 \times 4 = 16(개)$$

(i), (ii)는 동시에 일어나지 않으므로 합의 법칙에 의하여 5의 배수의 개수는 $20 + 16 = 36$

02 순서쌍을 (A 주사위 숫자, B 주사위 숫자)라 하면 눈의 차가 3 이상인 경우는 $(1, 4)$, $(1, 5)$, $(1, 6)$, $(2, 5)$, $(2, 6)$, $(3, 6)$, $(4, 1)$, $(5, 1)$, $(5, 2)$, $(6, 1)$, $(6, 2)$, $(6, 3)$의 12가지가 있다.

03 각 다이얼에 올 수 있는 숫자는 0, 1, 2, 3, 4, 5의 6가지이므로 경우의 수는 $6 \times 6 \times 6 \times 6 = 1296$

04 4개의 산 중에서 3개의 산을 선택하여 순서대로 나열하는 방법은 $_4\mathrm{P}_3$가지이다.
따라서 경우의 수는 $_4\mathrm{P}_3 = 4 \times 3 \times 2 = 24$

05 A를 제외한 나머지 4개의 문자 중에서 2개를 택하여 일렬로 나열하는 경우의 수와 같으므로
$$_4\mathrm{P}_2 = 4 \times 3 = 12$$

06 3000원짜리 김밥을 만들려면 400원짜리 재료 중에서 하나, 600원짜리 재료 중에서 하나를 선택하면 되므로 $3 \times 3 = 9$(가지), 4000원짜리 김밥을 만들려면 400원짜리 재료 중에서 2가지, 600원짜리 재료 중에서 2가지를 선택하면 되므로 $3 \times 3 = 9$(가지)이다. 따라서 선택 재료를 추가하여 가격이 3000원 또는 4000원이 되는 김밥의 종류는 $9 + 9 = 18$(가지)이다.

07 (i) 1_____ 꼴의 수의 개수는 4!
(ii) 2_____ 꼴의 수의 개수는 4!
(iii) 31_____ 꼴의 수의 개수는 3!
따라서 32000보다 작은 수의 개수는
$$4! + 4! + 3! = 24 + 24 + 6 = 54$$
32000보다 큰 수를 작은 수부터 배열하면 55번째 수부터 32145, 32154, 32415, 32451, …이므로 57번째 수는 32415이다.

08 (i) 아버지와 어머니가 앉은 번호를 순서쌍 (아버지, 어머니)로 나타내면 $(1, 3)$, $(1, 5)$, $(3, 1)$, $(3, 5)$, $(5, 1)$, $(5, 3)$에서 아버지와 어머니가 모두 홀수 번호의 의자에 앉는 경우는 6가지
(ii) 할아버지, 아들, 딸이 비어 있는 세 자리에 앉는 경우의 수는
$$3 \times 2 \times 1 = 6$$
(i), (ii)에서 전체 경우의 수는 $6 \times 6 = 36$

09 경우의 수만 구할 때는 백의 자리 수 2가지 각각에 대하여 십의 자리 수는 백의 자리 수에 쓴 수를 제외한 3가지이고, 이들 각각에 대하여 일의 자리 수는 백의 자리 수와 십의 자리 수에 쓴 수를 제외한 4가지이므로
$$2 \times 3 \times 4 = 24$$

10 (i) $a = 5$인 경우($c < b < 5 < 10$)
$c < 4 < 5 < 10$: $c = 1, 2, 3 \to 3$가지
$c < 3 < 5 < 10$: $c = 1, 2 \to 2$가지
$c < 2 < 5 < 10$: $c = 1 \to 1$가지
(ii) $a = 6$인 경우($c < b < 6 < 10$)
$c < 5 < 6 < 10$: $c = 1, 2, 3, 4 \to 4$가지
$c < 4 < 6 < 10$: $c = 1, 2, 3 \to 3$가지
$c < 3 < 6 < 10$: $c = 1, 2 \to 2$가지
$c < 2 < 6 < 10$: $c = 1 \to 1$가지
(i), (ii)에서 구하는 자연수의 개수는 16

11 과목당 교사가 1명씩이므로 A반의 시간표와 B반의 시간표의 과목이 겹치면 안 된다.

12 주어진 두 평행선에서 각각 2개의 점을 택하여 연결하면 이 사각형은 사다리꼴이다.
사다리꼴의 윗변과 아랫변의 길이를 각각 a, b라 하면 높이가 1이고 넓이가 2이므로
$$\frac{(a+b) \times 1}{2} = 2$$에서 $a + b = 4$

(i) $a=1$, $b=3$일 때,

윗변의 길이가 1이 되도록 두 점을 택하는 방법의 수는 4, 아랫변의 길이가 3이 되도록 두 점을 택하는 방법의 수는 2이므로

$$4 \times 2 = 8$$

(ii) $a=2$, $b=2$일 때,

윗변의 길이가 2가 되도록 두 점을 택하는 방법의 수는 3, 아랫변의 길이가 2가 되도록 두 점을 택하는 방법의 수는 3이므로

$$3 \times 3 = 9$$

(iii) $a=3$, $b=1$일 때,

윗변의 길이가 3이 되도록 두 점을 택하는 방법의 수는 2, 아랫변의 길이가 1이 되도록 두 점을 택하는 방법의 수는 4이므로

$$2 \times 4 = 8$$

(i), (ii), (iii)은 동시에 일어나지 않으므로 구하는 경우의 수는

$$8+9+8=25$$

13 (풀이1) 스위치 S_1, S_2, S_3, S_4의 열림과 닫힘에 대한 수형도는 다음과 같다.

(○: 켜짐, ×: 꺼짐)

(풀이2) A: S_1, S_2 둘 다 닫혀서 전류가 흐르는 경우
B: S_3, S_4 둘 다 닫혀서 전류가 흐르는 경우
전류가 흘러 전구에 불이 들어오는 경우는 $A \cup B$이다.

(i) A일 때 경우 $(S_1, S_2) \rightarrow$ (닫힘, 닫힘)이고

$(S_3, S_4) \rightarrow$ (열림, 열림), (열림, 닫힘),
(닫힘, 열림), (닫힘, 닫힘)이므로
4가지

(ii) B일 때 경우 $(S_3, S_4) \rightarrow$ (닫힘, 닫힘)이고
$(S_1, S_2) \rightarrow$ (열림, 열림), (열림, 닫힘),
(닫힘, 열림), (닫힘, 닫힘)이므로
4가지

(iii) $A \cap B$일 때 경우의 수: 1
$(S_1, S_2, S_3, S_4) \rightarrow$ (닫힘, 닫힘, 닫힘, 닫힘)

따라서 $n(A \cup B) = n(A) + n(B) - n(A \cap B)$
$$= 4+4-1 = 7(가지)$$

(풀이3) (i) S_1은 닫히고, S_3이 열린 상태에서 전류가 흐르는 경우

S_2는 반드시 닫히고, S_4는 닫혀도 되고 열려도 되므로 2가지이다.

(ii) S_3은 닫히고, S_1이 열린 상태에서 전류가 흐르는 경우

S_4는 반드시 닫히고, S_2는 닫혀도 되고 열려도 되므로 2가지이다.

(iii) S_1과 S_3 모두 닫힌 상태에서 전류가 흐르는 경우
S_2와 S_4 중에서 적어도 하나가 닫히면 되므로 3가지이다.

따라서 (i), (ii), (iii)에 의하여 $2+2+3=7(가지)$

14 $_{n+2}P_3 = 10 \times _nP_2$에서
$(n+2)(n+1)n = 10n(n-1)$이므로
$$n^2 - 7n + 12 = 0, \ (n-3)(n-4)=0$$
그런데 $n \geq 2$이므로 구하는 자연수 n의 값은
$$n=3 \ 또는 \ n=4$$

15 $_{12}C_{r+1} = _{12}C_{2r-7}$에서
(i) $r+1 = 2r-7$인 경우: $r=8$
(ii) $12-(r+1)=2r-7$인 경우: $r=6$
따라서 구하는 r의 값은 $r=6$ 또는 $r=8$

16 대진표의 A와 B에 들어갈 학급을 먼저 정하고, C와 D에 들어갈 학급을 정하면 나머지 학급은 E에 들어가게 된다.

(i) 5개 학급 중에서 대진표의 A와 B에 들어갈 2개 학급을 정하면 두 학급은 A와 B 어느 자리에 들어가도 같은 경우가 된다. 이때는 5개 중에서 2개를 택하는 조합이므로 경우의 수는

$$_5C_2 = \frac{5 \times 4}{2 \times 1} = 10$$

(ii) 나머지 3개 학급 중에서 대진표의 C와 D에 들어갈 2개 학급을 정하는 경우는 3개 중에서 2개를 택하는 조합이므로 경우의 수는

$$_3C_2 = \frac{3 \times 2}{2 \times 1} = 3$$

(iii) 나머지 1개 학급은 자동으로 대진표의 E에 들어가므로 이때 경우의 수는 1이다.

(i), (ii), (iii)의 경우가 모두 동시에 일어나야 하므로 곱의 법칙에 의하여 전체 경우의 수는

$$10 \times 3 \times 1 = 30$$

17 먼저, 청소할 사람 4명을 뽑는 경우의 수는
$_8C_4 = 70$이다.

4명을 키 순서에 따라 키가 큰 사람 둘에게는 유리창 청소, 작은 사람 둘에게는 바닥 청소를 배정하면 된다. 즉, 청소할 사람을 4명 뽑으면 키를 기준으로 청소 구역이 자동으로 정해지므로 전체 경우의 수는 70이다.

18 (i) 4개국이 있는 두 대륙을 여행하는 경우
$$2! \times _4C_3 \times _4C_2 = 48(가지)$$

(ii) 4개국이 있는 대륙과 3개국이 있는 대륙을 여행하는 경우
$$_2C_1 \times _2C_1 \times (_4C_3 \times _3C_2 + _3C_3 \times _4C_2)$$
$$= 72(가지)$$

(iii) 3개국이 있는 두 대륙을 여행하는 경우
$$2! \times _3C_3 \times _3C_2 = 6(가지)$$

(i)~(iii)에서 구하는 경우의 수는 $48 + 72 + 6 = 126$

19 가은이와 나은이는 함께 선출되고 다은이는 선출되지 않아야 하므로 가은이와 나은이를 먼저 택하고 다은이를 제외한 나머지 6명 중에서 3명을 택하는 조합의 수와 같다.

따라서 구하는 경우의 수는 $_6C_3 = 20$

20 주어진 조건에 의하여 $f(1) < f(2) < f(3) = 6$이어야 한다.

즉, $f(1)$과 $f(2)$의 값은 집합 Y의 원소 1, 2, 3, 4, 5에서 2개를 뽑으면 되므로 $_5C_2 = 10$

또, $6 = f(3) < f(4) < f(5)$여야 한다.

$f(4)$와 $f(5)$의 값은 집합 Y의 원소 7, 8, 9, 10에서 2개를 뽑으면 되므로 $_4C_2 = 6$

따라서 구하는 함수 f의 개수는 $10 \times 6 = 60$

21 각 선생님의 양쪽에 반드시 학생들이 앉아야 하므로 두 선생님은 6개의 좌석 중에서 양 끝 자리에 앉지 않고 서로 이웃하지도 않는다.

즉, 그림과 같이 학생들이 앉을 4개의 의자 사이사이에 있는 ①, ②, ③ 중에서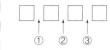

두 곳에 두 선생님이 각각 앉으면 되므로 두 선생님이 앉는 방법의 수는

$$_3P_2 = 3 \times 2 \times 1 = 6$$

이들 각각에 대하여 학생들 4명이 좌석에 앉는 방법의 수는

$$_4P_4 = 4 \times 3 \times 2 \times 1 = 24$$

따라서 구하는 경우의 수는 곱의 법칙에 의하여
$$6 \times 24 = 144$$

22 전체 n명 중에서 4명을 뽑는 경우의 수 $_nC_4$가 365보다 커야 하므로 $_nC_4 \geq 365$를 만족하는 n의 최솟값을 구한다.

$_{11}C_4 = 330$, $_{12}C_4 = 495$이므로 최소 12명이어야 한다.

23 3개의 가로줄 중에서 2개의 가로줄을 선택하는 경우의 수는 3, 선택한 2개의 가로줄 중에서 한 가로줄에서 1개의 숫자를 선택하는 경우의 수는 3이고, 조건 ㈏로부터 나머지 한 가로줄에서 이미 선택한 숫자와 다른 세로줄에 있는 1개의 숫자를 선택하는 경우의 수는 2

따라서 조건을 만족시키도록 2개의 숫자를 선택하는 경우의 수는

$$3 \times 3 \times 2 = 18$$

24 7개의 점 중 3개의 점을 선택하여 이으면 삼각형 1개가 생기는데 이 경우의 수는 $_7C_3$이다.

이때 세 점이 같은 직선 위에 있으면 삼각형이 생기지 않으므로 대각선의 교점을 지나는 직선 위의 세 점을 선택하는 경우는 제외해야 한다.

따라서 구하는 삼각형의 개수는
$$_7C_3 - 3 = 35 - 3 = 32$$

25 1, 2, 3, 4, 5, 6 중에서 정의역의 원소에 대응하는 4개를 택하는 방법의 수는

$$_6C_4 = 15$$

이때 4개의 수를 $f(1) < f(2) < f(3) < f(4)$를 만족하도록 크기 순서대로 대응시키는 방법의 수는 1가지이므로 구하는 함수의 개수는 $15 \times 1 = 15$

"학생들이 환호하는 수학 교과서가 드디어 나왔다!"

『고등 수학의 발견』 실험본으로 수업을 진행한 교사들의 이야기를 모았습니다.

"『고등 수학의 발견』은 기존 교과서와 달리 학생들이 직접 개념을 발견하고 구성할 수 있게 만들어졌습니다. 그래서 수학적 원리를 이해하며 개념을 학습하고, 기존의 '문제를 풀기 위한' 학습이 아닌 '보다 학문적인 호기심을 갖고 탐구하는' 학습이 가능하게 도와줍니다." – 노소윤 선생님 (대구 매천고)

" 학생에게 수학을 탐구하는 즐거움을 알려 주고 좁혀져 있는 수학적 사고력을 넓혀 줄 수 있는 기회가 된 수업이었습니다. 그동안 문제 풀이 중심의 익숙한 수업을 했던 경험을 떠올리며 수학교사로서의 정체성을 성찰해 보는 값진 시간이었습니다." – 박성우 선생님 (경기 문산제일고)

" 여러 선생님이 고민해서 만든 『고등 수학의 발견』으로 수업을 하면서 학생에게 놀라운 변화가 생겼습니다. 스스로 수학 개념을 발견하고 문제에 적용해 거침없이 해결하는 학생이 하나둘 늘어난 것입니다. 이 책으로 같이 고민을 나누고, 기쁨도 누리는 수학 수업이 많아지길 기대해 봅니다." – 백미선 선생님 (경기 운천고)

" 학습할 내용을 제시하고 연역적으로 수업을 이끌어 가는 게 교사로서는 쉬운 방법이지만 이런 수업으로 아이들에게 정말 '앎'이 일어날까? 늘 고민이었습니다. 그러다 『고등 수학의 발견』으로 공부한 학생이 더 확장된 사고를 하고, 학습의 주도권을 장악하며 성취감을 느끼는 모습을 직접 눈으로 보며 확신했습니다. 교사에게는 조금 불편한 방법이 학생에게 더 유익하고, 학생의 성장을 위해 교사가 존재한다면 그 목적에도 맞는 방법이 아닐까 하고요." – 안효은 선생님 (경기 소명학교)

"『고등 수학의 발견』은 새롭게 다가오는 시대에 맞게 답보다 답으로 가는 과정을 질문을 통해 보여줍니다. 그 질문을 따라가면서 답을 구하는 희열뿐만 아니라 그 과정에서 발견할 수 있는 수학적 원리를 찾아내는 즐거움을 학생과 함께 느낄 수 있었습니다. 학생들은 정답에 이르는 과정을 하나하나 해결해 나가며 마치 게임의 미션을 클리어하듯이 즐거워했고, 성취감을 느꼈습니다." – 여주현 선생님 (대구 매천고)

" 더 빨리 더 많이 푸는 수학 교실이 아니라 더 깊이 더 연결된 수학 교실을 만들고 싶었습니다. 『고등 수학의 발견』의 실험학교에 참여하면서 수학적 논의로 시끌시끌한 수학 교실을 만날 수 있는 행운을 누리게 되었습니다. 수학 교실에서 '왜 그런지 생각해 본 적이 없었는데 이제 왜 그런지 알겠어요'라고 말하는 아이들을 만나는 기쁨을 더 많은 선생님과 나눌 수 있기를 기대합니다." – 우진아 선생님 (대구 매천고)

"『고등 수학의 발견』으로 수업을 하면서 문제 풀이가 아닌 수학에 관해 이야기 나누는 시간이 참 소중했습니다. 그리고 수학 개념을 같이 발견하고, 학생의 엉뚱하지만 놀라운 생각을 접하는 과정이 즐거웠습니다."
– 윤동휘 선생님 (경남 통영여고)

"우선 나부터 새롭게 배우고, 교사로서 성장하는 시간이었습니다. 처음에는 깔끔하게 정리된 개념을 효율적으로 전달받는 것에 익숙한 학생에게 『고등 수학의 발견』의 수업 방식은 어색함과 불편감을 주기도 했습니다. 그러나 학생들은 차츰 수학 개념을 자신의 것으로 쌓아 가는 경험을 통해 수학의 필요성과 의미를 진정으로 깨닫고, 스스로 다른 단원까지 탐색하고 고민하는 등 수학을 대하는 태도가 성숙해졌습니다." – 이미선 선생님 (서울 금옥여고)

"수업에서 가장 힘든 것은 학생들의 주도적인 발견을 끌어낼 수 있는 과제, 즉 단절된 하나의 과제가 아니라 연결성이 있는 일련의 과제를 통해 개념적인 이해를 끌어낼 수 있는 과제를 만드는 것이었습니다. 『고등 수학의 발견』은 기존의 과제와 다른, 개념이 연결되고 학생이 기꺼이 참여해 재미있는 수업으로 이끄는 과제를 다양하게 제공합니다. 수업이 풍요로워지는 것을 느낄 수 있었습니다." – 이선영 선생님 (경기 백석고)

"주어진 개념을 받아들이기 전에 학생이 먼저 고민해 볼 수 있도록 구성된 『고등 수학의 발견』을 실험하는 과정에서 평소와 다른 생동감을 느낄 수 있었습니다. 수학을 싫어하던 학생은 생각할 거리를 가지고 즐겁게 참여할 수 있었고, 수학을 좋아하는 학생은 교과서에서 접하기 힘든 열린 생각을 해 볼 수 있는 의미 있는 시간을 보냈습니다. 학생뿐만 아니라 교사인 나도 한 뼘은 성장한 것 같습니다." – 이은영 선생님 (서울 금옥여고)

"교사 주도의 일방적인 지식 전달 수업에서 벗어나 학생들과 끊임없이 소통하고, 그 속에서 학생들은 스스로 수학적 개념을 발견하거나 오개념을 바로잡는 활동 등을 통해 진짜 수학을 공부하는 시간이었습니다. 처음에는 '수학=문제 풀이'에 익숙해져 있던 학생들과 쉽지 않은 수업이었지만 시간이 지날수록 학생들이 '왜'라는 의문을 가지고 친구들과 의견을 나누며 답을 찾아가는 모습에 보람을 느끼게 되었습니다." – 장세아 선생님 (경기 백석고)

"학생의 탐구를 도와 가는 과정에서 영역별 핵심 원리는 물론이고 학생의 이해는 어떻게 성취될까에 대해 많이 고민하고 공부할 수 있었습니다. 학교 현장에 적용할 때 학교와 학생의 상황에 맞게 재구성해서 수업에 활용하면 좋을 것 같습니다." – 장소영 선생님 (경남 거창여고)

"학원에서는 그냥 외웠는데 『고등 수학의 발견』으로 수업하고 나서 개념과 원리를 알 수 있어 좋았다는 학생들의 이야기를 들었을 때 내가 하고 싶은 수업이 실현되어 뿌듯했습니다. 기본 개념을 잘 모르는 학생이나 학원에서 미리 배워 온 학생도 함께 의견을 나누며 배울 수 있는 탐구의 과정이 좋았습니다. 이 과정을 거쳐 학생들은 공식을 외우지 않아도 문제를 술술 풀 수 있게 되었습니다." – 정선영 선생님 (경남 통영여고)

"'수학은 암기 과목이다', '수학은 문제 풀이가 제일 중요하다' 이런 생각이 그동안 학생의 발목을 잡고 있었습니다. 『고등 수학의 발견』을 통해 학생들은 스스로 개념을 정의하고, 개념을 배우는 이유를 생각해 보고, 친구와 소통하면서 지겨운 수학이 아니라 친근한 수학을 접하게 되었습니다. 이러한 즐거움을 느낀 학생들은 수업에서 말을 하고 싶어 했고, 틀린 문제가 있어도 정오 과정에서 옳은 개념을 찾았다고 즐거워했습니다. 수학에 대한 내적 동기를 심어 주는 신기한 책입니다." – 정예진 선생님 (경기 백석고)

"입시로 인해 과감하게 도전하지 못했던 고등학교의 수학 수업도 변할 수 있다는 것을 알게 되었습니다. 학생이 스스로 발견하여 학습할 수 있음을 확인했고 '와' 하고 연신 환호하며 발견하는 학생의 모습을 볼 수 있었습니다."
– 최민기 선생님 (경기 소명학교)

"세상에 이런 수학 교과서는 없었다!"

『고등 수학의 발견』실험본으로 공부한 학생들의 이야기를 모았습니다.

◆ 문제 풀이에만 집중하는 것이 아니라 수학 개념이 도출된 과정과 원리를 찬찬히 살펴볼 수 있어서 수학 전반을 이해하는 데 큰 도움을 받았다. – 강난영 (경남 통영여고)

◆ 교과서에서 공식을 처음 접하면 낯설고, 이해하기 어려웠는데, 『고등 수학의 발견』에는 공식의 개념과 원리가 한눈에 알기 쉽게 정리되어 있어서 좋았다. – 강민주 (경남 통영여고)

◆ 『고등 수학의 발견』은 교과서보다 개념이 더 잘 정리되어 있어서 이해가 잘되었고, 알고 있는 내용을 확장해 다른 개념까지 연결할 수 있게 정리되어 있어서 좋았다. – 강정희 (경남 통영여고)

◆ 『고등 수학의 발견』으로 수업을 하면서 답을 찾는 수학이 아닌 개념과 과정을 이해하는 '진짜 수학'을 배웠다. 모둠 친구들과 함께 소통하고 수학에 대해 깊게 생각해 볼 수 있어서 수학 시간이 기다려졌다. – 김다희 (경남 통영여고)

◆ 친구들과 함께 수업에 참여해 직접 수학의 개념을 알아볼 수 있게 구성되어 개념이 오랫동안 기억에 남았다. 또 공식의 원리를 이해하고 있어서인지 절대 까먹지 않게 되었다. – 김수빈 (서울 금옥여고)

◆ 한 발짝씩 계단을 밟아 오르듯 개념을 하나하나 이해하며 공식을 유도하고 문제에 적용하다 보니 수학 능력이 향상되었다. 수학을 공부하는 새로운 시각을 갖게 되었다. – 김아림 (경기 문산제일고)

◆ 개념이 성립하는 원리와 이유를 스스로 생각하고, 공식을 유도해 볼 수 있어서 수학 공부가 색다르고 흥미로웠다. – 김아영 (경기 운천고)

◆ 교과서나 일반 참고서는 개념에 대한 간단한 설명과 문제 풀이가 전부인 데 반해 『고등 수학의 발견』은 탐구 위주로 구성되어 있어서 차근차근 이해할 수 있었다. 덕분에 수학 문제를 풀 때 공식을 암기하지 않아도 배운 개념을 잘 적용할 수 있었다. – 김태현 (경기 문산제일고)

◆ 시중 문제집으로 공부를 하다 보면 개념을 이해하기보다 문제 푸는 순서를 외운다는 느낌이 들 때가 많았다. 『고등 수학의 발견』은 문제를 다양한 관점에서 살펴보고, 문제를 직접 해결해 본 뒤, 그 내용을 바탕으로 개념정리를 할 수 있어서 좋았다. – 나희재 (경기 백석고)

◆ 왜 이런 공식이 도출되었으며, 왜 이런 문제가 나오는지 그 배경과 의도를 알 수 있어서 수학을 이해하는 데 도움이 되었다. 새로운 관점으로 접근하니 다양한 문제를 만나도 당황하지 않게 되었다. – 남상현 (경기 문산제일고)

◆ 이 책은 중학교 수학부터 차근차근 설명해 주고 있어서 수학을 어렵다고 느끼는 나에게 도움이 되었다. 그리고 개념에 대한 친절한 설명과 다양한 문제까지 더해지면서 이해가 더 잘 되었다. – 남정인 (경기 백석고)

◆ 공식의 유도 과정과 개념을 암기와 주입식이 아닌 생활 밀착 문제, 생각을 여는 문제 등을 통해 재미있게 알려 주는 책이다. 이 과정에서 수학적 창의력과 사고력을 기를 수 있고, 스스로 생각하는 힘을 기르게 되었다. 『고등 수학의 발견』을 통해 수학을 혐오했던 많은 학생이 수학을 즐겼으면 좋겠다. –박은지 (경기 소명학교)

◆ 수학의 개념이 손에 잡히는 느낌이었다. 『고등 수학의 발견』을 접한 후 수학 수업에 더 집중할 수 있었다. – 박은채 (경기 운천고)

◆ 기존에는 그냥 문제를 풀기 위해 수학을 공부했다면, 『고등 수학의 발견』은 창의적으로 사고하는 과정을 통해 문제를 해결할 수 있다는 새로운 시각을 제공해 줬다. 『고등 수학의 발견』을 접하고 수학의 재미에 눈을 떴다.
  – 서유진 (대구 매천고)

◆ 『고등 수학의 발견』은 공식에 대한 개념과 원리를 예시를 통해 친절하게 설명하고 있다. 그래서 외우지 않아도 공식이 저절로 생각났고, 문제를 쉽게 풀 수 있었다. – 손수진 (경남 통영여고)

◆ 교과서에 있는 문제와 다른 유형의 문제가 많아서 평소 별생각 없이 대했던 문제들에 의문을 가지게 되었고, 그 문제를 해결하는 과정에서 공식에 대한 이해도가 높아지고, 수학에 재미가 생겼다. – 안혜정 (대구 매천고)

◆ 수학 공식이 왜, 어떻게 만들어졌는지 원리를 먼저 궁금하게 해 준 다음 예시를 통해 문제에 적용하는 방법을 잘 설명해 준다. 다른 문제집에서 보지 못한 새로운 방법이어서 신기했다. – 오다인 (경기 운천고)

◆ 스스로 개념을 발견하면서 수학에 대한 흥미를 느꼈고, 성취감을 느꼈다. 결과적으로 수학 공부를 하는 데 큰 도움이 되었다.
  – 유가온 (경기 운천고)

◆ 그동안은 비슷한 유형의 문제를 반복적으로 풀고서 개념을 이해했다고 착각했다. 이 책으로 공부한 후 공식의 의미와 본질을 이해하게 되었고, 개념이 제대로 잡혀 간다는 것을 느끼게 되었다. – 유동민 (경기 백석고)

◆ 수학은 암기 과목이라는 잘못된 생각을 가지고 있었다. 이 책은 개념에 대해 '왜'를 생각해 보게 했다. 문제를 풀 때도 푸는 방식을 외우는 것이 아니라 개념을 연결해서 문제를 푸니 어려운 수학이 친근하게 느껴졌다. – 이가온 (경기 백석고)

◆ 중학교 때 배웠던 개념들과 연결해서 새로운 개념을 배우니 수학 수업이 어렵지 않고 참여하고 싶은 마음이 들었다. 새로운 사실을 많이 알게 되어 수학에서 '개념'이라는 것이 얼마나 중요한지 다시 한번 깨달았다. 앞으로 고등학교에서 더 어려운 내용을 배우게 될 텐데 이런 식으로 배우면 부담도 줄고 잘 이해할 수 있을 것 같다. – 이다연 (경기 백석고)

◆ 학교나 학원에서 배웠던 문제 풀이 중심의 수업과 다른 수업이었다. 딱딱한 수학이라는 과목이 편안하게 다가왔다. 공식을 유도하는 과정을 통해 암기하지 않아도 문제를 쉽게 풀 수 있었다. – 이대건 (경기 문산제일고)

◆ 교과서로 공부했을 때보다 개념적인 부분에서 더 탄탄하게 공부할 수 있었다. 문제에 대해 먼저 생각해 보는 시간을 가지니 나중에 문제 풀기가 한결 쉬워졌다. – 이송 (경기 문산제일고)

◆ 『고등 수학의 발견』은 쉬운 예시부터 시작해서 수학의 개념을 차근차근 이해할 수 있게 설명해 준다. 그래서 시간이 지나도 개념이 기억에 남아 있어 문제가 술술 풀렸다. 특히 수학의 기초를 확실하게 다지는 데 큰 도움이 되었다. – 이수아 (서울 금옥여고)

◆ 단순 암기가 아닌 생각하는 활동을 통해 답을 찾으니 수업이 지루하지 않았고, 친절한 개념 설명이 곁들어져 이해가 쉽게 되었다. – 이시유 (경남 통영여고)

◆ 이전에는 수학을 왜 배워야 하는지, 사회에서 어떻게 이용하는지 등을 모른 채 공부해서 흥미가 많이 떨어졌었다. 그러나 이 책을 접하고 수학에 대한 흥미가 생겨 더 열심히 과제를 탐구하게 되었다. – 이은재 (경기 백석고)

◆ 일상생활에서 일어나는 상황에 수학을 접목시켜 답을 찾아가는 방식이 새로워서 수학이 재미있어졌다. 이 책을 접한 후에 생활 속에서 수학 원리를 찾고 적용해 보려는 탐구심이 생겼다. – 이정민 (서울 금옥여고)

◆ 문제를 해결할 때 그 공식이 사용되는 이유, 그 공식이 성립되는 과정까지 생각하게 해 주었다. 이후로 수학 문제를 접할 때 더 깊게 고민하는 습관이 생겼다. 진짜 수학 공부를 하는 기분을 느꼈다. – 이채원 (경기 백석고)

◆ 단순히 문제를 푸는 것이 아니라 개념을 이해할 수 있는 여러 사례를 통해 핵심 내용을 이해할 수 있었다. 그리고 개념을 직접 탐구하고 문제에 적용할 수 있어서 수학 실력 향상에 큰 도움이 되었다. 더불어 수학 수업이 즐거워졌다.
  – 이초은 (경기 문산제일고)

◆ 이 책은 공식을 외우지 않아도 다른 방식으로 문제 풀이를 할 수 있다는 점을 알려 준다. 이렇게 여러 가지 방식으로 문제를 풀 수 있도록 구성되어 있는 점이 좋았다. – 이하람 (경기 운천고)

◆ 공식을 외우고 그 공식을 적용하여 기계적으로 수학 문제를 풀어 왔는데, 이 책에서 원리를 생각해 보는 다양한 활동을 통해 수학을 암기가 아닌 이해로 받아들이게 되었고, 넓은 시야에서 수학을 사고하는 연습을 하게 되었다. – 이효진 (대구 매천고)

◆ 『고등 수학의 발견』으로 공부하면서 처음으로 수학에서 성취감을 느꼈다. 예전에 배웠던 개념이나 일상 속 수학을 통해 배우고자 하는 개념에 차근차근 가까워졌다. 열려 있는 질문들을 통해 사고력이 확장되었고, 나만의 표현으로 개념이 완성되는 경험을 했다. 이 책으로 나도 웃으며 수학을 배울 수 있다는 사실을 알게 되었다.
  – 이휘영 (경기 소명학교)

◆ 『고등 수학의 발견』에 우리 일상에서 수학과 관련된 문제들이 많아서 재미있었고, 이 문제들을 해결하는 과정에서 논리적 사고력이 쑥쑥 늘어 가는 경험을 했다. – 임서현 (대구 매천고)

◆ 이 책은 개념이 왜 이런지, 어떻게 만들어진 것인지에 대해 근본으로 돌아가서 생각할 수 있게 해 준다. 개념에 대해 확실히 이해할 수 있었다. – 장유진 (경기 운천고)

◆ 기존 문제집에는 유형을 암기하고 정해진 길을 따라가라는 식의 문제가 많았다. 하지만 이 책으로 공부하면서 미처 생각해 보지 못한, 수학 개념들이 도출되는 과정까지의 논리 구조, 개념들의 유기적인 연결성을 알 수 있었다. 되돌아보면 이 책으로 수업하면서 '왜 그럴까? 다른 방법은 없을까?'라고 생각하는 습관이 생겼다. – 장홍준 (경기 백석고)

◆ 다른 개념서처럼 먼저 개념을 제시하고 그에 맞는 유형의 문제들을 학습하도록 하는 것이 아니라 '탐구하기'라는 방식을 통해 학생들이 스스로 그 개념을 파헤칠 수 있도록 한 것이 좋았다. 수학적 사고력이 확장되는 경험을 했다. – 정헌규 (경기 운천고)

◆ 나열된 개념을 일방적으로 받아들이는 방식이 아닌, 개념이 도출되는 과정을 학생이 직접 고민하게 만들어 주는 책이다. 다른 학생들도 이 책을 통해 수학을 제대로 공부한다는 것, 수학적 사고의 힘을 느끼게 되었으면 한다. – 조수민 (경기 운천고)

◆ 『고등 수학의 발견』은 교과서보다 개념이 더 자세하고 이해하기 쉽게 구성되어 있다. 개념에 대한 적절한 예시와 문제로, 공식을 더 쉽게 이해할 수 있었다. – 최성민 (대구 매천고)

◆ 중학교 때 배웠던 수학 개념들을 먼저 상기시키고 그 내용을 바탕으로 새로 배우는 개념을 스스로 만들어 나가는 과정이 처음에는 낯설었지만, 연관성이 있다고 생각지도 못했던 개념들이 서로 연결된다는 사실이 놀라웠다. '수학'이라는 것이 그저 문제를 풀기 위한 수단이 아니라는 것을 알게 되었다. – 최성빈 (경기 백석고)

◆ '세상에 이런 교과서는 없었다. 이건 주입인가 이해인가!' 탐구 활동으로 수학의 숨겨진 내용과 학원에서 배우지 못한 정보를 배울 수 있었고 이로 인해 좋은 성적을 받을 수 있었다. 수업에 대한 흥미도 늘어나 다음 수학 시간이 기다려지게 되었다.
  – 최지용 (경기 문산제일고)

◆ 바로 공식을 알려 주고 문제를 푸는 주입식 수업이 아닌, 친구들과 함께 생각하고 고민하는 과정을 통해 여러 가지 수학적 접근을 해 볼 수 있었다. 지금껏 접한 어떤 교재보다도 큰 도움이 되었다. – 황지민 (경남 통영여고)